俄罗斯重振雄风

——新俄罗斯经济政治指南

[美]理查德·莱亚德　约翰·帕克 著

白　洁 等译

陈嘉映　校

中央编译出版社
Central Compilation & Translation Press

图书在版编目（CIP）数据

俄罗斯重振雄风/(美) 莱亚德 (Layard,R.),(美)帕克 (Parker,J.) 著；白洁等译.—北京：中央编译出版社，1997.11
ISBN 7-80109-208-2

Ⅰ.俄… Ⅱ.①莱… ②帕… ③白… Ⅲ.经济体制改革-概况-俄罗斯 Ⅳ.F151.121

中国版本图书馆 CIP 数据核字（97）第 24163 号

俄罗斯重振雄风

出版发行：中央编译出版社
地　　址：北京西单西斜街 36 号（100032）
电　　话：(010) 66509360　66509366（编辑部）
(010) 66509364（发行部）
经　　销：全国新华书店
印　　刷：北京金瀑印刷有限责任公司
开　　本：680×980毫米　1/16
字　　数：276 千字
印　　张：21.125
版　　次：2006 年 8 月第 1 版第 2 次印刷
定　　价：36.00 元

E LUO SI

CHONG ZHEN XIONG FENG

俄罗斯
重振雄风

[美] 理查德·莱亚德 约翰·帕克 著

白 洁 等译

CCTP 中央编译出版社
Central Compilation & Translation Press

目　录

序　言

俄罗斯未来的发展对我们所有人来说都是非常重要的。但大多数的西方人对实际情况并不真正了解。这就是我们写这本书的原因。

我们对俄罗斯所抱的态度比大多数人要乐观得多。到目前为止，乐观的看法比悲观的看法更有道理。俄罗斯的市场体制迅速深化，而且有了一个运作良好的民主制度；苏联的解体在俄罗斯和其他民族之间造成的冲突也是最小的。另一方面，俄罗斯出现了很高的犯罪率，民主制度的建立也比资本主义制度的建立多费了不少周折。在本书中我们将尽力分析问题的各个方面，不管它是积极的还是消极的。我们把得出的结论在最后一章做简明的总结。

对我们两个人来说，俄罗斯是我们近几年生活中很大的一个组成部分。1989年，约翰·帕克作为《经济学家》的记者前往莫斯科，从那时开始就一直对俄罗斯的情况进行报道。1992年他因此获得了莫斯科记者协会授予的奖励，这是西方记者第一次获得俄罗斯媒体界的大奖。《经济学家》的编辑比尔·艾莫特慷慨地给予他足够的时间来从事本书的写作。

所有在俄罗斯工作的西方人都要依靠朋友和同事的耐心和专长。许多俄罗斯人都曾经帮助约翰·帕克了解这个所有国家中最令人着迷又令人着恼的国家，他们其中有.亚历山申科、马.博伊科、M.别尔格尔、O.德米特罗娃、S.纳扎罗娃、V.萨马林娜、L.舍夫特索娃和K.特罗菲莫夫。和他一起思考、分析问题的西方人有R.布里奇、J.布利茨、C.布利策尔、A.考利、C.费里兰、C.格兰维尔、B.格兰维尔、J.劳埃德、T.郎里格和Q.皮尔。其中特别应该提到P.德汉姆考特和Z.吕提娜，他们把我们对俄罗斯改革问题的探究变成了令人愉快的享受。

从1991年11月开始，理查德·莱亚德大约有一半时间都在莫斯科工作，他受叶戈尔·盖达尔和亚历山大·绍欣的邀请担任政府经济工作组的顾问(最近一段时间则是他的部分工作)。安·伊拉里奥诺夫、S.帕夫连科、J.萨、A.阿斯拉，特别是谢·瓦西里耶夫，都和他有密切的工作关系。能和他们一起工作并分享他们深邃的洞察力使我们感到非常荣幸和快乐。莱亚德的工作能够得以顺利进行，很大程度上要靠经济进展研究中心／莫斯科小组的努力。这个小组成员不多，但都极有天赋，他们对俄罗斯的经济问题做出了精辟的分析，他们撰写的《俄罗斯的经济趋势》是本书利用最多的参考书。这个小组的成员曾先后有M.埃兰、P.欧尔萨格、A.里克特、P.捷普卢金、A.卢申、D.罗茨霍夫、L.哈里根、D.维勒和R.纳什。这些人个个出类拔萃。我们特别要感谢这个小组的主任帕维尔·特普路金，本书中讨论经济问题的篇章实际上是他和我们共同撰写的。

这个小组的经济支持是欧洲委员会通过TACIS项目提供的，现在依靠的则是俄欧经济政策研究中心。我们对欧洲委员会给予我们的支持表示感谢，我们特别要感谢的是欧洲驻俄罗斯大使迈克尔·爱默生，他一直对我们的工作给予鼓励和支持。莱亚德常在莫斯科，伦敦的经济进展研究中心如此妥善地处理了他滞留在外造成的问题，我们对此也深表感谢，并且特别应该提到C.比恩、N.罗杰斯和M.奥布赖恩。我们还要感谢P.麦克及古拉斯，是他把本书的经济部分高质量地打印出来。

由C.布利策尔、P.布恩、R.布雷斯韦特、A.考利、G.格拉斯科夫、J.罗斯拉夫斯基和谢·瓦西里耶夫组成的小组对本书进行了审定。迈·爱默生、T.金和A.阿斯拉都对本书进行了仔细的校读(A.阿斯拉所著的《俄罗斯是如何建设市场经济的》一书是俄罗斯经济改革史的权威著作)。我们对所有这些人所提供的帮助、批评和鼓励都表示衷心的感谢。我们特别对在俄罗斯和我们同甘共苦的妻子表示最衷心的感谢。

理查德·莱亚德

约翰·帕克

1996年3月于伦敦

中文版再版前言

《俄罗斯重振雄风》是两位著名西方学者理查德·莱亚德和约翰·帕克的1996年的作品。作者从经济、政治、军事、文化等各个方面描述了俄罗斯的现状,并根据俄罗斯近年来的发展趋向得出结论,认为这个国家多半将逐步走向繁荣,重新成为一个伟大的国家。本书材料翔实而丰富,包括大量截止到1996年的材料,有助于我国读者了解和研究俄罗斯。此次再版,虽已过去10年,但作者的许多分析并未过时,有些预测还被证实是正确的。作者从西方自由主义观点出发,期望俄罗斯朝西化的方向发展,这有助于我国读者了解和研究一般西方国家对俄罗斯采取的方针政策。

承担翻译工作的人员是:葛海滨(序言、第一章、第二章),白洁(第三章、第四章、第十一章、第十二章、第十三章),罗天虹(第五章、第十四章),项龙(第六章、第七章、第八章、第九章、第十章、大事年表)。陈嘉映统校全书。译者删去了少量和普通读者关系不太密切的图表和脚注。

编　者

2006年6月

第一章
导　论

取得的成就是什么·悲观主义为什么是错误的·未来

一个伟大的国家在一场战争中遭到了失败，也失去了这个帝国的一大部分，随后就陷入了经济混乱。希特勒就产生于这样的环境中。俄罗斯也会走上同样的道路吗？或者它会成为一个友好的邻邦，一个经济繁荣的资本主义社会吗？

在过去的300年里，俄罗斯曾经6次向西方敞开大门，寻求经济的现代化和社会的开放。以前5次都以失败告终，这次会是第六次失败吗？

回答这个问题对我们所有人来说都是很关键的。因为这次改革涵盖了生活的方方面面：

*在经济方面，俄罗斯正努力建立起以私营企业为主体的市场经济体制。如果它继续朝这个方向发展，俄罗斯就会给外国投资者提供大量的机会，同时也为它的人民提供更好的生活条件。但这次改革会进行下去吗？

*在政治方面，俄罗斯有了它历史上第一个民主选举的政府。但这个民主政权是否能够不被经济变动过程中产生的利益纷争所淹没？

*在国际关系方面，俄罗斯的目标不再是战胜西方，而是正在努力

和西方建立一种伙伴关系。但是，俄罗斯的民族主义情绪是否会像两次世界大战之间的德国那样再次高涨起来，从而使世界再次陷入像过去那样的威慑平衡之中？

这些问题对那些关心俄罗斯的商业机遇的人是非常重要的。这些问题对西方爱好和平的人民也同样是重要的。这些问题对每一个希望繁荣、自由与和平的俄罗斯人来说更是非常重要的。我们会尽力回答这些问题。

对俄罗斯和西方的很多人来说，好像有很多并不美妙的先兆。他们首先指出俄罗斯的艰难背景。共产主义在俄罗斯比在世界上任何国家都有更为深厚的根基。共产主义在1917年而不是1945年就夺取了政权，所以没有人记得资本主义制度被推翻之前是个什么样子。在政治形式上，俄罗斯从来就不是一个民主国家——沙皇和总书记都是独裁者。在国际问题上，俄罗斯从来都有点独立于世，这个特点由于1812年、1914年和1941年三次西方的血腥入侵而变得更加明显。每一次改革失败之后，俄罗斯都变得更加自我封闭，避免采用西方的经济和政治体制。在当前的形势下，悲观主义者也发现有很多事实支持他们的观点。他们特别强调共产党权力卷土重来，俄罗斯经济长时间不能走上正轨，黑社会的力量，以及俄罗斯在世界上越来越严重的一意孤行。很多人指出这种危险，即因为在冷战中失败而受到羞辱，加之陷入经济混乱，使俄罗斯会像20世纪30年代的德国那样转向民族主义和总体国家主义(corporatism)。

近几年来，西方人对俄罗斯的评论中尽是这种悲观主义的看法，俄罗斯人自己的评论中也有很多这样的看法。但总的看来这种令人沮丧的预测已被证明是错误的。实际上俄罗斯在各个领域都取得了进步——虽然不是很有秩序，但通常都是前进两步，后退一步。人们对后退的这一步的报道比那前进的两步所做的报道要多，这就加重了这种悲观情绪。

取得的成就是什么？

那么成就是什么呢？在经济领域，俄罗斯建立了市场经济。通货膨胀率曾经很高，但到1996年已经降低到每年40%。各种限制仍旧比西方要多，但现在俄罗斯的个人资产比东欧任何国家都要多，而且私有化刺激了经济的重新建设。

在政治领域，俄罗斯有了一个和法国相似的宪政体制：一个强有力的、直接选举产生的总统和一个选举产生的议会。不幸的是，直到1993年12月，俄罗斯的宪法由于权力划分不合理而不能实际运作，而在叶利钦通过并不怎么民主的方式当选总统之前一年的时间里，权力一直掌握在议会手里。议会试图阻碍叶利钦和经济改革迈出的每一步。叶利钦一次又一次地建议举行新的选举来打破这种僵局，他的建议也在全民公决中得到支持。但议会却不同意，最后叶利钦单方面暂时停止了议会的工作。然后议会就进行了武装斗争，却因坦克攻击议会大厦而遭到失败。新宪法在最后公决中通过了。从那时起到1996年3月本书写作的时候，政治生活基本上是在有秩序的情况下进行的。

第三个主要的成就是苏联的和平解体。没有任何一个这样庞大的国家在解体过程中生命损失这样小。非常幸运的是，共产主义经济的崩溃瓦解了苏联政府的权利，允许叶利钦把俄罗斯从苏维埃联邦中分离出来。其他14个共和国也同时脱离了联邦。这种离异通常造成很深的仇恨。但这一次，俄罗斯和其他那些国家没有发生巨大的冲突，因为，俄罗斯从来没有把其他伙伴逼入忍无可忍的境地。但不幸的是，当车臣试图脱离俄罗斯的时候发生了严重的流血冲突。这次流血事件是残忍的、不必要的，也是徒劳无益的。大多数的俄罗斯人民反对这场战争。虽然俄罗斯的民族情绪正在高涨，但是大多数的俄罗斯人还是把那个著名的民族主义者弗·日里诺夫斯基当成一个笑料，他们不想让自己的孩子为了重建俄罗斯帝国或为了它在国外的势力而送掉性命。

悲观主义为什么是错误的？

那么为什么至少到目前来说悲观主义是错误的呢？因为他们忽视了当今世界上两个非常关键的因素：信息革命和现有的致力于促进国际合作的各种新组织。

第一个因素相对来说更为重要一些。信息和思想现在以从前无法想象的速度传播着。所以在东欧抛弃了社会主义制度之后，不少人预测俄罗斯的共产主义制度还可能再存在5到10年；其实这种可能性很小。实际上俄罗斯紧跟着东欧就发生了变化。俄罗斯的经济改革是于1992年1月开始的，只落后于捷克斯洛伐克一年，落后波兰两年。

催动俄罗斯向前发展的力量和摧毁东欧共产主义的力量是一样的，那就是看到资本主义的西方是繁荣的、自由的。没有任何无线电干扰能够阻碍这个信息的传播。这就产生了两个结论：第一，俄罗斯必须建立资本主义；第二，俄罗斯必须是广大的资本主义世界的一员。勃列日涅夫时代的苏联由于无法接触西方的技术而发展缓慢。现在俄罗斯对任何西方的东西都非常渴望。这就是俄罗斯不太可能再选择一个奉行关门政策的领导者的原因。

俄罗斯也不太可能再成为一个封闭的堡垒，因为现在俄罗斯已经加入了世界上大多数的国际合作组织——国际货币基金组织、世界银行和联合国(1945年)。它与北约一道属于和平伙伴联盟(Partnership for Peace)，而且和欧洲联盟有一个旨在促进自由贸易的“伙伴合作协议”(Partnership and Cooperation Agreement)。最为重要的是，俄罗斯总统已经成为七个主要工业国家首脑会议的第八个成员。

20世纪30年代的德国不可能加入这些组织，因为当时世界一片混乱，这些组织一个也还没有产生。但在当今的世界中这些相互作用的形式在极大程度上帮助俄罗斯和它之外的世界成为一个整体。对彼得大帝来说几乎是不可能的事情，对叶利钦来说虽然仍旧是困难的，不过不是完全不可能的。

从1992年开始俄罗斯发生了许多重大变化。它必须同时处理三个主要问题：建立一个新的经济制度，建立一个能正常运作的民主制度，在世界上取得一个新的地位。必须从一个混乱的局面、权力的真空和不断动荡的局势之中建立一个新的世界。这有点像1783年的美国或1792年的法国。一切必须在同一时间重新建立起来。而现在很多已经建立起来了。

很少有哪个国家能像这样突然转过身去面对它自己75年的历史，而俄罗斯这样做了。俄罗斯的国徽又变成了鹰徽，它的国旗又改回到它1917年前的国旗。共产主义被看成是一时的错轨——至少年轻的一代是这么看的，甚至一些赞成共产主义的人也这么看。但是哪种宗教将取代它的地位？这还看不出来。现阶段，为了个人生存的斗争压倒一切。人们对任何的意识形态都持怀疑态度，也不相信政客们的任何允诺，这是建立市场经济的最好的基础。

未　来

那么所有的这一切将要走向何处？俄罗斯将来的经济、民主制度以及它和西方的关系将会是怎样的？叶利钦之后将会发生什么？整个世界试目以待。

我们写作这本书的目的就是为了给那些想看清未来的人提供一些线索。没有人能够完全预见1989年东欧发生的一切，而俄罗斯的未来，虽然没有那么不确定，但也并不十分清楚。平静地看一看过去较短的一段时间内发生的一切，我们就会了解哪些因素在起作用(其中很多因素是积极的，但也有一些是消极的)。

我们在本书中试图回答下面12个基本的问题：

俄罗斯是否与众不同？

共产主义为何失败？

休克疗法是否太多?

西方可曾尽力而为?

人民过得怎样?

俄罗斯会繁荣吗?

俄罗斯能战胜黑手党吗?

政治僵局还会出现吗?

民主能继续存在吗?

俄罗斯会分裂吗?

俄罗斯会重建帝国吗?

俄罗斯与西方:是友是敌?

下面每一章讨论其中的一个问题。但对俄罗斯人来说,还有对那些正在犹豫是不是要在俄罗斯投资或进行贸易的西方人来说,他们脑海里有两个疑问比所有这些问题都更加重要:

市场经济能不能扎根?

民主制度能不能继续存在?

从1985年开始,俄罗斯在市场经济和民主制度的方向上已经走了很远。但我们正在走向一个新的世纪,俄罗斯能不能在这一方向上继续前行呢?1996年6月的总统选举是一个界碑,但在那之后,哪些基本力量会发挥最大的作用?

本书每一章都将为这个谜提供一些解答线索。最后一章则将概括我们的主要论点,然后讨论一下将来会出现哪些局面,各种局面的可能性有多大。

第二章

俄罗斯是否与众不同?

政治上的不同 · 社会制度：农奴和集体所有制 · 地理上的重负 · 对独特命运的迷信

19世纪俄国第一个伟大的小说家果戈理曾经计划撰写一部俄国史，他在为这部书所做的笔记里记下了这样的一个想法："俄罗斯人的性格比任何欧洲人都要细腻、精巧。"20世纪最伟大的诗人之一安娜·艾赫玛托娃在一首诗中、在斥责1917年革命之后那些甘愿自我放逐的人时，她的观点正好相反，但仍认为俄罗斯人的性格是独特的：

世上没有任何人……
像我们一样自豪而淳朴。

具有讽刺意味的是，她这首诗斥责了1917年革命后逃离布尔什维克的人，却正好和赫尔岑的评论相呼应。赫尔岑是俄国最著名的流亡者与政治科学家，他19世纪中期大部分时间都在瑞士和伦敦度过。他这样比较俄罗斯人和欧洲人："我们更淳朴，我们更健康，我们不会对食物有任何病态的挑剔，我们不会是律师，不是资产阶级。"

当然，每个国家都有自己独特的地方。每个国家都会声称它因为独特的历史、语言、文化、行为方式、地理等等而与众不同。每个国家都喜欢和别的国家相比较；认识到自己和别人的不同之处是了解自己的一种方式。

即便如此，俄罗斯仍旧是不寻常的。俄罗斯因为有大量的谚语而著名。民间的很多谚语都对一般的行为方式有指导作用，像“及时处理，事半功倍”，“别让一颗老鼠屎坏了一锅粥”等等。当然，也还有些谚语有相似功效，如“不要往井里吐痰，因为你也要喝井里的水”，但有为数相当之多的谚语说的是俄罗斯与其他民族的不同之处，比如“外国就像继母，不会让你舒舒服服”，“德国人用脑子看，俄国人用眼睛看”，“这里不是波兰，这里人高马大”。

俄罗斯的孩子们都很熟悉屠格涅夫对俄语的赞颂：“……你就是我的权杖，啊！伟大的、有力的、真实的、自由的俄语……难以置信说这样语言的民族不是一个伟大的民族。”上一次大战，所有西方国家都称之为“第二次世界大战”，视之为一场国际冲突，俄罗斯人却把它叫做“伟大的卫国战争”，就是说那是一次国内冲突。[①]

俄罗斯人倾向于这样针对其他国家来定义自己，而文学是这种倾向的最显著的标记。数量超多的俄罗斯著名作家都把关键历史时刻的俄罗斯本身作为他们的主题：与拿破仑的斗争(托尔斯泰的《战争与和平》)，解放农奴时期的冲突(屠格涅夫的《猎人笔记》和《父与子》)，反对沙皇的恐怖主义(陀斯妥耶夫斯基的《群魔》)和彼得大帝的统治(普希金的《青铜骑士》)，还有十月革命(索尔仁尼琴从《1914年8月》到《古拉格群岛》之间的大部分著作)。俄罗斯作家相对来说很少把俄罗斯和英国、法国或是德国相比较来看它的与众不同之处。他们总是把俄罗斯和整个欧洲相比较。其结果是，从书本上看来，俄罗斯好像从根本上就是一个和欧洲不同的文明之国，而不是整个欧洲的一员。

哲学家和政治家们也都是这么想的。恰达耶夫这样写道：“我们不

①Patriotic War，直译可做“爱国战争”，在英语里通常指国内战争。——译者注

属于人类任何一个大家庭，我们既不属于东方也不属于西方。”恰达耶夫是屠格涅夫同时代的人，他是早期提倡俄罗斯应该向西方学习最激烈也最有影响的人。1992年，当时的议长鲁斯兰·哈斯布拉托夫写道：“当(彼得大帝)在俄罗斯推行欧洲文化的时候……并没有触动人们的精神和文化的基本结构。其结果是，俄罗斯既不属于欧洲也不属于亚洲，而是世界上非常独特的一部分。”在世界的这一部分非常独特的历史上有过多次改革尝试，但都以失败告终。俄罗斯总是要么投入狂热的突变，要么在长时间的独裁统治下苟且。这颇有点像俄罗斯传说中的一个人物伊万，他在炉子上面熟睡了7年，然后醒来，喝得酩酊大醉，继而又拿着一把斧子威吓村子里的人，然后马上又开始下一个7年的熟睡。在过去的300年里，俄罗斯有5次解放的浪潮。每一次改革的推进都没有持续10年以上，就又被新的独裁粉碎了。

俄罗斯现代化的努力是从彼得大帝开始的。彼得大帝是第一个西化的沙皇，他把俄罗斯变成了欧洲的一部分，在他的统治下，俄罗斯发生了前所未有的变化。①他建立了第一支国家军队，和西欧争战，一直打到一个不冻港，把俄罗斯的首都从内地的莫斯科迁到了这个港口，然后又公然给这个地方起了一个非俄罗斯风格的名字，叫做圣彼得堡。他第一次允许外国人较自由地到俄罗斯旅行；他建立了俄罗斯科学院；他命令他的大臣剪掉胡子使他们看起来更像西方人。俄罗斯的现代史是从彼得大帝开始的。赫尔岑说过：“俄罗斯有过一次根本的革命：它完全是由一个人领导的，那就是彼得一世。”然而彼得大帝1725年死后，他“向西方敞开的大门”因为王朝的纷争重又紧紧地关闭了。

叶卡捷琳娜二世女皇说她仔细阅读过孟德斯鸠的《论法的精神》，

①绍穆埃利指出，各国都常用本国最有影响的人物来为某个时代命名，例如英国的伊丽莎白时代和维多利亚时代，法国的拿破仑时代，德国的威廉时代。俄国人则围绕彼得大帝来构造他们的历史，把整个历史分为前彼得时期和后彼得时期两大段。——原注

这本书是18世纪开明政府的思想源泉。在她在位的30多年(1762—1796)的前半期，她曾经试图把启蒙运动引入俄国，但在她统治的后半期，在镇压了普加乔夫1774年领导的农民起义之后，她又采取了完全相反的做法，对启蒙运动进行压制（叶卡捷琳娜二世把法国大革命的领导者称为“贵族的普加乔夫”)。90年之后，到了解放者亚历山大二世统治时期，俄罗斯才开始了第三次现代化的努力。亚历山大二世于1861年解放了农奴，开始了一系列的立法改革，使得俄国的法律接近于欧洲的法律(例如他引入了陪审团裁决)。但1881年亚历山大遭到了暗杀，这使得俄国再一次陷入了保守的独裁统治，直到斯托雷平为了挽救即将灭亡的罗曼诺夫王朝于l906—1911年开始进行了一系列的土地改革。列宁曾经说过，斯托雷平的改革如果成功了的话（他在1911年遭到暗杀)，就不会有布尔什维克革命的成功了。第一次世界大战和1917年革命是一段混乱、反动、镇压的时期，其后有一段时期列宁曾尝试有限的开放，也就是通常所说的1921—1924年的新经济政策时期，主要的措施是在1917—1921年的内战之后，鼓励发展一些私营企业，以使苏联的经济走上正轨。斯大林停止了这些做法。

第六次改革的浪潮是在20世纪80年代末期在米哈伊尔·戈尔巴乔夫的领导下开始的，1991年1月在鲍里斯·叶利钦的领导下全面展开直到1992年。物价放开了，选举开始了。这些改革有史以来第一次是自下而上的。俄罗斯人可以自由地做任何事情，而不是由一个开明的沙皇告诉他们去做不同的事情。5年后的今天，这些改革正处在紧要关头。一方面，俄罗斯60%的经济力量掌握在私人手里，对新闻界的限制放开了，同时有了完全的集会自由。另一方面，混乱和犯罪——人们把这些和改革联系在一起——好像正在准备要重复历史的模式。1993年10月议会遭到炮击。在1993年举行的全面选举中，极右翼民族主义分子获得了大约20%的选票。

这些循环反复造成的损失，以及俄罗斯从这些循环中摆脱出来的要求，从1991年的一段诗中可以看出来：

我一生都奔波于天堂和地狱之间
今天是魔鬼，明天是上帝……
　　打住吧。

这几行诗的作者是I.克里切夫斯基。8月22日晚上，他为苏联的失败献出了自己的生命：他是那次共产主义者反对戈尔巴乔夫举行的仓促政变中牺牲的三个人之一。他的死，他的话语，以及他们身后历史的重演都像是一个警告，告诉人们俄罗斯的任务有多么艰巨。这第六次的改革浪潮也会像以前的几次那样以失败告终吗？

可以用一句简短的话来回答这个问题："历史即是诺言"。历史记录不能给目前的行为提供真正的指导，历史上形成的文化特点也不会成为一个国家改革能力的障碍。如果文化是如此的重要，那他们怎么解释某种文化在一个时代获得了成功而在另一个时代却又遭到失败呢？

19世纪的一个英国旅行家曾经这样评论过日本："我们相信日本永远也不会富有，他们的懒惰和热衷于享乐使他们不可能富有。"20世纪40年代的时候，没有人相信韩国在经济上会取得这样的成功，因为韩国的历史上曾经有过那么多次的政治巨变，大韩民族又有着一个无所用心的名声。当时亚洲经济上最有希望的国家是印度，因为他们有良好的管理体制，民主的政治制度，还有广大的中产阶级和商人阶级，以及说英语的精英们。但在实际上，在过去的50年里，印度已经远远地落到了韩国的后面。另一方面，中国曾因为共产党的统治和长期的与世隔绝政策而不像有什么前途。

我们来看一看儒家学说和现代化的关系。多少年来，很多学者，特别是马克斯·韦伯，都认为儒家传统限制了现代化的实现：忠孝之道阻碍了竞争和发明，而儒学思想影响下的科举制度也压制了企业精神。到了20世纪80年代，对儒家学说的看法整个变了过来。现在，人们更加看重的是儒家学说强调为了实现一个目标要辛勤劳作，加强合作，还有它鼓励节俭和投资。这个例子说明的道理不是人们没有能够从文化特点的角度正确解释一个国家的行为，而是说明文化是个很复杂的问题，完全不能依靠它来准确地预测行为。

破坏的作用。其他国家在战争失败之后或国家发生内部瓦解之后能够开始变革。在德国和日本，战争的失败使法西斯政权失去了人民的信任，一些决心重新建设的政治家就能够赢得大多数民众的支持。在中国，人为的混乱和文化大革命造成的破坏给了邓小平和他的经济改革家们同样的推动力。波兰的情况和东欧以及中欧的情况一样，旧的共产主义制度的瓦解使得年轻的一代有机会去重新向西方看齐。

有些人指出俄罗斯并没有遭受到足够沉痛的失败，不可能重复其他国家的经历。以前的共产主义者仍在执掌政权，政权的交替也没有造成太大的流血事件。这只是片面的看法。俄罗斯的上层确实并没有发生巨大的变化，但整个20世纪俄罗斯在很多方面都经历了巨大的破坏性变化。

俄罗斯经历了两次世界大战和一次内战。在第二次世界大战中死亡的人数比任何时候的死亡人数都要多（最新统计表明大约有2 000万人死于这场战争）。它在1917年和1991年经历了政权体制的革命，而且两次都失掉了它的帝国统治。

此外，斯大林的工业化运动把俄罗斯从一个大体上以农业经济为主的农业大国变成了一个工业国，它的人口统计结果和西方发达国家是一样的：99%的国民都能读能写（这比英国还要高）；96%的人都能上中学。因为这些变化，旧的思维模式已经不复存在。俄罗斯已经不是斯大林运用他的铁腕统治时期那样以农业为主的国家了。

20世纪90年代，俄罗斯像其他东欧和中欧国家一样，政府中的共产主义者被从职位上清除出去，新的一代从1991—1993年执掌了政权，虽然他们掌权的时间不长。“失去”久已是俄罗斯帝国的领土（乌克兰、白俄罗斯、哈萨克斯坦）对他们来说是一个心理上的打击。这对俄罗斯作为一个国家感觉来说是一个很大的挑战。没有了这些国家，很多人都要面对这个问题，那就是作为一个俄罗斯人意味着什么？不仅仅对左翼共产党人和右翼民族主义者来说，而且对很多俄罗斯人来说，苏维埃帝国的崩溃和战败差不多。考虑到俄罗斯一方面要面对这些问题，同时还要建立起民主制度和自由的市场，它在20世纪90年代所受到的压力不是太少，而是太多了。

说1991年的俄罗斯是一块白板未免过于夸张，任何一个国家都不会是这样的。但如果说在当时的俄罗斯任何事情都可能发生，则并不怎么过分。历史上也是这样的。两次世界大战期间俄罗斯最伟大的哲学家别尔嘉耶夫写下了这样的话："中断是俄罗斯历史的一个特点……这完全不是与生俱来的……很可能还会再有一个新的俄罗斯。"

新的俄罗斯会是什么样子的？这是可以用它的文化特点来帮助解答的问题。虽然日本的传统并没有阻碍它发展现代化，却使它发展成了一个和其他工业国家完全不同的国家。很明显，各个国家通过不同的道路走上了现代化，而它们开始的时候都像现在的俄罗斯一样看起来并没有什么希望。那么，俄罗斯的历史和文化的最突出的特点是什么呢，它们又是怎样发生变化的呢？

实际上有四个主要的特点。第一个特点是政治上的。俄罗斯有着漫长的独裁传统。彼得大帝1710年的军事规则这样声称："沙皇陛下是绝对的君主，他不需要向世界上任何人解释他所做的任何事情。"直到1900年仍旧是这样。然后共产党就取而代之，宣称自己是"苏维埃社会的指导和领导力量"。这种情形又一直延续到1990年。不仅政府是非民主的，反对者也一样是非民主的；独裁政治的反对者们往往是革命者或恐怖分子，而不是改革者或民主主义者。看起来俄罗斯好像天生就有一种无政府主义爱好似的，对此必须加以抑制。

第二就是社会的特点。俄罗斯是一个农奴制的国家，它是集体制的而不是个体制的。它的教会是软弱的、内向的，它有一个哲学兼思想性的信仰，叫做俄罗斯文化优越论。许多对西方文化发展有着决定作用的历史事件都没有对俄罗斯产生影响（例如俄罗斯没有文艺复兴），因此它也没有法治的传统，也没有私有财产。这好像使俄罗斯不擅长于商业活动。

第三是它的地理特点。俄罗斯的疆土广袤无垠，它大部分的土地都很贫瘠，不适于农业生产，人口也很稀少。它与西欧和中欧的文化主流隔绝的时间太长了，它和亚洲的共同之处比它和欧洲的共同之处要多得多。一句话，它并不是“真正的欧洲国家”。

第四点是上面各点的综合，也就是它的文化特点。俄罗斯一直迷信它有着一个“独特命运”：它相信俄罗斯比其他卑下的物质主义国家要高出一等，它由于经历过如此深重的苦难而高出一等。这种迷信竟把最可怕的苦难和失败也看成了理所当然之事。

政治上的不同

1973年，苏联共产主义政权处在巅峰时期，而西方正在努力消除第一次石油危机造成的影响。那时，匈牙利历史学家T.绍穆埃利比较了两个法国人对俄罗斯的观感。第一个是德·卡斯丁侯爵，他在1839年出版了《沙皇的帝国》一书；第二个是安德列·纪德，他的著作《旅苏归来》出版于1939年。[①]

和他的同时代人托克维尔一样，卡斯丁出身于法国一个很著名的贵族家庭，深受拿破仑时代之后欧洲贵族气氛的影响。他的母亲曾经是伟大的政治家夏多布里昂的密友；他自己则曾经是另一位政治家塔列朗的幕僚。卡斯丁说：“我去俄国是为了寻找反对代议制政府的事实根据。”他的父亲和祖父都死在断头台上。

而纪德去苏联的目的，据他自己说，是为了歌颂苏联，“一个人间

①下面引用的文字就是出自《沙皇的帝国》和《旅苏归来》这两本著作。——译者注

天堂，一个榜样，一个向导……这个乌托邦的理想正在变为现实的地方”。在第一次世界大战前后，交战双方都有过一批激烈热忱的知识分子：为穷人伸张正义，为妇女的平等权利大声疾呼。纪德就是那个年代的产物。这个信仰新教的商人的儿子，这个伟大的诗人和小说家，是当时西欧文坛上支持共产主义的最重要的人物。

他们两个人都受到当时俄国—苏联政府的贵宾级接待。卡斯丁受到沙皇尼古拉一世的接见。斯大林允许纪德和苏联领导一起站在列宁墓前观看五一节的游行队伍，在他之前西方人从来没有受到过这样的礼遇。

但两个人回到法国的时候都同样地心情沮丧，都同样地感到非常失望。卡斯丁说：“我在俄国看到的越多，我就越赞同俄国皇帝禁止他的臣民旅行而且让外国人很难进入俄国的做法。如果俄国同欧洲其他国家能够自由交往，那它的政治制度就难以稳固20年以上。”100年之后，纪德得出了这样的结论：“苏联政府使它的人民都相信苏联之外的任何地方都远远没有苏联那么欣欣向荣……对他们来说，只要出了苏联，到处都是一片黑暗。”

俄罗斯政治的最显著的特点是它的独裁和高压统治。卡斯丁的结论是：“沙皇就是整个帝国，他的健康，他的一举一动，他显然感到兴趣的任何计划，就是他所有的臣民值得考虑的唯一的东西。”而纪德说：“到处都是斯大林的头像，到处都在谈论他的名字；每一篇讲话都无一例外地充满对他的赞扬。”

纪德还说：“在苏联，每个人事先都知道在任何问题上都只可能有一种意见。每天上午《真理报》都告诉他们，他们应该知道什么，应该想什么，应该相信什么……所以每次你和某一个人交谈之后，你感觉就像和所有人交谈过了。”卡斯丁在一个世纪之前说过：“我感到非常惊奇，俄国政府居然能对人们的头脑有如此严密的控制。它不仅使它自己的臣民保持沉默——这没什么奇怪的——它甚至能使已经逃离了它的铁腕统治的异乡人仍旧对它产生恐惧。”或如纪德所说的那样：

“他们所要努力得到的不是屈从的赞同，而是发自内心的、真诚热忱的赞同。最让人感到震惊的是这种努力居然获得了成功。”

这个结果对这两个人来说都是显而易见的。纪德写道：“我怀疑世界上其他任何一个国家的人民，甚至是希特勒的德国，能够比这里更无思想自由，能够更屈从，能够更恐惧，能够更忠诚。”卡斯丁说：“恐惧在所有地方都产生了同样的效果——那是不安定的和平……在这个辽阔的帝国上，即使说人民心有不平，他们也都保持沉默；死亡时刻盘旋在他们的头顶之上。”纪德写道：“没有任何事情能比去一次苏联更让我们珍视我们在法国还能够享有的无比珍贵的思想自由。”100年以前，卡斯丁也同样产生了这种想法，他在一次激烈的演讲时说：“如果你的孩子对法国产生了不满，试一试我的办法：叫他们去俄国。那对每一个外国人都非常有益处：任何一个了解了那个国家的人，无论住在哪个别的国家，都会感到很满足。”

然而事情是会改变的，而且是转瞬即变。卡斯丁把俄国和法国相比较，俄国自然不行，因为那时的法国有思想自由、生机勃勃，但就在这之前不到40年，他的祖国也曾陷入法国大革命的恐怖和混乱之中，而且那时距离路易十四推行绝对君权（“朕即国家”）也不过一个世纪多一点。在20世纪，德国、西班牙、奥地利和意大利都建立了专制政府，并且大都采取了像苏联那样的极端形式，然后又都抛弃了这种制度。所有这些国家都克服了这种历史缺陷并迅速发展起来。专制制度也不是俄国所独有的：17和18世纪，欧洲大多数国家的君主也都宣称除了对上帝，他们不对任何人负责。那时候专制主义在欧洲就像在俄国一样根深蒂固。

卡斯丁和纪德所描述的俄罗斯独裁制度的种种特点在20世纪90年代初都在逐渐发生变化。如果现在纪德或卡斯丁再去俄罗斯，他们会发现俄罗斯有了它现代史上第一个选举产生的领导者。在1991年俄罗斯历史上举行的第一次总统大选中，鲍里斯·叶利钦以57.3%的选票当选总统，打断了贯穿俄罗斯现代史的专制链条。俄罗斯还有了一个选举产生的议会，虽然这不是第一个（1917年曾经有过一个）；而现在的杜马（下议院）虽然保留了原来的名字，却和革命前的不太一样，它有某些实际的权力（比如说通过财政计划），这是由全体公民投票确立的宪法明文规定了的；而1917年之前，沙皇拥有一切权力，杜马所有的权力也都是他授予的。而且，国家现在不仅不是可以随心所欲的暴君，相反，它的权力只够使国家免于陷入无政府状态。政府首脑说的话好像没有人听，包括政府的官员也不听。1994年的前4个月里，总理抱怨说他向政府官员们颁发了296项指示，但只有156项得到了实施。

对外国的干涉、检查制度、整齐划一和恐惧，也像独裁暴政一样消失了。卡斯丁和纪德都发现俄罗斯对外国采取关门政策。苏联政府强调其在历史上的地位，强调苏联在一切事情上的优越性。比如说，他们教给孩子们说苏联发现了热动力学原理，苏联发明了电视。但俄罗斯于1991年产生了1917年以来第一个由曾在国外学习工作过、懂外语的年轻人组成的政府。这些人的领袖叶·盖达尔建议西方投资者应该到俄罗斯去投资，因为俄罗斯对待外国人的态度比东欧任何国家都要好得多。而当时的外贸部长彼·阿文则说，从经济改革的角度来看，俄罗斯没有任何特殊的地方，俄罗斯应该学习其他前共产主义国家如波兰的经验。

新闻检查制度取消之后，新闻界获得了自由，但它是有偏见的，有时还是不负责任的，而且通常都是党同伐异的。报纸从强烈支持政府到公开宣扬推翻政府，无所不有。记者们开始两极分化：一派全心全意地支持民主改革，另一派则称叶利钦政府是旨在毁灭国家的“占领军政府”。因为新闻界极富政治色彩，政府仍旧以同盟或是部分拥有者的身份新闻界（电视或电台）参与的活动，但这和新闻检查是完全不同的。

原来要求所有人都要思想一致，现在变成了思想的混乱和个人的随心所欲，因为没有人知道应该想什么。独立之后开始的几年里出现了各种反常的、令人不安的极端行动。怀念斯大林时代的人，怀念沙皇的人，奇装异服的流氓，旧教徒（17世纪从正教分裂出来的宗教派别），办起工厂的老太太，粗俗的赌场老板，哥萨克将领，宗教电台的主持人，公共关系官员，家庭教师，跳大神的等等，都突然出现在新俄罗斯。这种野蛮和极端行动反映了社会背后的不稳定。俄罗斯从一个所有的东西都是确定的因而任何事都是不允许的国家，变成了一个所有的东西都是不确定的因而没有任何事情是不允许的国家。

最后，最大的恐惧——也就是对国家的恐惧消失了，取而代之的是为许多其他事情焦虑和操劳：犯罪率、谋生、孩子上学等等。1992年2月，俄罗斯释放了关押在彼尔姆监狱的最后10名政治犯。在将近10年的时间里，发生了一系列的剧变、动荡和奇迹；在这段时间里，从切尔诺贝利核电站的核泄漏到是共产主义统治的崩溃，反正无论什么事情出了差错，都会成为"灾难"和"转折点"。而现在俄罗斯的各种问题的规模逐渐缩小，这本身就是一个变化。俄罗斯不再是一个每天都发生灾难和奇迹的国家，而是每天都面临各种问题的国家，它已经变成了一个比较正常、已经开始日常工作的国家。

没有任何一个地方的人民在对待他们的统治者的态度方面像俄罗斯人民那样发生明显的变化。在戈尔巴乔夫的领导下，人民对领导者的恐惧开始减弱，继而就完全消失了。到了1991年，事情完全走到了反面，近百万的人涌到了莫斯科中心的广场上，高喊支持叶利钦。报纸上出现了这样的征婚广告：女士寻求伴侣，只考虑赞成叶利钦的政治方向的男性。到了1994年年中，这两种情形都消失了，变成了和西方20世纪90年代中期同样的情形，那就是对政府公开的蔑视。这段时期人们对鲍里斯·叶利钦非常厌恶。20世纪80年代末期，俄罗斯第一次出现了民意测验，没几年，人们对叶利钦的信心从60%一直落到10%。叶利钦在自己的回忆录中是这样说的："这个数字使一个人在政府里不再有神秘的、仿佛来自彼世的远不可及的魔力。啊，他们是怎样斥责我的！我成了个救火的，这一点说明了我的很多所作所为。我不知道怎样和别人一起从事正常工作。我只有在危机中才感到有生命力。人们对我的恼怒只有一个原因，他们现在觉得谁都可以替代我的工作。社会和政府之间那好像无尽的鸿沟上已经架起了桥梁。”

革命的传统。独裁的政府不是俄罗斯政治特点中唯一阻碍建立开放的、稳定的社会的因素，还有俄罗斯对革命的嗜好。不仅俄罗斯的政府传统是不民主的，反抗它的传统也是不民主的。

俄罗斯曾涌现出一大批革命者，虽然他们的名字在西方鲜为人知。赫尔岑、车尔尼雪夫斯基、特卡乔夫、巴枯宁、克鲁泡特金、普列汉诺夫，还有其他很多人，组成了活跃的政治派别，有自己的理论和争论热点。例如特卡乔夫曾经和马克思的合作者恩格斯就俄罗斯的革命行动展开过长时间的争论。特卡乔夫主张只有在俄罗斯工业化之前才能进行有效的革命，而恩格斯认为俄罗斯根本没有条件进行革命，因为它根本就没有无产阶级。

两个来自欧洲其他地方的人对俄罗斯的革命传统就像卡斯丁与纪德对俄罗斯的独裁传统一样感到震惊。其一就是把卡斯丁和纪德相比较的匈牙利历史学家T.绍穆埃利。第二个人就是捷克斯洛伐克的第一任总统G.马萨里克。

就像纪德和卡斯丁，马萨里克和绍穆埃利来自两个不同的世界。绍穆埃利1925年出生于匈牙利一个著名的革命家庭，他的个人经历就可以代表俄罗斯和西方的冲突。他是匈牙利籍，出生在莫斯科，在英国受教育（他曾经是伯兰特·罗素在灯塔山学校的学生）。他曾经进入苏联的军队，也曾被关押在古拉格集中营。他的父亲，一个杰出的共产主义者，就死在那里。逃离苏联之后，他在布达佩斯大学担任副校长，然后在英国的雷丁大学担任讲师。

马萨里克1850年出生于一个农民家庭，曾经学徒做过铁匠。和绍穆埃利一样，他也曾经在英国待过一段时间，他在第一次世界大战的时候逃到了伦敦，那时候他的祖国奥匈帝国和德国站在同一条阵线上。

他颇不赞同革命暴动，曾谴责绍穆埃利的叔叔参与领导的匈牙利1919年革命。马萨里克的巨著《俄罗斯的精神》出版于1913年，那是沙皇帝国最后回光返照的时候，正值它被世界大战和自上而下的革命摧毁的前夕。这是外国人第一次严肃地研究俄罗斯。他写道："我会毫不迟疑地说俄罗斯是我知道的最有意思的国家。"①

马萨里克在书中说："俄罗斯长期以来一直处在革命运动之中，革命中产生的问题是俄罗斯所有哲学家和政治家最主要的兴趣。"绍穆埃利和他的观点是一样的，他在谈到1825年俄国发生的一次军事政变时这样说："革命的思想会深深地扎下根去，俄罗斯再也不会丢掉革命的思想了。"

这两位历史学家都对那些革命者的个人性格发生了很大的兴趣。马萨里克说："这些革命者对思想和政治自由非常热衷，他们充满为人民牺牲自我的热情，他们对个人利益和个人生命毫不顾惜，他们对自己的同志无比信任——这些非常优秀的品质，一定会引起曾经养育了他们的人们对他们的尊敬和同情。"而绍穆埃利则对这些革命活动灰暗的一面较为熟悉，但他对早期革命者也非常景仰，他认为那些人"拥有最优秀的英雄品质，正是无私、勇敢、刚毅和忠诚这些英雄品质创造和极大地丰富了俄罗斯的革命传统的神圣性"。他称后来的革命者"都展现了年轻人常有的品性……狂放、精力充沛、无私、乐观、慷慨、精神高昂。但是年轻人也有年轻人的缺点……傲慢、轻信、缺乏耐心、固执、残忍、狂热盲从。

他们两个人都对恐怖主义在俄罗斯革命中所起的作用感到震惊。"没有任何一个国家的有组织的政党公然采取这样的恐怖政策。"绍穆埃利申述道，"恐怖主义得到受过教育的、生活富裕的人们的普遍认

①下面引用的文字出自马萨里克的《俄罗斯的精神》和绍穆埃利的《俄罗斯的传统》。——译者注

可，这种情况只会发生在俄罗斯。”马萨里克把恐怖主义叫做“俄罗斯革命运动的典型特点”。

也许可以简单地用历史事实来解释为什么这两部历史著作如此相似。但是，俄罗斯历史著作对19世纪俄国的革命传统并不都十分强调，特别是在1913年马萨里克的著作印行的时候。就像绍穆埃利所说的那样：“当时，(革命传统)只是(俄罗斯)生活的一种非常次要的、几乎不为人知的方面。”

另外，即使在很多细节上，这两人也非常相近，比如说到特卡乔夫的时候。特卡乔夫在西方几乎完全不为人所知，在苏联也默默无闻。马萨里克认为特卡乔夫是第一个明白首先要取得权力然后才能开始进行革命的人。绍穆埃利称特卡乔夫是“车尔尼雪夫斯基和列宁之间的重要人物……在布尔什维克所有的家丑中，特卡乔夫的遭遇是最让他们感到难堪的。他们造出了马克思—恩格斯—列宁的神圣继承关系，而特卡乔夫却要横插在中间。他在世的时候没有得到承认，他死后没有获得应有的荣誉，但他仍旧在俄罗斯的革命传统中有着重要的中心地位”。

我们还可以把绍穆埃利对卡斯丁和纪德的评论简单地总结一下：“两个欧洲中部的人，他们两个人生活的年代相隔半个世纪，其间还发生了一次革命——但他们对俄罗斯历史的理解事实上一模一样。”

现在我们对这个革命传统产生了两种忧虑。第一，革命本身就具有破坏作用。革命者给人们造成了这样一种印象，那就是，要取得自由、国家的发展和现代化不是靠互相让步，不是靠利益集团之间的交互作用，也不是靠公众活动的坚定的压力，而是靠暴力、阴谋和恐怖活动。卡斯丁认为没有耐心的各种革命力量和独裁的传统合在一起，使俄罗斯不能经历“一个关键的酝酿过程，不能享有缓慢而自然的文化转变带来的种种益处。内部的辛勤劳作造就一个伟大的民族，使它适合于进行统治，但俄罗斯缺乏这种劳作”。

第二，革命者不仅本身就带有破坏作用，而且对他们的国家和俄罗斯人民的性情造成了不良的影响。马萨里克是这样说的："俄罗斯人强烈地倾向于革命，却不怎么倾向于民主。"这个观点是说俄罗斯的民族性格有某种扭曲了的东西，使他们对残暴、血腥的斗争采取宽容的态度，欣赏暴力本身，相信通过革命的方式来达到某种政治目标比采取和平的办法更容易令人接受，这就是俄罗斯的革命传统产生的根源。19世纪俄国反体制知识分子的典范别林斯基曾经表达过一个普遍的看法："一个获得自由的俄国人不会去议会，而是赶紧跑到酒馆里喝上一杯，砸碎窗户，然后把上等人绞死。"

他说得对吗？俄罗斯人民真的就是本性如此，除了革命他们就不会采取其他的方式反抗独裁统治吗？事实说明并非如此。沙皇的绝对权力和缺乏赞成渐变的团体(商人或小业主)，这种情况使俄罗斯不可能通过其他的途径来反抗独裁。俄罗斯的革命者们对这一点非常清楚。俄国当时有一个极典型的恐怖主义分子组织，叫做"民意党"。这个组织最清楚地说明了俄国革命者的看法。这个组织前后尝试了8次，最后一次终于把解放了农奴的亚历山大二世炸成碎片。但也同样是这个组织，在同一年对美国总统伽菲尔德遇刺身亡发表了下面的这个决议：

闻知总统詹姆士·阿伯拉姆·伽菲尔德不幸遇刺身亡，执行委员会对美国人民深表同情，我们感到我们有责任以俄国革命者的名义对类似刚刚发生在美国的所有这样的暴力行动表示抗议。在一个人民可以自由表达其意愿，在一个人民不仅能制定法律、并且能选定法律的执行者的国家里，暗杀行动标志着一种在俄罗斯也同样存在的暴虐倾向。我们致力于在俄罗斯消除这种倾向。暴政……永远应该得到谴责，暴力只有在反抗暴力的时候才是正当的。

甚至在当时的一些革命者当中也有一种民主倾向。而独裁政权一旦像目前这样被一个选举产生的政府所代替，这种倾向就会变得更为强烈。

还有另外一个重要的原因使我们怀疑俄罗斯人民喜欢革命的脾性会决定新俄罗斯的未来。这就是俄罗斯的革命者并不像他们所声称的那样能够代表普通的俄罗斯人民。马萨里克和绍穆埃利对这一点都非常清楚。马萨里克这样写道:“对尼古拉及其前任统治者治下发生的反抗行动进行仔细的研究之后，我们就会对俄罗斯革命者的无能感到非常惊奇。我们意识到他们甚至不能谋求自己的利益。”绍穆埃利的看法也基本相同:“俄罗斯革命者的传统……仍旧和他们为之谋取利益的俄罗斯人民是相隔膜的、疏远的，而俄罗斯人民对他们也持非常漠然的态度。”

在1874年的“疯狂夏季”中，成千上万身着工装充满幻想的学生，带着大捆的书籍来到俄罗斯的乡间，对农民进行社会主义教育，这次运动叫做“到民间去”。它实际上更像是一次十字军远征，就像文化大革命中毛泽东提出的“接受贫下中农再教育”的运动的翻版。这次运动惨遭失败，这次运动的组织者之一，波·沃伊纳拉利斯基在向听众慷慨激昂地痛数政府的罪恶的时候遭到了逮捕;警察正是他的听众叫来的。激进的学生所到之处遇到的是同样的情况:不理解，不关心，甚至是敌意。绍穆埃利从一篇来自偏僻地区的革命文章中引用了这样的话:“他们根本不用心去理解，大家都是这只耳朵进，那只耳朵出。”这就是俄罗斯“革命”的特点:他们从来没有赢得广泛的支持。布尔什维克革命在开始的时候差不多也不过是场宫廷政变罢了。1825年，一些理想主义的军官想阻止尼古拉一世加冕，他们认为这样做是为了俄国老百姓的利益。可是，当沙皇开始对他们采取报复行动的时候，老百姓的反应是:“他们终于开始绞死那些贵族了。”

社会制度:农奴和集体所有制

俄罗斯过去并未响应革命的号召，现在则已经铲除了独裁统治。但这还完全不等于说俄罗斯从社会和体制上都已经为接受民主制度做好了准备。很多人都对此持怀疑的态度，并引史为证:俄罗斯没有经历过西欧历史上发生的对后世有定型作用的三次主要运动。他们还指出俄罗斯历史悠久的农奴制和集体所有制，这些都会阻碍私有财产聚积，而私有财产正是市场经济的先决条件。

俄罗斯从来没有成为罗马帝国的一部分。普希金说过：“更让人遗憾的是，我们从来没有过封建社会。”哲学家别尔嘉耶夫指出：“我们从来没有过文艺复兴。”这三种对后世具有定型作用的历史经验都与俄罗斯无缘。也许可以认为，没有经过封建社会这一点是最重要的。封建社会造就了权利和义务的复杂关系，造就了强有力的土地贵族，造就了抗拒暴君的堡垒，这些都与俄罗斯的独裁加农奴制有着根本上的不同。封建制度为通向一种新型社会铺平了道路，在这种新型社会中，统治者和被统治者通过相互的权利和义务联系在一起；而俄罗斯的社会制度造成的情况正如贵族卡斯丁所说的那样，除了统治者，每个人都是奴隶。

但是俄罗斯历史上的这三个前工业社会的特征现在看起来已经与现实没有太大的关系了。欧洲各国的封建制度各个不同；文艺复兴对它们造成的影响也彼此相异。很难说这些不同之处和现在各国之间的差异是否有必然的联系。德国和斯堪的纳维亚也都不是罗马帝国的一部分；罗马尼亚、利比亚和土耳其却曾经是的，知道这些却不能使你更多地了解这些国家的现状。

如果说不属于罗马帝国这一事实真的对俄罗斯还有什么意义，那就是这一点了：俄罗斯属于基督教东正教传统的一部分。一些俄罗斯改革家曾经指责东正教会奉行愚民政策，并且认为它主张把国家的利益置于个人利益之上。但如果把东正教看成是一种不幸的话，俄罗斯当然也并不特殊：乌克兰、保加利亚、罗马尼亚和希腊都信仰东正教。更重要的是，东正教会在俄罗斯的势力似乎正在减弱。虽然自称为“一般意义上的基督徒”的人大大增加了(从1990年的22%增加到了1992年的52%)，东正教会的势力却直线下降：只有9%的人声称他们属于东正教这个主宰了俄罗斯几个世纪的教会。

如果这些早期的社会特征对现在还会有真正的影响，那也只会是在这两个方面：第一是法律和人们对待法律的态度，第二是使个人责任和私有制受到阻碍的俄罗斯集体主义传统。1892—1903年，在当时的财政部长谢·维特的领导下，俄国经历了第一次工业化热潮。他于1905年成了第一任总理，同一年他写道：“俄国在一个方面和世界上所有其他国家都不同……这个不同之处在于俄国人民是在毫无财产和法律意识的两代人之后成长起来的。”他说得对吗？

确实，从18世纪起，俄罗斯对待法律的态度就开始和其他的西方国家产生不同。19世纪初期，尼古拉一世的秘密警察总长本肯多夫伯爵这样写道：“法律是为被统治者而不是为统治者制定的。”几十年之后，一些被称为斯拉夫文化优越论者的哲学家宣称一个社会拥有井然有序的国家是建立在人民的道德观念之上的，而不是靠法律或组织机构。在20世纪，一些共产主义者宣称法律会随着国家的消亡而消亡。在20世纪30年代，一位马克思主义的法学理论家帕舒卡尼斯提议彻底取消法律而代之以行政管理。就像一条民间谚语所说的：“有法庭的地方就没有法律。”

但俄罗斯并不是没有法律的传统。1497年它就发布了第一部法典，这即使用欧洲的标准来衡量也是早的。但不久之后就因为缺乏独立的法律体系而被独裁统治所取代。因为直到1991年之前俄罗斯都为独裁政府所统治，所以现在它还没有一个强有力的法律体系就没有什么值得奇怪的了。虽然这种变化是缓慢的，但是这一切都在发生变化。

1976年苏联通过了两部人权法案，这实际上是说：我们有人权；国家也不能取消人权；这对政府的职权有所限制。这些法案1977年被收进了苏联宪法。1991年10月和11月俄罗斯议会通过了两项议案，详细解释了一个“法制的政府”的含义。其中一项议案指出个人的利益高于国家利益，法律对公民和政府具有同等效力。第二项议案重新肯定了俄罗斯人民享有法律所必须给予尊重的人权，包括言论自由、行动自由、集会自由和要求公正判决的自由。议会宣布法庭是保护这些权利的基本保证者，它是独立的，不受外来干涉。

1995年发生了另外三个变化。议会通过了新的刑事法案，强调了私有财产权。此外还设立了作为法律事务的最高裁决机构的宪法法庭，其法官采取终身制(这样理论上可以避免政治干扰)。早从1917年开始，俄罗斯就试行陪审团裁决制。这些变化中的大多数开始的时候都只是形式上的。法律本身的特点决定它的确立是需要时间的。但这是法律的特点，不是俄罗斯人的特点。

俄罗斯和西方国家之间其他的不同之处，也就是俄罗斯的农奴制历史和集体所有制传统，又怎么样呢？

直到1861年废除农奴制前，俄罗斯农奴的境遇几乎与奴隶相差无几。农奴没有任何实际上权利。他们不能拥有财产，不能自由迁移，在一些情况下也不能自由结婚生子。农奴主实际上对农奴享有从惩罚到处死的无限权利。赫尔岑生动地称农奴为“受过洗礼的财产”。农奴和奴隶的主要区别在于奴隶可以被自由买卖，而农奴是和土地联系在一起的，一般来说只有当土地易主的时候才随土地一起被买卖。

人们经常说农奴制度决定了俄罗斯人的民族性格，它使俄罗斯人缺乏创造力，只能按某个主人的意愿来行动。别林斯基说俄罗斯只能通过沙皇才能获得自由。契诃夫哀叹道：“我们必须去除我们自身的奴隶本性。”

然而这种看法是有偏颇的。俄罗斯当然不是唯一有过农奴制的国家。罗马尼亚、波兰和东欧其他的一些地方也曾经有过。美国南方也曾经有过奴隶制。俄罗斯也不全都有农奴制：俄罗斯北半部分从来就没有实行过这种制度。

俄罗斯的农奴制度是在巴尔干国家和喀尔巴阡地区建立农奴制度之后才建立起来的。对农奴制度的限制是1797年颁布的，规定农奴主一星期最多只能要求农奴为其提供三天的劳动。1803年颁布了自耕农法。俄罗斯废除农奴制的时间比罗马尼亚和波兰都要早，比美国废除奴隶制也要早一年。这种巨大的社会转变俄罗斯得以和平进行，而美国则爆发了内战。

所有的这一切没有一项能证明农奴制是俄罗斯和俄罗斯的民族性不可消除的特征。

俄罗斯的集体所有制传统倒确实仿佛是俄罗斯的民族性不可消除的特征。共产主义在俄罗斯比在世界上任何国家持续的时间都要长，而且对俄罗斯的改变也是最大的。1917年的时候，俄罗斯大体上还是一个农业国家。而现在它却是一个绝对的工业化社会(甚至比英国和美国这些所谓的工业化国家还要工业化，因为很早以前这些国家的服务业已经比生产业重要得多了)。所有的共产主义国家，只有苏联在共产党的统治下完成了从农业经济向工业经济的转化(虽然中国走上了一条相似的道路)。

还有，在十月革命之前，共产主义已经深深扎根于俄罗斯的土壤中。很多共产主义的经济组织形式，特别是其中最基本的，即对私有财产所有权的否定，是建立在沙皇的经济组织形式之上的。沙俄时代人们没有土地私有的概念(虽然工厂经常是私有的)。农奴制废除之后，获得了自由的农奴不是开始独立地耕种曾经把他们像奴隶一样束缚着的土地，而是集体拥有这些土地。沙俄时代，在欧洲部分的俄罗斯，土地共有几乎可以说是非常普遍的现象。俄罗斯完全没有像英国、法国或德国那样的小自耕农，更不用说有像美国那样的根据19世纪的土地占有法案(Homestead Act)可以自由耕种密西西比以西的土地因而盛行起来的独立的小农场主了。俄罗斯的土地为村社共有，村社管理委员会(village councils)决定怎样进行耕种。每隔一段时间，村社管理委员会对土地进行重新分配，以便在村庄一头耕种的农民有机会耕种村庄另一头的土地。具有讽刺意味的是，对待财产的这种前工业社会和集体主义的态度，可能为工业社会产生私有财产权的最雄伟的计划获得成功提供了条件：俄罗斯的大面积私有化运动在某种意义上看起来就如同一次大的财产再分配，那是俄罗斯人早已熟悉的。然而，这些做法大多会对经济发展造成损害。在西方，父亲给儿子留下一块高产的、经营良好的农场的愿望对农业发展起到了积极的作用。

这在集体经济的俄罗斯是不可能发生的。

简单地说，中欧的共产主义是外界强加给它的，而在俄罗斯则不是这样。比方说，在波兰或是匈牙利，那些能够记得第二次世界大战之前的事情的人能够回想起非共产主义时代的往事，甚至是在乌克兰，人们还都对在17世纪中期失去了主权的乌克兰存有记忆(过去被认为是好的)。特别值得注意的是，直到现在，俄语中也仍旧没有和“拥有(own)”意义完全相同的词，只有“有(to have)”和“占有(to possess)”这样的词。但是是否这样就可以说因为他们从内心来说就对私有财产和私营企业存有反感，俄罗斯人不善于商业经营?

事实看起来并非如此。集体经济体制之所以持续了这样长的时间是与俄罗斯独特的地理特征分不开的：在这样一个土地广袤、人口稀少的国家里，集体经济给人们提供了某种安全保障。相邻的村庄之间经常要有几天的路程，集体农庄对他们来说就形成了一个个安全的小世界(俄语中表达公社、集体这个概念的词是mir，它也用来表示“和平”、“世界”的意思)。

绝对没有任何证据可以证明一旦俄罗斯有机会加入一个竞争和私有企业的世界，却发现它根本没有为此做好心理准备。他们的行为也没有让人觉得资本主义对他们来说是一个外来的概念。

就像19世纪初期的英国，19世纪70年代的美国，或当代的中国一样，俄罗斯经济在19世纪末期取得了飞速发展。1880—1917年间，俄罗斯铺设的铁路比当时世界上任何国家的都要长；这段时间内的工业生产以每年5.7%的速度增长，第一次世界大战之前的4年更是增加到每年8%。1883年，俄罗斯的工业生产达到了法国的1/3。翌年它更是取代法国成为世界第四大工业国家。若是一个天生懒散的、无组织的，或者是只能适应不同形式的集体制度的国家，几乎是不可能取得这样的成就的。

现在，俄罗斯对市场经济的反应非常强烈。1992年初，当俄罗斯政府最后废除了共产主义经济管理体制的时候，莫斯科中心出现了世界上最奇特的情景：在前克格勃总部大厦对面的儿童百货商场外面，聚集了成千上万的莫斯科人，他们举着衬衫、玻璃器皿或鞋子之类的东西叫卖。没有什么货架，人们就站在那里，他们的商品就装在他们脚下的袋子里。1989年波兰共产主义经济体制崩溃的时候曾经发生过类似的事情，但远没有达到这样的规模。莫斯科的大自由市场一直延伸出去有几英里远，几乎每天都会蔓延到新的小巷中。每周的工作时间内大约有7 000人在叫卖；周末的时候这个数字还要翻一番。平均下来，他们大约每个小时赚1美元，每天要工作10个小时。这个市场成了莫斯科最大的企业。所有的这一切都是在3个月内突然出现的：经济体制改变之前，这个市场根本就不存在。这是企业家精神的一次真正的爆发。

社会科学研究证实，比起任何其他民族，俄罗斯人对市场经济、提高个人所得和竞争都没有更多的敌对情绪。这方面最为详尽的研究是由美国人罗伯特·席勒和两个俄罗斯人马克西姆·博伊科、弗拉基米尔·柯罗波夫进行的。他们将美国和俄罗斯进行了比较之后发现，俄罗斯人和美国人一样能够容忍个人收入的不平衡，他们对“公平”价格的这个说法也不比美国人更为热衷；他们比美国人更重视经济刺激的重要性。当然也存在区别，例如俄罗斯人不大会把私营商人当做他们的朋友，不过，这些区别与其说是因为他们之间存在较大的社会差别，不如说是因为他们有着不同的政治经验。在文化上对待企业家的态度也有了巨大的转变。没有任何东西比1994年流行开来的这个新谚语更能恰如其分地说明问题了：“不冒险的人就没有酒喝。”

地理上的重负

那么怎样解释人们对俄罗斯改革产生怀疑的第三个原因，即“地理方面的”原因呢？有些人宣称俄罗斯地理上的基本事实是它唯一最重要的特点。一位著名的文学评论家V.伊万诺夫曾经说过：“我们被地理耗尽了，所以我们没有真正的历史。”地理的重要性表现在几个方面：它使得某几个政治组织过分发达，特别是军队，它使很多俄罗斯人形成了一种受围攻的心态，使他们感到他们的四邻都在觊觎他们空旷而缺乏防卫的疆土；它也使得俄罗斯和欧洲脱离开来，把俄罗斯变成了一定意义上的亚洲国家。

在这个地理距离越来越缩短的无线通讯时代，很难理解俄罗斯的疆土是多么辽阔。开车从莫斯科向南，需要一整天的时间才能到达乌克兰的边界。一路上平畴广漠，没有过多的变化，而你已经驶过三个曾经独立的大公国。世界上距离莫斯科最近的首都是基辅，可到那里也要有一天的路程。然而在地图上看来，你才走过了那么小小的一段。位于波兰和立陶宛中间的加里宁格勒日暮西沉，而弗拉迪沃斯托克正迎来第二天东升的旭日。坐火车从莫斯科到俄罗斯的最东部要一个星期的时间。

1993年，弗拉迪沃斯托克的市长说，如果他想要阻止不受欢迎的莫斯科官员来访的话，“我只要告诉他们飞机场关闭了”。这片幅员辽阔的疆土上没有任何自然的分界，乌拉尔山脉虽然很高，但是坡度平缓如丘陵。众多的河流虽然波澜壮阔，却也不构成国家之间的边界。俄罗斯的大部分都是草原、森林，或是一直延伸到地平线的冻原。

疆土的广漠是俄罗斯生活中基本的也是永恒不变的特点，俄罗斯历史上大部分的精力也都花在了和这片土地的斗争中。能与之相比的只有美国的俄勒冈通道和圣塔菲通道。这些通道曾引向西部，培育了刚强独立的拓荒者精神，但是那些勇敢的拓荒者沿着俄勒冈通道向西，最终到达了加利福尼亚肥沃的草原，而俄罗斯的开拓者们到达的远东地区仍像他们身后的土地一样荒芜贫瘠。

美国西部的开拓耗费了大约三四代人的努力，而征服西伯利亚花去了俄罗斯人400年的时间。最初的拓荒者在16世纪末期就建了一个根据地，那就是西西伯利亚的秋明(现在是俄罗斯石油钻探的中心城市)。不到半个世纪之后，在1649年，俄罗斯人就在太平洋沿岸的鄂霍茨克建立了第一个哨所。然而300年之后，征服西伯利亚和远东的工作仍旧没有完成。第二条横贯西伯利亚的铁路，贝加尔—阿穆尔铁路(勃列日涅夫称之为“世纪工程”)，直到20世纪20世纪80年代末才完工。正像占领了西部领土的美国人要抵御土著和游牧民族的侵扰一样，一代一代的俄罗斯人也都要和残酷、恶劣的自然条件和深怀敌意的邻国进行生死较量。能与他们相比的只有非洲南部的布尔人。他们像囚徒一样，总感觉危险临头，总面对生死未卜的命运，身处逆境而不得不合群共处。

保卫这样不适于人类居住的土地是异常困难的。俄罗斯像德国和波兰一样没有自然的屏障，没有不能渡过的河流或难以跨越的山脉。而且相邻的国家都是过去的或是潜在的敌人和对手，比如现在的中国和过去的土耳其和波兰。保卫国土的这种困难使俄罗斯成了一个强有力的国家，必须建立一支强大的军队来防御那一望无际的边界。在16世纪和17世纪，莫斯科公国大公养着一支5万人的军队以保卫这个国家不受成吉思汗的后代鞑靼人的侵扰，他们经常会从东部发动突然袭击，就像1000年以前对罗马帝国的野蛮侵略一样。供养一支5万人的军队是一件非常了不起的成就。同时代的克伦威尔的新军比这要小得多，尽管他的正在进行全面内战的国家比之要富有得多。第一次东征的十字军是封建时期的西欧拥有过的最大的军队，它几乎耗尽了基督教世界的全部资源，但那也不过3万人。那是一次非凡的努力，几乎使组织这支军队的几个国家变成了穷光蛋。而俄罗斯的军队是一支常备军，要靠莫斯科周围那些贫瘠的土地的出产来维持温饱，要一年四季、一年一年地供养下去。说到这里，我们不会想不到后来的苏联共产党倾尽全力同比它要富有得多的美国进行核军备竞赛，甚至也很难想不到苏联共产主义解体之后，俄罗斯仍然决定保持一支200万人的军队(目前是欧洲最大的)。供养这样一支庞大的军队而且要使它团结在一起，唯一可行的办法只能是，通过建立一个使这支军队保持忠诚的中央政权。

这些地理特征仍旧存在，但现在我们要正确地看待它们。幅员辽阔的国家不只有俄罗斯一个。美国、加拿大和澳大利亚都是幅员辽阔、人口稀少的国家，而且居住在这些国家的人也都是欧洲的后裔。但他们并不因此就觉得自己是反西方的或是反自由的。波兰和俄罗斯一样是没有自然屏障保护的平原国家，历史上波兰的版图变化比俄罗斯的还要剧烈得多，但通常也不能因此就说波兰因为地理因素就注定会是独裁国家。

当然，俄罗斯比所有这些国家都要大得多(它比其中最大的国家加拿大还要大一倍)。可它辽阔的版图确实难免会让人产生错误的感觉。俄罗斯人口的绝大多数，最后一次人口普查的时候是60%居住在乌拉尔山脉以西俄罗斯的欧洲部分，其余70%的国土上只居住着40%的人口，简直有点像个附属品。以前英国驻莫斯科的一位大使罗德里克·布莱斯维特曾经把俄罗斯比做一个头在左边的蝌蚪——一个大大的头，拖着一条长长的尾巴。俄罗斯在欧洲的部分比加拿大和美国都要小，和澳大利亚的面积差不多。

现代交通和通讯方式的发展使这些疆土辽阔的国家产生了很大的变化，特别是航空运输和远程通讯。这也同样使俄罗斯得以保持完整。1990年，苏联最终解体的前一年，苏联航空公司(Aeroflot)是世界上最繁忙的航空公司，它把138 000人次的旅客运送到了遍及前苏联的3 600个目的地。俄罗斯的飞机通常都是满员，要么就是拥挤不堪。很多家庭和商人经常穿梭于各个城市之间。航空运输和电话缩短了人们之间的距离，并将整个国家联系在一起。俄罗斯不再像以前那样像是一个巨大的群岛，彼此相距几天路程的一个个孤立的小村庄，像小岛一样散布在一片广漠的荒凉草原上。

实际上，俄罗斯根本不是由村庄组成的国家。在过去的30年里，俄罗斯的农村人口以人类历史上前所未有的规模涌向城市。1939年，俄罗斯2/3的人口是农村人口，主要以土地为生(和摩洛哥现在的比例差不多)。而现在超过3/4的人口居住在城市里。许多发展中国家都经历过城市人口爆炸，但在规模上都没有超过俄罗斯。俄罗斯现在是一个被航空运输和电话联系在一起的城市国家，这和以前一个个岛屿般的村庄散布在荒原之上的旧俄罗斯是迥然不同的。

就像交通革命把诸多城市联系在一起一样，军事科技的革命也使得一个国家没有必要再维持庞大的常备军。已经不再必要在领土上到处布满军队。亚·列别德[①]曾是一位知名的将军，1995年离开了军队，开始了他的政治生涯。他曾经指出，1991年的海湾战争证明，通过机载高科技武器可以击败在广大的沙漠地区的敌军。俄罗斯有这个条件，它的周围也尽是这种沙漠和大平原。虽然1995年俄罗斯还保留了一支庞大的常备军，但从长远看，军事科技的提高很可能使这完全没有必要，这反过来也会加速俄罗斯的裁军计划。

"我们是亚洲人，一伙斜着眼睛的贪婪鬼。"很多人认为俄罗斯的地理特征把它和欧洲隔离开来，使它在很大程度上成为一个亚洲国家。这种说法又怎么样呢？

据说直到彼得大帝时代，俄罗斯一直是和欧洲完全隔绝的。实际上，最常这样说的就是彼得大帝自己，他这样说的目的就是加重人们心中这种孤立的感觉，以便他发动对瑞典的战争，来实现"突向西方"。实际上，早在彼得大帝即位前许多年，俄罗斯商人已经同北欧和东欧的一些国家开始了实物贸易。诺夫哥罗德直到16世纪后期一直是俄罗斯东北最大的贸易城市，而它也是汉莎同盟(Hanseatic League)的成员。汉莎同盟是日耳曼的许多城邦结成的商业、政治同盟，最西一直到汉堡。

然而俄罗斯后来确实形成了一种强烈的感觉，觉得自己在某种意义上不属于欧洲，因为掺杂了许多亚洲的因素。

一次叫做"西塞亚"的文化运动最清晰地表现出这种感觉。这次运动在布尔什维克革命前后的几年迅速地发展起来。

---

①亚·列别德于2000年4月28日因飞机失事遇难，终年52岁。——译者注

是的——我们是西塞亚人！
是的——我们是亚洲人，一伙斜着眼睛的贪婪鬼！

十月革命之后3个月，亚历山大·勃洛克在他最后一首伟大的诗篇《西塞亚人(Scythians)》中这样写道。"西塞亚"这个词后来就被用来指这次运动。西塞亚运动是极端反欧的运动。勃洛克的诗中所表现的躁动和粗野与欧洲人的典雅、有教养形成了鲜明的对照。

为了欢迎漂亮的欧洲……
……我们会把我们异族的
亚洲的脸转向你们。

西塞亚运动者宣称俄罗斯人既是欧洲的也是亚洲的，他们的自发的特性和热烈的感情来源于亚洲。他们声称，多少年来，他们纯粹的亚洲传统遭到了欧洲特征的玷污，到了20世纪初开始的时候，欧洲特征在这个国家占据了主要地位。勃洛克和其他一些人拥护布尔什维克革命，因为他们觉得这是亚洲传统对欧化的俄罗斯的一次报复。在1918年发表的一篇评论文章中，叶·扎米亚京指出，西塞亚人是永远的流浪者，他们对稳定的秩序和温吞吞的革命永远怀有反抗情绪。

表面上看来，没有什么明显的理由说明俄罗斯因为有亚洲的文化气息就很难实行改革和实现现代化。考虑到日本、韩国、新加坡、台湾等亚洲国家和地区经济的飞速发展，亚洲文化反而应该对俄罗斯的发展有所裨益。实际上，包括西塞亚人，的确没有人会真正认为俄罗斯是一个亚洲国家。他们认为俄罗斯介于亚洲和欧洲之间，是两者的混合体，在两者之间起到一种桥梁的作用。20世纪20年代由一些俄罗斯的流亡者(他们大约是和西塞亚人同时代的人)发起的亚欧运动(Eurasian movement)宣称："俄罗斯人既不是欧洲人也不是亚洲人。我们融合了我们周围的文化和生活，我们可以毫无愧色地说我们是亚欧人。”这些人中有一位名叫P.萨维茨基，他认为亚欧具有自己独特的“地缘政治文明”。

但亚洲的某些因素的确使它不能采取西方民主制度和自由经济制度，而俄罗斯具有亚洲特点，它就吸收了亚洲的因素。这些因素之一就是专制统治。流亡国外的语言学家尼·特鲁别茨科伊1920年指出，成吉思汗的部分遗产仍旧留在俄罗斯人中间。13世纪40年代，俄罗斯东北部的大公国变成了金帐汗国的封地。当时，成吉思汗的孙子巴托汗统治着庞大的蒙古帝国，而金帐汗国就是这个帝国的一个分支。在接下来的300年里，正如俄罗斯人自己所说的，他们“肩负着鞑靼人的重轭”。俄罗斯人的政治体制是从蒙古人建立的政治体制那里演变来的。例如，俄语中许多关于税务和政府财政状况的词是从蒙古语来的，例如tamozhnya(海关)，kaznachei(财务)；甚至连“钱”这个词本身也是从dengi转化来的。

俄罗斯非欧洲的特性妨碍它实行民主政治、法制，或采纳其他一些现代国家的特点，这种说法可以从马萨里克对斯拉夫文化优越论者的阐述中看出来。大约从1830年开始，俄罗斯的一些知识分子试图用非西方的术语来描述俄罗斯的特征，从而掀起了斯拉夫文化优越论运动。马萨里克写下了这样的话：“从最根本的本性上来说，俄罗斯与欧洲不同……俄罗斯国家是有机地从公社生长出来的，而欧洲国家则来源于武装占领和被占领地区人民的降服……俄罗斯的法律也是来源于怎样对民众定罪的习俗，而欧洲的法律则是由罗马征服者强力推行的，其最大的特点是成文法在形式上的严格性……在俄罗斯，财产是集体共有的……因为个人本身就具有价值，和财产无关；在欧洲，个人是没有价值的，有价值的是土地，而不是个人。”

很多俄罗斯人(还有一些俄罗斯在外国的留学生)仍然坚持俄罗斯的非欧洲的特性意味着它不能采用欧洲的市场调节体制或民主体制。

但是，俄罗斯的这种兼有亚欧特点的特性是否真的对它具有定型的作用？它是否真的介于亚洲和欧洲、东方和西方之间？站在欧洲的立场来看，俄罗斯受到的亚洲的影响是非常明显的。但从俄罗斯本身来看事情就并不是那么一目了然了。

俄罗斯人自己可能喜欢说他们与欧洲人不一样，但他们同样也认为他们与亚洲人不一样。在人们认为俄罗斯应该受到亚洲的影响最强的一些地区，像弗拉迪沃斯托克及其附近的一些省份，地方行政长官声称他们是抵抗中国的壁垒，并且警告人们说，没有他们，俄罗斯东部很快就会受到黄种人的威胁；而他们主要就通过这类说法才赢得了地方上的强有力的支持。具有讽刺意味的是，西塞亚人也是这么看的，虽然他们宣称俄罗斯部分属于亚洲。勃洛克在《西塞亚人》中是这样说的：

> 我们是欧洲人和猖狂的蒙古游牧民族之间的
> 一道盾牌。

普通的俄罗斯人好像并不认为他们部分意义上是亚洲人。19世纪的时候，最积极提倡俄罗斯是“亚欧”民族的阿·霍米亚科夫开始穿起了五颜六色的飘洒的俄罗斯传统服装，但他遭到了街上人们的嘲笑，认为他打扮得像个波斯人。

俄罗斯的宗教传统是基督教的。俄罗斯的文化绝对是以欧洲文化为主体的。很难找出任何一种发达的西方艺术形式，其中没有俄罗斯人的巨大贡献：小说(屠格涅夫、托尔斯泰、陀斯妥耶夫斯基、帕斯捷尔纳克)，戏剧(契诃夫)，表演艺术(斯坦尼斯拉夫斯基)，古典音乐(柴可夫斯基、斯特拉文斯基、肖斯塔科维奇)，古典芭蕾(佳吉列夫、诺列耶夫、巴雷什尼科夫)，绘画(夏加尔、康定斯基)，电影(谢·爱森斯坦、安·塔尔科夫斯基)，等等。虽然俄语中有一些蒙古语词根，但亚洲游牧民族对俄罗斯的政治和社会秩序几乎没什么影响。既然欧洲的很多国家都有过那么长时间的独裁制度，那认为俄罗斯的独裁传统来源于亚洲的说法就显得有些武断了。俄罗斯独裁制度的特点与西欧的特点有许多明显的差别，这种差别也主要是来自于规范人民日常生活的东正教会和小型公社集会。东正教传统来自于拜占庭(当然还是“东方”的，但那是东欧，不是亚洲)，而公社集会，根据俄罗斯历史学家瓦·伊·谢尔盖耶维奇的说法，好像是全然来自于斯堪的纳维亚，而不是亚洲。

实际上，有一个很好的例子可以证明俄罗斯的主要地理分界线不是东西划分，而是南北划分的。1989年召开了1917年之后的第一次议会——人民代表大会，著名的历史学家德·利哈乔夫在会上向代表们发表了一篇旁征博引的演说，阐述了俄罗斯在世界上的地位，他主张俄罗斯的最重要的特点是它位于北冰洋、斯堪的纳维亚北部和黑海之间。他认为用“斯堪的纳维亚斯拉夫(Scandoslavia)”来描述俄罗斯比用“亚欧(Euroasia)”更有道理。

不管过去的俄罗斯指向东南西北哪个方向，现在的俄罗斯不再受任何特殊地理因素的限制。卡斯丁和纪德说怀疑和轻视外国人是俄罗斯的典型行为。现在俄罗斯则向外国敞开了大门，对外国也有所了解，即使对外国人还不算友好，至少也很小心地表示容忍。经济改革开始的几年里，莫斯科就像世界上其他城市一样，城市中心变成了一个大市场，西方的商品在那里应有尽有。你走在莫斯科的大街上，从俄罗斯著名诗人普希金的雕像直到这个帝国的历史中心红场，路上一个连一个的商店，卖的都是标志着西方消费主义的商品。第一个就是麦当劳，它于1941年开业的时候，是世界上最繁忙的快餐店。接下来是卖可口可乐和百事可乐的小商亭，一个西方轿车的展览厅，还有几个赌场。最后你走近圣巴塞尔，那里是按照伊凡雷帝的狂想建造的老式俄罗斯建筑，如今已经摆上了一排排法国香水。

莫斯科的西方商品琳琅满目，这种光华隐隐绰绰反映到了整个俄罗斯。几乎在俄罗斯每个小镇上都能买到西方的香烟、软饮料和香水，即使在那些地方翻来复去就是这几种有限的西方商品。宣传这些商品的广告，为了显示现代化，通常都是用拉丁字母而不是用西里尔字母[①]拼写，公告牌、建筑物外面和公共汽车上到处都贴满了这些广告。肥皂剧在西方是宣传这些商品的载体，在这里也获得了极高的收视率。1992年春天，每个星期都有几百万人观看《富人也有伤心事》，这是一部墨西哥的电视肥皂剧，反映了一些乘飞机到处旅行的富裕阶层人的苦恼。

据估计，1994年大约有20万外国人住在莫斯科，这是这个曾经一度闭关锁国的国家有史以来外国人聚集最多的时候了。外国居住者的数量在共产党政权垮台之后的5年里急剧增长(1989年的时候莫斯科只有几千名外国人)。从16世纪一直到20世纪90年代，外国人都居住在由栅栏围起来的一个一个的外国人聚居区内，这些聚居区中间又被俄罗斯居民区互相隔开。这种隔离政策给这个城市留下了不少痕迹。当年，彼得大帝要强行把俄罗斯转向西方，这位实行西化的伟大沙皇兴建了所谓的德国区，那里体现了他对欧洲事物的品味。这个所谓的德国区曾是外国商人和使馆人员居住的地方，这个区内全都是气势辉煌的豪华住宅，街道宽阔，绿荫匝地。这里仍旧是莫斯科市区最优雅的地段之一，保留着中产阶级的典雅气派，可市内大部分地带却是庞大臃肿的工人阶级居住区，两者相间，颇不谐调。

直到1991年，外国人没有权利决定他们住在哪里；他们只能从苏联外交部的一个特别部门得到一套公寓和必要的居住许可。这样，苏联政府就把外国人都圈进了国家同意的、同时也是国家监听的几个公寓楼群里。

不到三年的时间，这种由来已久的将俄罗斯人和外国人隔离开来的政策被取消了。最初，一些西方商人开始不理睬外交部的要求，悄悄地从俄罗斯人那里租了房子，安顿好了一切。共产主义政权垮台以后，外交部已经没有能力，也没有愿望来实施那些规定了。突然之间，

---

①9世纪时传教士西里尔发明的字母，为现代俄语等字母的本源。——译者注

外国人可以随心所欲地租房子了。俄罗斯人穷，西方人相对来说比较富裕，1991—1992年的时候，他们当然能够随意选择莫斯科较好的区域，没有人住到城市边缘的那些最贫穷的地方去。但是，莫斯科和西方的城市不同，它没有多少像贝尔格莱维亚①那样的富人居住区，所以没有几年，外国人比刚开始的时候住得要分散多了。到1993年，俄罗斯人和外国人已经挨门隔壁地住在同一幢楼里面了。

而且俄罗斯人对外国的了解也不仅限于昂贵的西方消费品和他们的城市中富有的西方人了。更重要的是，他们自己也开始到国外去旅行。1993年共有900万俄罗斯人到国外旅行，这种发展有着重要的历史意义。虽然国外旅行花费颇为昂贵(从莫斯科到伦敦的飞机票价是1994年俄罗斯平均工资的三倍)，加上俄罗斯政府办事效率很低而且对很多事横加干涉，在俄罗斯独立三年之后签发的护照上仍然盖的是已经不存在了的"苏联"的印章，但是有史以来，相当数量的俄罗斯人(每年7%)可以到国外去亲眼看看别的国家的真实面目。

和西方建立的联系使得国际电话的通讯量急剧增加。1994年，俄罗斯人的国际电话通话时间为45亿分钟，在短短两年的时间内增加了36倍。

俄罗斯在1992—1993年重新加入了世界经济活动，成为许多如国际货币基金组织和世界银行等重要国际经济组织的成员，它还提出了加入世界贸易组织的申请。它同欧洲和美国的贸易也开始以前所未有的速度增长。简单地说，1991—1994年，俄罗斯开始消除了孤立的障碍，消除了无知和排外情绪，开始加入到西方的潮流中来。

结束70年的孤立对结束极端行为起到了重要的作用。事实不断说明那些所谓的隔离行业的工人如矿工、水手、渔民、伐木工人或牧羊人等倾向于强烈支持左翼的政治观点。这些行业的工作特点使得其中

①伦敦海德公园附近的高级住宅区。——译者注

的所有工人都集合在同一个团体之中。这种隔离看来使得这些工人无须被迫去容忍不同的观点。在这类选区，绝大多数选民倾向于支持共产主义者或社会主义者。假使俄罗斯的统治者把这个国家从外部隔开，那么这种现象就会在整个国家的范围内发生。从1917年到1989年，苏联的情况也正是这样。这也就是俄罗斯的开放为什么特别重要的原因。

对独特命运的迷信

随着政治和社会发生的巨大的变化，顽固的地理因素也变得不那么重要了。所有这些合在一起，削弱了对独特命运的迷信。这原是俄罗斯民族性格中最突出的特点，也是对外人来说最奇特的地方。

19世纪，俄罗斯的思想领域主要有两大派别：斯拉夫文化优越论者和西化论者。前者认为俄罗斯应该深深发掘自己的根，后者认为俄罗斯应该寻求向西欧学习。在多数问题上，这两大派别之间存在着明显的差别，但在俄罗斯在世界上的地位这个问题上，他们之间并没有多大分歧。两派人都相信俄罗斯有着独特的命运，一种救世主式的拯救人类的使命。

斯拉夫文化优越论的倡导者之一霍米亚科夫把俄罗斯称为“上帝的工具”，并声称欧洲的所有国家都会追随俄罗斯，而俄罗斯时刻准备着成为欧洲的领导者和拯救者。陀斯妥耶夫斯基说过：“我们伟大的俄罗斯会向全世界讲出它的新的真理，一种健康的真理，一种世界上的人都从来没有听到过的真理。”在一次纪念普希金的演讲中，这位伟大的小说家说：“俄罗斯民族的使命是拯救欧洲和整个世界……对一个真正的俄罗斯人来说，欧洲和俄罗斯本身一样值得珍视……这两个世纪以来，俄罗斯所施行的政策不就是为了更好地为欧洲服务，更甚于为自己服务吗？”

主张西化的人也同样持有这种救世主的观点。恰达耶夫是第一个主张西化的人，他把斯拉夫文化优越论者斥为蒙昧主义者，然而他也坚持："有一些民族注定将来要教给这个世界一些伟大的道理，我们就是一个这样的国家。"尼·米海洛夫斯基是约翰·密尔、孔德和马克思著作的俄文译者，他也这样写道："我们相信俄罗斯会从欧洲走过的道路上铺设一条崭新的历史道路。"1991年8月24日俄罗斯议会大厦外面的广场上的人群头顶，仍然轰响着这样的声音。那一天，叶利钦为了庆祝击溃共产党人试图发动的政变发表演说，成群的民众涌到广场来聆听他的演说。当时的胜利者叶利钦宣布："俄罗斯拯救了世界。"

这种救世幻想的最奇特的地方是认为俄罗斯拯救世界不是要靠先进的政府或先进的社会组织、文化或军事力量，而是靠俄罗斯人民的道德力量。俄罗斯人衷心相信俄罗斯与众不同。斯拉夫文化优越论者F.秋切夫有一首诗在俄罗斯至为著名，诗中这样写道：

俄罗斯不能用头脑来理解，
平常的尺度失之遥遥。
她的天性不同凡俗——
唯在俄罗斯，你才能知道。

在斯拉夫文化优越论者看来，西方就是理性和科学的探求及个人利益的同义词。这都是与尊重感情甚于尊重理性的俄罗斯传统价值观格格不入的。早在1784年，来圣彼得堡的英国旅游者威廉·里查森就曾经看到："他们的情感肯定比坚定性要多得多。他们有生动的感情，但他们很少运用他们的理性来形成商业行为的一般规则，他们的行为随着情感的起伏波动也显得很古怪，甚至前后不一……在很多人身上都经常可以看到这种性格：但我想这种性格只有在俄罗斯才如此的普遍，几乎成了它民族性格的一部分。"

走到极端的时候，斯拉夫文化优越论者会将理性和个人利益一同抛弃。在这个问题上陀斯妥耶夫斯基是这样看的："一个人，不管他是谁，无时无地不想随心所欲，根本不去考虑要符合理性和个人利益的要求；背离个人的最高利益行事，实际上是完全可能的，在我看来，甚至有时候是绝对必需的。一个人自己的自由意志，哪怕它狂放不羁，自己的异想天开，哪怕它荒诞不经，自己的幻想，哪怕它有时近乎疯狂——这些才是人最好的最伟大的利益。”

这段话里的“我”指的不是陀斯妥耶夫斯基本人，而是短篇小说《地下室手记》中的叙述者。这位伟大的小说家想通过这个叙述者描绘出“大多数俄罗斯人的真正本色”。

所以说俄罗斯人的性格，正如斯拉夫文化优越论和独特命运的迷信所表明的那样，似乎给这个国家加上了一个最为奇特的沉重包袱。俄罗斯对他们自己的利益令人难以理解地盲然无视——实际上，是对背离个人利益感到光荣，因此，俄罗斯人始终不曾充分发挥自己的潜能也就毫不奇怪了。这里简直用不上“失败”这个词：俄罗斯成功地避免了其他国家认为是有益的物质上的成就。

新的俄罗斯人，新的价值观。至少，相信俄罗斯有着独特命运的人是这样看待俄罗斯的历史的。虽然陀斯妥耶夫斯基宣称他试图描绘出“大多数俄罗斯人的真正本色”，他真正描绘出的是少数似乎毫无欧洲特点的斯拉夫文化优越论者的观点。同1874年“疯狂夏季”的知识分子们一样，斯拉夫文化优越论者也只是一些思想单纯的知识分子，他们声称是人民的代言人，实际上却并不是人民的一部分。

如果说在从前的俄罗斯，对精神命运的呼吁和信仰的重要性还能受到人们的欣赏的话，那么现在已经不再是这样了。越来越多的人觉得正是那些特点让俄罗斯落在后面。秋切夫的著名的四行诗发表后一个世纪，另一位诗人马利亚·阿拉库莫娃象征性地把这些诗句抛回给他：

俄罗斯不能用头脑来理解，
平常的尺度失之遥遥。
她的天性不同凡俗——
可这话究竟能相信多少？

要说现代俄罗斯人中谁和斯拉夫文化优越论观点最相近，那就是索尔仁尼琴了。他于1994年结束了在美国的流亡生活，坐火车从弗拉迪沃斯托克回到莫斯科。因为他是一位伟大的作家，而且从不向共产主义低头，人们都敬重他，成千上万的人到火车站去欢迎他的归来。尽管他已经抛弃了斯拉夫文化优越论中支持独裁统治的观点，赞成由选举产生村社管理委员会那样的民主制度，然而，当他在议会发表演说宣扬斯拉夫文化优越论的政治观点时，却并没有激起人们的热情。

现在很少有严肃的政治家主张俄罗斯的传统意味着这个国家有着独特的经济特点，因此它应当以自己的方式进行改革。席勒、博伊科和柯罗波夫的研究表明俄罗斯人并不比美国人对商业或私有财产更有抵触情绪，也并不比美国人更不能容忍收入不平均。叶利钦政府的一个反对派是非极端派的民族主义者，这个反对派的主要经济学家是谢·格拉济耶夫；你可能猜测他会强调俄罗斯的经济独特性，但他批评政府没有能够从日本学习到怎样进行现代经济的运作。

最重要的是，俄罗斯的民族主义已经失去了吸引力。很多俄罗斯领导人都称自己为民族主义者。任何俄罗斯政治家都宣扬已经宣扬了多少年的建立强大的俄罗斯国家的观念。西方人把仇外主义者弗·日里诺夫斯基的成功作为俄罗斯民族主义正在复兴的证据。但几乎没有人是因为日里诺夫斯基许诺夺回阿拉斯加、让俄罗斯的士兵涉足印度洋温暖的海水而投票选举日里诺夫斯基的，他们说选举他是因为他们相信他能够采取一些措施来减少犯罪。同样，民意测验的结果不但不能表明民族主义得到了广泛的支持，而且恰恰表明了相反的情况。谢·菲拉托夫和沃龙佐娃于1991—1994年间做了一系列的民意测验，他们的结论是俄罗斯人并不为他们的国家感到自豪，而是表示轻视。说到这样一种“国家虚无主义”，他们指出，不到1/3的年轻人把服兵役当做“责任和荣誉”，不到10%的人认为“忠诚于民族传统”对信仰和道德会有重要影响。他们得出结论说：“人们不愿认同这个国家和这个民族。”

这样的虚无主义态度可能不会持续太久。这种态度可能是共产主义统治的失败和改革初期的许多困难造成的。俄罗斯人早晚都会重新建立起它的民族精神。但这会建立在一个新的基础上，而不是建立在那些被抛弃了的如独裁、共产主义、独特命运等旧俄罗斯的特点的基础上。他们现在尊重的品质和人权相关联：回答调查的人中有74%赞同思想自由；70%的人认为，即使共产主义者和仇外主义者令人厌恶，他们仍然应该享有完全的言论自由。这些特点都不是一个独特的、救世主式的国家能有的特点，而是一个正常的国家——俄罗斯的改革者一直向往的就是这样一个国家——才会有的特点。

第三章

共产主义为何失败

效率低 · 封闭 · 国防负担 · 资本主义的佳音 · 戈尔巴乔夫 · 评价 · 叶利钦

要理解俄罗斯当前的局势，必须从共产主义制度开始，弄清它为何失败。共产主义失败主要有四个原因：该制度本身效率低；它切断了俄罗斯与世界贸易的联系；其国防开支远远超出了俄罗斯国力所能承受的水平；最后一个原因是，俄罗斯人了解到资本主义运作得更好。

效率低

共产主义的运作方式是由计划制定者决定应当生产什么，然后告诉各个企业生产什么产品，以及将产品送到什么地方，这样就为每个企业制定了生产指标，并分配给他们必需的原料。通过一系列的政府指令，命令各个企业以这样那样的价格为指定的客户供应这样那样的产品。

这样做存在两个问题。首先，计划本身往往先天不足；其次，计划无法实施。其中第一个是信息问题，第二个是动力问题。官僚们从不能有效地判断消费者真正需要什么，也不能让顾客的花费与其所得相平衡。譬如，俄罗斯住房太紧张，同时室内供热过多。加拿大和俄罗斯一样冷，但俄罗斯每单位总产出所消耗的能量为加拿大的5倍。随着技术更加复杂，决策者要选择一种有效的生产模式便越来越困难了。

更为严重的是缺乏执行计划的动力。为了升迁，一个好的共产党员当然必须表明他能够完成自己的指标，这经常牵涉到大量棘手的交涉和计划外的活动。但一个好共产党员不应当怀疑指标是否合理。虽然他对什么东西有用持有不同的看法，但他无法获得物力那样去做，更谈不上会因他的努力而得到报偿。

共产主义最显著的成就是消除了失业。但其实现途径是在控制物价的同时印刷足够的钞票，确保人们想买的东西始终比生产出来的东西多。结果造成75年来商店一直排着长队，商品普遍匮乏。到共产主义时代末期，排队买食品的时间比生产食品的时间还要长。

不过在战后初期，共产主义还能激起人们的某些理想和信念，许多俄罗斯人至今仍怀念当时存在的那种大家目标一致的感觉。战后，在20世纪50年代和60年代，像许多西方国家一样，俄罗斯经济增长很快。其生产能力迅速赶超上来，随着人们从乡下迁到城市，劳动生产率很快提高，自然资源开发得越来越多，那时还有一种全国上下一齐努力的意识。但从20世纪70年代中期以后，增长减慢，或已经停止，很难说清其具体数字。俄罗斯的生产能力很可能被俄罗斯当局和美国中央精报局夸大了，双方这样做的目的都是为了证明俄罗斯的实力。德国共产主义地区的生产能力也被估计得过高了。现在，从德国统一以后的经验我们知道，那里的生产率仅为西德的1/3，而非像我们以前所认为的那样达到了西德的1/2。

尽管20世纪80年代官方公布的年增长率为3%，但从1980年左右以后，俄罗斯的消费者确实感觉不到其生活水平有丝毫真正的提高。问题究竟出在哪里？俄罗斯经济部门认为是缺少投资，但事实并非如此，根本原因是共产主义本身效率低，到了20世纪80年代，它已经没有生机了。

封　闭

另一个原因是经济封闭。在西方，国际贸易是经济增长的主要推动力之一，它使得新技术很快由一个国家传到另一个国家。相比之下，俄罗斯与西方的贸易基本上被切断了。

所有涉外贸易必须通过为数有限的国有外贸组织进行。如果某个企业要引进一项重要的新技术，它必须通过这些组织。货币不能兑换，有限的美元完全由官方分配，这就难怪俄罗斯的大多数企业都依赖俄罗斯的技术，而这些技术常常比世界上最先进的技术落后几十年。

除此之外，美国政府实行了一系列政策，禁止向苏联出口可能用于国防的高科技产品，这些政策迫使俄罗斯自己发展其大部分国防和空间技术，并取得了相当辉煌的成就：俄罗斯的大力神号空间火箭要优于美国的土星号，俄罗斯的苏霍伊战斗机是世界上最好的，但这些成就是以巨大的代价换来的。

大多数西方人都清楚共产主义运作不灵，但几乎没有人预见到其崩溃的速度。究竟是什么原因使它崩溃得如此之快？主要原因是国防开支的负担、有关资本主义的消息的传播加上戈尔巴乔夫的民主政策。

国防负担

为加强国防而造成的巨大负担是苏联经济停滞的重要原因之一。确切地说，对冷战如何开始尚无定论。俄罗斯在1914、1918和1941年三次受到来自西方的攻击，所以容易理解它为什么害怕西方。至少有2 000万苏联人在第二次世界大战中丧生。但苏联在1945—1948年间的行动及其公开宣称要在西方推行共产主义，反过来又在西方造成恐惧，结果便开始了历史上规模最大的军备竞赛。

但这种竞赛总是不均衡的。要想使国防力量势均力敌，双方的开支必须大致相等。由于苏联的国内生产总值约相当于北约的1/7，国防力量均衡意味着苏联将其国民收入用于国防的比例要比西方高7倍。西方将其4%的国民收入用于国防，苏联则要为此耗费其25%以上的收入。1980年左右发生了两个历史事件，使俄罗斯的国防负担进一步加重。首先是1979年苏联入侵阿富汗。勃列日涅夫的这一愚蠢举动直接重演了美国介入越南战争的悲剧。在历时9年之后又不光彩地撤军，在此期间大约有15 000苏联青年丧生，负伤的人数则更多。这一失败沉重打击了人们对共产主义制度的信心，并最终葬送了在全世界实现共产主义的梦想。

与此同时，西方进一步增强了国防力量。从里根当选总统之日起，美国的国防开支便以每年3%的速度增长。这种不可遏止的增长包括了星球大战计划，该计划的目的是使美国坚不可摧(同时这样也使它能够在愿意的时候攻击苏联，而自己不受损失)。

里根当时几乎不可能预料到星球大战的开始能在他有生之年搞垮那个“罪恶的帝国”，但它无疑对那个结果起了作用，因为到了20世纪80年代后期，俄罗斯已经断定，它再也不能凭借军事力量将它的意志强加于东欧了。

资本主义的佳音

除非人们知道还有一种更好的选择，否则共产主义便不会垮台。这里的关键是信息的传播。在共产主义经济停止增长的同时，苏联人对资本主义的成功越来越清楚。出国旅游产生的影响十分重要。出国旅游是特权阶层及其子女们享有的主要优待之一，但正是特权阶层的子女最先对共产主义失去了信心。旅游者带回了各种书籍，特别是美国小说描绘了一个自由世界，与苏联的压抑生活形成鲜明的对比。在西方出版的持不同政见者的书籍使苏联人认识到共产主义在古拉格劳改营和东欧实行的压迫。

另一个影响因素是电影。为了描绘资本主义的剥削，苏联也播放一些西方的影片，如费利尼的那些片子，但却恰恰产生了相反的效果。更重要的是西方的无线电广播。长期以来，城市里对西方的俄语广播进行干扰，[①]但不干扰英语广播。所以要会英语才能听懂西方的广播。直到20世纪70年代中期，只有极少数人的英语水平达到了可以使用的程度。西方流行音乐遭禁，只有通过“骨头上的音乐”才能听到——将E.普雷斯利和其他人的歌曲翻录在废弃的X光照片上制成盗版唱片！但从20世纪70年代中期以后，西方流行音乐开始在俄罗斯的电台上播放。为了弄懂音乐中的词句，广大青少年强烈要求学英语。当那些青少年长大成人时，他们便收听西方的新闻广播了。

这一切呈现了一幅截然不同的世界画面。看起来苏联并非世界上最完美的国家，看起来它的经济制度不像很快要被全世界采纳。苏联不自由，它无视消费者的需求，它压迫别的国家。

戈尔巴乔夫

1985年戈尔巴乔夫成为苏共总书记时，苏联的情况就是这样。他做出了两个至关重要的决定。第一个决定是，如果东欧想抛弃共产主义，苏联将不进行干涉；第二个决定是，在苏联实行政治和经济改革。他同时开始了这两种改革。这是一个重要的决定，决定了后来发生的大部分事情。政治改革注定要导致民主，在6年的时间内，苏联的政权便瓦解了。

戈尔巴乔夫的经济政策。戈尔巴乔夫的另一项政策——经济改革——的彻底失败加速了其政权的崩溃。经济改革不见成效，人们的生活水平停滞不前，结果使戈尔巴乔夫成为最不受欢迎的苏联领导人

①在20世纪70年代，有一段时期不对美国之音的俄语广播进行干扰。——原注

之一。为了刺激增长，消费不断增加，与此同时，国家收入减少。1985年世界石油价格下跌，国家从石油出口所得的收入减少。由于戈尔巴乔夫的禁酒运动，来自酒类的国内收入降低。国家权力日渐衰弱，企业纳税更少。自1990年以后，各共和国上缴莫斯科的税收越来越少。到1991年，预算赤字至少为国民生产总值的20%，通过印钞票的办法消除赤字，导致通货膨胀压力更大，等待购物的队伍更长了。如果你到一家典型的超级市场去，你经常会发现货架上只有5到10种商品。

戈尔巴乔夫从未认真对待经济问题，他鼓励争论，鼓励写关于改革的长篇大论。1990年夏天，他的好机会来了，他委任的由沙塔林领导的一群人拿出了其著名的500天计划。如果当时戈尔巴乔夫按照该计划行事，他可能已带领俄罗斯甚至全苏联步入正常的经济改革，但他选择了过分缓慢的政策，按照该政策实施那份计划需要500年而不是500天。

不断印钞票所引起的最直接的问题是，商店里排队购物的人越来越多，由于大部分商品的价格由国家控制，多余的钱便只是增加了人们的购买力，同时商品供应并未变化，所以购物队伍越来越长。1991年1月，总理瓦·帕夫洛夫采取措施减少货币供应，取消了所有大面额的钞票，结果仅使货币供应减少了几个百分点。帕夫洛夫在4月份的又一举措是抬高物价(平均涨幅为65%左右)，以便使物价与货币量相当，但货币发行量持续增长，商店里很快又排起了长队。

戈尔巴乔夫的政治策略。这样戈尔巴乔夫没能解决经济问题，同时其政治改革政策使之不能继续控制政治改革的进程。1989年首次半自由选举新一届全苏人民代表大会(all-USSR Congress of Peoples's Deputies)，这是一个历史性的事件。1990年3月俄罗斯联邦人民代表大会进行了类似选举，推举叶利钦为最高苏维埃主席。一年以后，俄罗斯人民对竞选人直接投票选举，叶利钦当选为俄罗斯联邦总统。

与此同时，东欧的政治形势已发生了变化。因为共产主义未能给任何地方带来繁荣，东欧人民想结束共产主义，但其速度之快令人吃惊。1989年夏天，波兰举行了半自由选举，随后成立了一个非共产主义的政府，苏联军队对此不闻不问。截止1989年年底，东欧所有国家的共产主义实质上已经结束了。

既然东欧能够摆脱莫斯科的控制，苏联的各共和国为什么不能？共产主义经济的崩溃就这样和苏联帝国的分裂交织在一起，相互促进。波罗的海沿岸的几个共和国首先宣布自己为主权国家，俄罗斯(在1990年)紧随其后。有一段时间戈尔巴乔夫对各共和国置之不理，但到了1991年8月，他终于准备好了一个新的联盟条约，该条约赋予15个共和国更多的权利。条约定于8月20日签署。

对于共产党人来说，这不啻为一根导火索。8月19日政变领导者接管了政府。叶利钦在白宫成功地制止了这次政变，他的身边聚集了成千上万的自由战士，其中包括经济学家盖达尔。到8月21日，政变领导者都被送进了监狱，但他们的行动加速了共产主义和苏联的灭亡。第二天俄罗斯共产党便被解散，从那时起俄罗斯便由俄罗斯政府控制，而不再听命于苏联政府。

评 价

这是政治与经济相互作用的生动例证。最原始的动力是共产主义在经济上的失败，由此导致了其他的一切。

在苏联，经济上的失败导致戈尔巴乔夫发起了政治和经济改革运动，打破了计划经济体系。但他不曾以别的体系替代之。随着企业和各共和国上缴税金减少，财政危机进一步加深，新印的钞票使排队购物的问题越来越严重。

同时政治改革导致各共和国要求独立的呼声越来越高，结果俄罗斯共和国成为一个独立的政治实体。要抛弃共产主义，现在已不必通过改造苏联政府(这是一项极其艰巨的任务)的方式，而可以通过由俄罗斯政府和其他14个共和国政府取代苏联的方式。俄罗斯独立的主张背后聚集了原本颇不可能合作的各种人等，其中有一部分人的主要目的只是俄罗斯不应再资助半个欧洲和亚洲的相当一部分地区。

同时，在东欧由于对生活条件和政治压迫不满而引起的动荡与日俱增。俄罗斯无法继续保护那里的共产主义政府，所以共产主义垮台了，这又加速了俄罗斯的变化过程。如果东欧可以向莫斯科的统治挑战，俄罗斯为什么不能？就这样，由于这一系列无人预见到的错综复杂的事件，共产主义和苏联刹那间同归于尽了。

叶利钦

在《战争与和平》一书中，托尔斯泰详细讨论了是伟人创造历史还是由不可驾驭的强大力量创造历史，他得出的结论是，最重要的是像我们上面所讨论的那些强大的力量。但伟人的作用也很重要，至少在关键时刻确实如此。

没有叶利钦，俄罗斯现在可能还没有市场经济。尽管他大量饮酒，但除了车臣事件外，他的直觉通常是正确的。像里根一样，他平时并不活跃，但关键时刻能够一锤定音。

想象你出生在乌拉尔斯克东部的一个农民家庭，你父亲感到农民生活没有希望，便迁到附近的彼尔姆，当了一名建筑工。你家庭贫困，你们五个孩子全都睡在地板上。你学习刻苦，成为乌拉尔基洛夫工学院土木工程系的一名尖子生。你还是一个优秀的排球队员，并担任球队的队长。

毕业以后，你在建筑行业寻求发展，成为一个企业的负责人，然后调到当地政府任职。45岁那年，你成为斯维尔德洛夫斯克的党委书记，这是地方上的最高职务之一，到54岁时又担任莫斯科市委书记和政治局委员，实际相当于一名内阁部长。

然而，你发现要有所作为越来越困难，要在任何方面有所改变都会遇到阻碍。戈尔巴乔夫同志已经开始了其政治和经济改革运动。但是，尽管政治改革实行了，经济改革并没随之而来。很明显，这种制度运作不灵。

在56岁时我们大多数人会怎么做？叶利钦从党政高位上退下来，向共产主义的经济制度挑战。在一次重要的政治局会议上，他公开指责经济改革的失败，结果被迫辞职。

但他在俄罗斯联邦内找到了用武之地。1991年6月，他成为俄罗斯第一位民主选举的总统。两个月后，即同年8月，共产党人的行动给了叶利钦一次绝好的机会。他们发动了政变，但未能逮捕叶利钦。叶利钦在白宫(俄罗斯的议会大厦)坚守了两天两夜，顶住了共产党人的围攻。结果戈尔巴乔夫受辱，大权落入叶利钦之手。

现在最迫切的问题是经济，第一项任务便是要找到一个经济学大总管。

第四章

休克疗法是否太多?

盖达尔小组 · 为何要加快速度 · 放开价格与市场 · 放开对外贸易 · 没有货币休克 · 卢布区之祸 · 为何产量剧减 · 评价

盖达尔是最高经济决策者的一个自然人选，在白宫被围困的那些艰难的日子里，他留在叶利钦身边。9月底，叶利钦要他制定一个俄罗斯经济改革计划，他和他的同事们便在莫斯科南面几英里远的俄罗斯政府的“大天使”夏季别墅里忙个不停。

盖达尔小组

为何选中了盖达尔？盖达尔出生于一个名门望族，那时他35岁，头脑灵活，充满活力，一段时间以来一直是俄罗斯最优秀的青年进步经济学家团体的带头人。

在20世纪70年代，激进主义者因为害怕受迫害，只能将自己的观点秘而不宣，但是没人禁止他们读书和思考。他们中的大多数人曾读过J.科尔奈对于短缺经济所进行的西方风格的分析以及P.萨缪尔森的《经济学》。《经济学》是一本标准的西方教科书，1963年译成俄文，在图书馆便可找到其俄译本。其中亚当 · 斯密的《国富论》对盖达尔影响最大。很难找到其他的自由市场教科书，但是要阅读西方数学经济杂志上的文章则比较容易，其中许多杂志的煽动性远远出乎克格勃的意料。

这些俄罗斯人根据西方的经济理论逐渐理解了市场体制如何能满足人们的需要，尽管他们没有目睹这样一种体制的实际运作情况。无论如何，这是想象力的一个巨大飞跃。但是，尽管他们转而主张市场经济，但起初并非所有的改革者都赞成私有财产。盖达尔小时候曾在南斯拉夫住过 5 年，多年以来他一直信仰折中的市场社会主义，但他最终更进一步，赞成彻头彻尾的资本主义。

在 20 世纪 80 年代，至少激进主义者“在厨房里”(如俄罗斯人所说)谈论自己的观点不再那么危险,改良主义学术研究小组发展起来了,其中一个是在莫斯科,以盖达尔为首;还有一个在圣彼得堡,以阿·丘拜斯为首，该小组或许更激进。莫斯科小组的许多成员来自中央经济数学研究所。1982年,莫斯科小组和圣彼得堡小组发现了对方的存在;1988 年，它们通过一位斯洛文尼亚侨民 L.茨尔克(此人与伦敦撒切尔经济事务研究所有联系)与西方的自由市场经济学家进行了首次接触。但是，只有彼·阿文在西方逗留的时间较长(在奥地利待了3年)，而丘拜斯在匈牙利度过了 1988 年。

20世纪80年代末，盖达尔是一个经济编辑，最初为共产党的理论刊物《共产党人》工作，后来又为《真理报》工作。1990 年，最有远见的老一代渐进改革者阿·阿甘别吉扬邀请他负责主持一个新成立的经济研究所，盖达尔小组的所有成员都供职于该研究所，他们的平均年龄接近 35 岁，其中大多数人不到 40 岁，所有的人都颇富才智。

1991 年 8 月 19 日，星期一，当政变阴谋集团宣布它已掌握了政权时，该研究所当即发表声明谴责这次政变。当时仅有极少数的组织这样做，而绝大多数只是坐观事态发展。盖达尔小组的大部分成员随后退出了共产党，许多人赶去保卫白宫，而将自己的前程和生命置之度外。鉴于该小组的出众才智和政治忠诚，叶利钦不久便邀请盖达尔制定俄罗斯经济改革计划，这毫不奇怪。

但是，制定计划与计划得到认可或应邀执行所制定的计划还有很大不同。当时还有许多观点(不如盖达尔的激进)与盖达尔小组的计划竞争，有许多人角逐部长职位。但政变失败以后，叶利钦尚未对其政府做重大变动，只是随即任命绍欣为劳动部长。40岁的绍欣是一位才智非凡的劳动经济学家，若干年来一直是苏联外长谢瓦尔德纳泽的经济顾问。他是一个坚定的激进主义者，他担任劳动部长可以从内部很好地帮助盖达尔小组。但关键人物还是根·布尔布利斯，此人来自叶利钦的家乡叶卡捷琳堡，先前是一位哲学教授，现在是总统办公厅主任。布尔布利斯和绍欣都主张由盖达尔负责执行一个盖达尔计划。

1991年10月28日，叶利钦终于在一次全国讲话中宣布了他的计划。他完全采纳了盖达尔的方案，将实行自由价格和自由工资，卢布可以自由兑换，将迅速进行私有化。

即使这样，权力之争依然未见分晓。在随后几天里，叶利钦会见了可能成为最高经济决策者的一大批人选，其余的候选人中包括非激进派官僚尤·斯科科夫和俄罗斯前经济部长叶·萨布罗夫。与此同时，盖达尔小组在“大天使”夏季别墅中制定了更详细的蓝图，以便他在下次接受会见时能一同带往克里姆林宫。同时，最高苏维埃中“民主俄罗斯”的代表对叶利钦施加了强大的压力，声称他们只支持任命盖达尔。事情终于有了结果，11月6日星期三，盖达尔被告知他将被任命为最高经济决策者，由绍欣负责社会事务。①这可是个喜庆的日子。

几天以后，新政府迁进了座落在老广场上的前共产党总部。这是一个非常的历史时刻，这群杰出的理想主义研究人员接管了那些舒适的办公室，而仅仅两个月以前，那里还由戈尔巴乔夫及其政治局同僚们占据着。

---

①总统本人担任总理，下领3个副总理：布尔布利斯为第一副总理，盖达尔是负责经济事务的副总理，绍欣是负责社会事务的副总理。——原注

为何要加快速度？

盖达尔带给叶利钦总统的最后蓝图是一个大矩阵，其中的横行代表不同的政策区域，而竖列代表所要经过的时间，蓝图的每一格则说明到什么时候将会完成什么事情——或者至少到什么时间已经着手处理哪个问题。关键问题有：

· 放开价格和市场
· 放开对外贸易
· 控制货币及财政预算
· 改革卢布区
· 改进社会安全网

盖达尔建议对每个问题都采取快速行动。

加快速度的最重要的理由有两个，一个是政治原因，另一个则是经济原因。在任何国家，一个新政府都有一个蜜月期。此时它3个月所能完成的事情比以后3年(一旦反对派更好地组织起来)做的还要多。1991年末在俄罗斯还有另外一种因素，即人们担心政府随时可能被取代。在此前的8月，俄罗斯已到了内战的边缘，新政府的许多成员都不指望长期在位。其中一些人自称为“神风自杀飞机驾驶员政府”，意思是该政府将俯冲轰炸计划经济体制，并在此过程中自我毁灭。盖达尔自己不指望其政府能执政一年以上。立即改变众多的经济游戏规则，以致决不可能重新实施原来的规则，这样做的另外一种原因便是上述担心。像作者这样的局外人不愿认为俄罗斯就那么特别，而倾向于认为新政府像东欧的那些首届政府一样，至少会执政一年。但不管怎么说，“蜜月论据”起了决定作用：真要想做点事，速度至关重要。

加快速度的第二个理由是接踵而来的经济危机。联盟政府发现它越来越难以从各加盟共和国征收税款。八月政变以后，情况进一步恶化，因此政府印刷钞票以敷开销。钞票增加了商店里的需求压力，致使排队购物问题难以容忍。市民们明白这种情况最终将导致物价更高，他们的这种认识使需求进一步增加，每个人都想购物。如果下午6点开始供应，那么人们上午6点便开始排队了。商店里经常打架。只有激烈的行动才能应付这种危机。

因此，盖达尔的计划必须同时处理所有问题。这里不存在什么顺序——依次进行各项改革(如在放开物价之前先打破垄断)。相反，许多行动似洪水般袭来：政令、法律、计划。俄罗斯和西方的许多人都感到惊奇，政府从未制定一个总体计划，甚或一种可以称做计划的东西。出现这种情况有许多原因。在过去几年里至少出台了9个计划——阿巴尔金计划、沙塔林计划等等，这成了一个笑话。因此，改革者们相信，具体措施比一个计划更能打动公众。计划不能防止批评，相反，它倒可能引发批评，因为计划必须提交最高苏维埃[①]讨论，而最高苏维埃早在1991年12月便充斥着反对改革派的吵嚷。

许多人说盖达尔的政策盲目套用了自由市场原则——在一个完全不适宜的环境中照搬撒切尔主义的货币数量学说。这种说法很不可靠。1996年的俄罗斯只是正向所谓的市场经济靠拢，而国家的作用在俄罗斯仍然比在西方任何地方(包括斯堪的那维亚)都远为广泛。西方任何经济学家都会认为，俄罗斯废除原有的条条框框的道路还很长。因此，几乎谈不到俄罗斯在自由市场的道路上是否走得太远，唯一的问题是，俄罗斯是否走得太快。

所以，让我们考察一下俄罗斯走得有多快。在这一章和下一章，我们将看一看，为了把俄罗斯变成拥有有效的货币体制的市场经济，已经做了哪些工作。然后将在第六章看一下，这一切对普通百姓的生活

①最高苏维埃是一个比人民代表大会小的机构。它是个常设的议事机构，除了放假就不休会。——原注

产生了怎样的影响，以及为了保护他们不受这些变化的不良后果的影响，已采取了什么措施。在第七章，我们将讨论私有化和经济恢复的前景。

放开价格与市场

改革中所采取的最重要的决定是1992年1月2日大规模地放开价格，不仅仅是消费品价格，还有中间工业品价格，尽管一些改革派的内阁成员对放开后者的价格尚存疑虑。到当月底，零售价格上涨了250%，其中第一天的上涨幅度占整个涨幅的绝大部分。

相比之下，工资仅增长了大约50%，这意味着，在一段时间里，企业的利润要比此前多得多，而家庭则更贫穷了，这一点成为政府的批评者们主要的武器。例如，格·亚夫林斯基是一位改革者，但未在政府任职，现在他便批评政府在处理垄断问题之前放开物价。据这些批评者看来，物价持续上涨和人民生活贫困乃垄断所致。

这两项指责都是根本错误的。俄罗斯当然有许多垄断集团，虽然其数目远小于典型的西方大国，[①]但这并不意味着垄断造成了持续通货膨胀。如果突然允许一个垄断者抬高他的价格，他很可能这样做。但是，将价格抬高了一次，便不会再抬高了。取消对于垄断的限制使物价猛然上涨一次，但不致导致持续通货膨胀。除非别的事情发生了变化，否则垄断者为何要再次抬高价格？譬如，如果政府现在印了更多的钞票，这样人们便想买更多的东西，那么垄断者当然将再次抬高其价格。但是，第二次物价上涨与垄断毫无关系，完全是加印钞票所致，是加印钞票造成了俄罗斯的持续通货膨胀。

但是，允许垄断者漫天要价，使物价上涨快于工资增加，从而使

---

①我们将在第七章讨论垄断的程度。——原注

人民生活贫困，这种指责对不对呢？就改革初期而言，这种说法有点道理。有一段时间，利润率比以前高得多，企业很高兴地将其产品储存起来，期待物价继续上涨；此后，利润率又回落到从前的水平。利润率回落的一个原因是，从国外进口商品不再需要一套繁文缛节，因而来自进口商品的竞争增大；另一个原因是，随着企业产品多样化，国内竞争增加。事实上，垄断程度高的企业的价格增长并不比那些更富有竞争性的企业快，因此，1992年以来生活水平降低，所反映的不是垄断的影响，而是国民生产下降，这一点我们将在后面进行讨论。

不幸的是，人们大多误解了价格放开的目的。其直接目的就是要减少商店里过多的需求，这种需求是由人为压低物价引起的。价格放开卓有成效地完成了这项工作，在1992年内购物队伍缩短到了十分正常的水平。

但价格放开的第二个目的是变更生产模式，以便它能更好地适应人们的需求。在共产主义制度下，生产是由“政府指令”控制的，告诉人们生产什么及将产品销往何处；但在自由市场体制下，这些决定将反映消费者的意愿，而消费者的意愿是通过自由定价的信号机制传递的。

但是，“供应反应”必定需要时间。有一段时间，俄罗斯的统治者们并没有完全依赖自由市场确保商品销往其需求地。政府计划体制继续调控大部分经济，或许直到1992年底政府计划调整所占的比例仍为50%，这几乎不足为奇。在1991年11月，盖达尔主要担心城市居民是否将有足够的食物。1991年的谷物收成比上一年减少了20%，当时确实担心那年冬天人们将要挨饿了。但从1992年年中以后，便不存在对商品供应的焦虑了。

价格放开最终不可避免地导致了政府指令的终结。一旦市场上允许价格自由，要迫使某人以低价供货便很困难了。到1994年，除了向前苏联加盟共和国供应一些商品外，政府指令已经踪迹稀少。

就这样，1992年1月2日的价格放开看来如此简单，却产生了持久的革命性的冲击。价格放开迎来了经济调整的一种主要力量，即便不再出台新的改革，这种力量仍将在今后几十年的时间里继续进行经济调整，这种力量便是市场这双“无形的手”。

但是，1992年1月并没放开所有的价格，此后为了进一步消除价格管制，又做了许多努力。直到1992年9月才放开石油价格，到1993年7月才放开煤炭价格，到1993年9月、10月才放开谷物和面包价格。每一举措都要与既得利益进行斗争。最初对所有企业都有赢利限制，但到1993年底便不存在这种限制了。反垄断委员会调节工业垄断企业的价格，但该委员会到1993年底也不复存在。类似的价格委员会规定天然的垄断公司(天然气、自来水、生活用电、城市交通及通讯)的价格，但它到1993年底也被撤销了。此后，联邦政府只规定天然气、城市交通及通讯的价格，地方政府(或委员会)仍然调节电价、公共房租、公交价格及当地的电话费。如果愿意的话，它们也可以从自己的财政预算中拨款进行食品补贴及规定食品价格。

这样除了极少数的例外，俄罗斯现在已经有了自由的商品市场，每一种商品都不再短缺，现在买方必须寻找顾客了。商店货架上的存货尽管比不上西方，但也比较丰富。售货员的服务态度也有了很大改善。从前他们经常拒绝为你服务，现在可能这样招呼你：“你要买什么？”临走时他们会说一声：“谢谢惠顾”。从生产者市场向消费者市场的转变已经完成。但是，并非所有俄罗斯人都喜欢这祥。他们特别不喜欢人行道旁的一些摊点，其中许多摊点专门出售昂贵的进口商品。他们讥笑自由市场是“集市”，但私下也因不必浪费时间排队而心怀感激。

放开对外贸易

俄罗斯1992年1月2日的价格放开是在一天之内所采取的最广泛的行动之一，而外汇市场的放开几乎与此同样冒险。从同一天开始，俄罗斯任何组织都可以在自由市场上无限制地购买外汇，只要购买外汇是用来进口商品，便是合法的。这意味着可从商品进口中获得好处的任何人都可以这样做。

这样，为了购买进口商品，可以完全自由地将卢布兑换成美元（“流通账户”）。从理论上说，不能为了投资而购买美元（“资本账户”），当然也不能将美元储存在境外或投资于海外资产。但是该规定实际上从未认真贯彻执行。出口商反正可以把他出口所得的1/2以外汇形式储存。这样从改革刚开始时起，在俄罗斯货币几乎完全可兑换（用于流通目的和资本目的）。并且，现在明确允许银行在一定的限额之内免税以美元计价。这一政策只对俄罗斯人有效（尽管并非所有人都明白这一点）。外国公司买卖卢布的权利直到1993年年中还是极其有限的（尽管一直允许把利润返回国内）。现在，外国人可以自由拥有卢布账户并将其兑换成美金。

这样俄罗斯的外汇制度比1991年以前的法国或意大利、或1979年之前的英国还要自由。在批评者们看来，这种自由很不必要。正如他们指出的那样，战后西欧直到1959年才实现了往来账户可兑换性。那么为何将俄罗斯淹没在无限制的进口中？原因很简单，俄罗斯不像战后的西欧，它已与外界隔绝达70年之久。它迫切需要进口技术，而许多技术就这样随着进口商品一起涌进来：它也像任何国家一样，有许多垄断企业，而打破工业垄断的最佳途径便是让该工面临国外竞争。

因为俄罗斯没有外汇储备，只能任由汇率浮动。这样一来，卢布的价值发生了什么变化？在前苏联，卢布的价值被定得过高（0.6卢布兑换1美元），导致想购买美元的人排成长队，而分配这种匮乏资源的官僚则拥有很大的权力。[①]相比之下，在1992年初，自由浮动的汇

①街头黑市的比价在1991年4月是30卢布对1美元，到10月底上升到60卢布对1美元。——原注

率为100至200卢布兑换1美元，这使得进口商品比以前昂贵得多(尽管商品最终的卖价要高于其进口价格)。戈尔巴乔夫总统的前顾问尼·彼得拉科夫为此而批评政府，正是进口商品的高价在造成高通货膨胀。然而，事实上情况恰恰相反，是通货膨胀降低了卢布对美元的比价，使得进口商品价格昂贵。但是进口商品价格高反过来又保护了俄罗斯的工业，避免它过分突然地面临国外竞争。

俄罗斯在其他许多方面也保留着贸易障碍。在共产主义制度下，生产者可以卖掉一切产品，而购买者则感到所有的东西都短缺。因此那时认为进口商品是有利的，而出口商品则是有害的。贸易政策集中在出口控制上，而进口商品则免税。那种情况逐渐发生了变化。现在生产者不能卖掉他们生产的所有产品，因此他们想更多地出口，而抵制进口商品。因而平均进口关税从最初的零值增长到1995年年中的13%，最高关税为30%。但是，俄罗斯不像其他大多数国家，它没有进口限额(或别的数量约束)，同时出口限额(这一直是一个严重的贸易障碍)被逐渐解除，到1995年初它已被完全取消，而石油出口税(大约一桶4美元)则在1996年年中前废除。

休克疗法？物价上涨了3.5倍，市场放开，这都是一种巨大的休克；企业不再有固定的客户和供应商，这也是一种休克；此外，政府大量削减军事装备的购买量。这些都是真正的休克，与波兰(物价涨幅为80%)和捷克斯洛伐克(物价涨幅为30%)所施行的休克类似，但是俄罗斯从来没有波兰所实行的那种货币休克。

没有货币休克

波兰的观点是物价上涨应当一劳永逸，随后很快便进入物价相对稳定的时期。这种想法大致得以实现。到1990年5月，月通货膨胀率降到了4%。俄罗斯的改革者们从未打算这么快便紧缩通货，其原因之一是在其他前苏联加盟共和国的俄罗斯卢布问题。在前苏联，整个联盟都使用由莫斯科发行的同一种货币。但在1991年9月，乌克兰显然将发行自己的货币，其余的加盟共和国可能仿效它。盖达尔料想这意味着将不得不发行一种单独的货币，否则俄罗斯便会充斥着来自乌克兰或许还有其他加盟共和国的卢布，使俄罗斯的物价继续上涨，财富外流。

但是引进一种新俄罗斯货币将需要一定的时间，盖达尔及其小组因此设想1992年年中为货币稳定的时间，而没有像波兰那样，试图将货币稳定与价格上涨结合起来。因而在1991年11月，盖达尔小组的成员预料直到1992年年中月通货膨胀率仍将保持在10%左右，实际情况果然如此。

在最初的物价上涨之后，通货膨胀率的变化由货币供应的增长率决定。如图4—1所示，货币供应增长与随后的通货膨胀的变化极其接近，因此，在预测通货膨胀时，货币供应是最佳的首要观测指标。直到最近，这种效应显现的时间一直在4个月左右，故而在我们的图中，通货膨胀的时间标尺始于1992年5月，而货币供应的时间标尺则始于1992年1月。

要控制货币供应的增加，必须控制预算赤字及向企业(通过商业银行)和卢布区中的其他国家发行的信贷。盖达尔就职时便打算平衡财政预算——这意味着不需印制卢布便可维持政府的运作。结果，1992年的现金流动预算赤字为国内生产总值的4%左右。军事收入减少到先前的15%，工业补贴被严重削减。盖达尔犯了一个严重的判断错误：石油价格猛涨，从而对石油征收的重税便可大大改善财政预算状况。然而石油价格并没有上涨这么多。盖达尔后来说这是他最大的失误。即使这样，与上一年相比，他的财政预算也要好得多。

图 4 —1　货币供应的增长与随后的通货膨胀

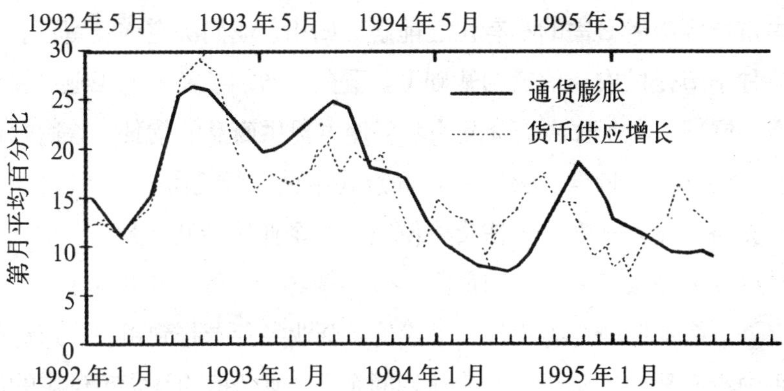

来源：《俄罗斯经济趋势》，按月增补统计数字。

最初，中央银行的企业贷款也受到较好的限制，因此直到 5 月份总的货币供应增长率保持在 10% 左右，结果到 1992 年 8 月，月通货膨胀率降低到10%(见图4—1)。在紧缩通货的策略中还有另外一种因素：超额工资税。控制工资的理由是，如果能减轻工资增长的压力，那么因为控制通货膨胀而造成的失业便减少了。为了控制工资的增长，波兰与捷克共和国都规定了工资增长率的限度，并对企业的任何超额工资增长征税。但是，叶利钦总统在 1991 年 10 月说将实行自由工资。从政治上说，他的声明是必要的，但却很巧妙地未付诸实施。从 1992 年 1 月起，俄罗斯对特定限度以上的所有名义工资征收大约 30% 的超额工资税。这种对工资水平征收的税或许至少和工资增长税同样有效。

鉴于最初的条件，到夏天将月通货膨胀率控制在 10% 并非一个灾难性的举动，但随后发生的事情却近乎一个灾难。在 1992 年 4 月的人民代表大会以后，来自保守派的压力加大了。

叶利钦被迫扩充政府，任命了更多的副总理，其中包括 3 个以前的企业管理者(切尔诺梅尔金、希扎和舒梅科)。[①]盖达尔则成为代总理。

即使这样，要求进一步向工业和农业贷款的压力越来越大。改革者们必须做出选择：他们或者同意高通货膨胀政策，或者在尚未完成自由市场经济所必需的私有化之前解甲归田。他们决定继续留任。在为耕种季节提供农业信贷的基础上，现在又增加了额外的工业“周转资金”信贷、农业收成信贷及为北部地方提供商品的信贷，盖达尔对所有这些都予以批准。另外，他还同意为中央银行任命一位新行长维·格拉先科，此人一贯认为信贷将使现有的企业维持其产量。

尽管中央银行名义上归最高苏维埃领导，但它多多少少独立于政府之外。俄罗斯现在为此付出了代价。企业经营者赶到银行，声称他们手中没有足够的资金来运营他们的企业。他们指的是货币供应的增长远低于物价上涨这一事实——例如，从1991年12月到1992年6月，物价涨幅为900%，而货币供应只增长了120%。当然这正是想达到的效果，这样便消除了对商品的过度需求。不幸的是，格拉先科并未理解这一点。在1993年的一次有名的会议上，当时的财政部长鲍·费奥多罗夫邀请了大约20位专家讨论金融形势。除一个人之外，以格拉先科为首，所有的人都敦促货币供应应与物价上涨相协调，而忘记了这样做只能导致恶性通货膨胀这一事实。

货币短缺当然使企业更难按期清还账款，结果造成了所谓的拖欠危机。到6月底，工业企业所欠的超期债务已经从年初的寥寥无几增加到相当于一个半月的国内生产总值的水平。之所以发生这种情况，在一定程度上是因为企业仍然向原来的客户供应过时的商品，而不管人家订购与否。但是，绝大多数企业不仅欠别人的钱，别人也欠他们的钱，所以情况并不像看上去的那么严重。因此，中央银行组织对每个企业的实际情况进行摸底，结果表明，净负债企业的净债务仅相当

①布尔布利斯就在快要召开人民代表大会的时候下台。——原注

于1/4个月的国内生产总值。中央银行发行了足够的信贷以清除这部分剩余的债务(这并非信贷额外增长的主要原因),并提醒各企业将来不要将产品卖给可能不付款的企业，并且如果可能的话，它们应当预先收取货款。从那时起，在俄罗斯过期支付从未达到一个月的交易额(这是西方国家的一般水平)。曾有这样一种观点，认为在俄罗斯紧缩银根不能发挥作用，因为人们不按期支付，这显然是错误的。

然而，1992年夏天并非一个银根紧缩时期，政府和中央银行都忙于大量发放信贷，目的是为企业提供更多的周转资金以维持生产。但政府和中央银行之间有微妙的差别，政府这样做是迫不得已，而中央银行行长则是出于自愿。

过多的信贷反过来引起物价进一步上涨，它只有在有限的范围内才可能增加企业“真正”的周转资金(企业的信贷除以物价水平)，因为每一轮额外信贷造成又一轮的物价上涨。企业在一定程度上确实从中受益，然而是以牺牲市民家庭利益为代价换来的。在1992年和1993年，政府为了支持企业而发行的信贷相当于国内生产总值的1/4。这些信贷的利率低于通货膨胀率，这样这些信贷多半是对企业的馈赠。但是，这样做所造成的通货膨胀降低了它们自己的银行存款的价值，从而损害了它们的利益。企业所得的真正利益约为国内生产总值的12%，与此同时，市民家庭蒙受了同等数量的损失，因为它们的存款的价值也降低了，而它们却没有收到银行的抵消信贷。

所有这些额外信贷对生产的帮助很少(尽管从1992年年中到1993年春天暂时中止了生产下滑)，却对通货膨胀的影响极大。在1993年10月月通货膨胀率一下上升到25%左右，在下一年中则在20%到25%之间波动。

俄罗斯现在接近恶性通货膨胀。恶性通货膨胀经常是指月通货膨胀率不低于50%。在绝大多数国家，像俄罗斯现在这么高的通货膨胀率将导致货币逃逸——换言之，即货币花销相对于货币储存的大幅度增长，那将是很危险的，会彻底破坏政府将资源由市民家庭转移到企业的如意算盘。但是，货币流通速度只是很缓慢地增长，在两年的时间里才翻了一番，这是因为企业之间的付款制度十分原始，并且因为工资发放仍一如既往，一个月只有两次。这样俄罗斯繁琐的规章制度反倒帮助它幸免于金融政策不稳所促成的最严重的后果。

即使这样，流通速度正在加快，经济日益美元化。到1993年初，公众手中的财富一半是美元，一半是卢布。当1992年12月盖达尔被解职而由切尔诺梅尔金继任时，经济前景看来不妙。54岁的切尔诺梅尔金一生中的许多时间是一个企业管理者，他的最新成就是创建了世界上最大的垄断企业“燃气总公司”(Gazprom)，生产和经销俄罗斯的天然气。他很快宣布相信控制通货膨胀的非货币方法，发布命令要求对重要商品实行价格控制。然而，他开明地将两个最杰出的激进主义者留做经济顾问，36岁的谢·瓦西里耶夫和31岁的安·伊拉里奥诺夫。盖达尔曾委派这两个人负责政府的经济智囊团(称做经济改革操作中心)。现在，这两个人和其他人一起说服新总理，这样的价格控制没有作用。尽管在以后的数月中切尔诺梅尔金仍然不相信货币与通货膨胀之间的联系，但他还是撤销了那项法令。

在俄罗斯的近代史上，事情往往没有看起来那么糟糕。切尔诺梅尔金接替盖达尔之后不久，费奥多罗夫被任命为财政部长兼副总理。费奥多罗夫具有理想的背景，很适合这项工作。他在中央银行外贸部工作了若干年，后来调到一家研究所(IMEMO，世界经济与国际关系研究所)，并从那里调到了共产党中央委员会。他1990年担任俄罗斯财政部长，但是因厌恶当时普遍存在的混乱和腐败而辞职。后来他便去国外工作，起初供职于伦敦的欧洲重建与发展银行，后来又作为俄罗斯的代表到设在华盛顿的世界银行执行委员会工作。这些经历加上坚韧理智的性格，使他具有控制俄罗斯财政所需要的独立性。

任职伊始，费奥多罗夫便在哈佛大学教授J.萨克斯帮助下草拟了一个计划，以逐步减少俄罗斯的通货膨胀。该计划要求有规律地削减中央银行的信贷增长率。在进行了一些修改之后，政府批准了这个计划。4月，中央银行也勉强同意。大致说来，该计划被付诸实施，这主要应感谢费奥多罗夫坚韧不拔的决心。在没钱的时候，他就恳请总统发布命令限制财政部借款，这样便可拒绝支付由总统命令批准的开销。

外国人看到俄罗斯政府或议会批准某项新开支时，通常为俄罗斯财政不安。他们决不应当低估俄罗斯财政部的力量，它同西方许多类似的部门一样又干又硬。其控制方法并不总是最优雅的，它通常只是不按时发放货币，以便工人拿不到工资，但这种简单的权宜之计却使俄罗斯避免了恶性通货膨胀。

1993年秋天，在叶利钦要求进行新的选举之前5天，盖达尔再次回到政府中，担任最高经济决策者。费奥多罗夫紧缩通货的压力进一步加强。盖达尔设立了信贷委员会，负责中央银行所有新的借款。使许多人感到惊奇的是，甚至在1992年12月的选举后费奥多罗夫和盖达尔离开了政府，他们的紧缩银根政策仍持续了数月。

到那时，1993年秋，切尔诺梅尔金总理已经多少发生了转变。俄罗斯的经验清楚地表明，货币供应的增长在4个月后造成通货膨胀率的类似增长(见图4—1)。此外，外国人每次来和切尔诺梅尔金会谈，他们都告诉他是货币造成了通货膨胀。久而久之，这种观点对他来说变得可以接受。切尔诺梅尔金需要与西方、特别是国际货币基金组织及俄罗斯的债权人搞好关系，以便表明他和俄罗斯的保守派不一样，是能与所有人交朋友的。稳固的货币是该政策的一个必要组成部分。

因而俄罗斯从1993年8月到1994年8月紧缩通货，月通货膨胀率从25%降到了5%。于是，财政由混乱变得可以承受。以年度为单位换算，则通货膨胀率从1300%降低到100%以下。与此同时，即使把高通货膨胀计算在内，俄罗斯的利率依然很高，达到了每年700%，是世界上利率最高的国家之一。1994年初，商业银行多多少少停止向中央银行借款，因此预算赤字成为货币供应增长的主要来源(在1992年主要来源是向商业银行发放的信贷)。新一届杜马所批准的1994年的预算赤字相当于国内生产总值的10%，并且完成了这一目标。

1993—1994年间的紧缩通货导致一段时间内产量急剧下降。其中一部分原本早该发生，但在信贷大量发放时期被人为拖延。图4–2所示为工业生产的官方数字，它夸大了政变以前的产量(因为管理者需要“完成指标”)，而低估了现在的产量(因为管理者想方设法逃税)。所减少的绝大部分生产不得不减少，但它有必要减少得这么快吗？这要看实现货币稳定的重要程度如何。通货膨胀率高时，没人想存钱，效率低下的物物交换变得越来越普遍。几乎没人愿意借出资金达3个月以上，最多最多不超过6个月。在俄罗斯就是这种情况——不利于刺激新投资和新增长。1993–1994年间的通货紧缩缩短了货币动荡时期，促使增长地区超过持续萎缩地区的日子尽快到来。

图4—2 1992–1995年的工业生产（以1991年12月的产量为100%）

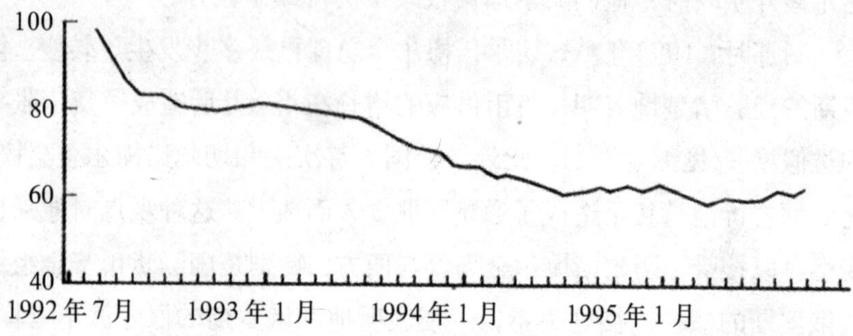

来源：《俄罗斯经济趋势》，按月增补统计数字，1995年12月15日。

然而，像1992年一样，1994年通货紧缩政策承受的压力太大而无法继续执行。从4月份以后，信贷的月增长率又达到10%—20%，过多的信贷中许多用于农业。又出现了通常的结果，月通货膨胀率上升，到1995年1月上升到18%。在外汇市场上卢布价值下跌。在中央银行愚蠢地宣布卢布价值过高以后，卢布便开始下跌，中央银行接着又从中干预，要制止卢布下跌。在几乎耗尽其美元储备之后，它决定不再干预，并再次愚蠢地公布了这一事实。灾难随之而来，在10月11日这个黑色的星期二，卢布在一天之内下跌了近30%，第二天卢布汇率又有所回升。这一天的耻辱可谓塞翁失马，焉知非福：叶利钦决定撤换整个经济班子。他不仅将主要责任人中央银行行长格拉先科解职，还撤销了主管经济的副总理绍欣和财政部长谢·杜比宁的职务。令所有西方人欣慰的是，他任命丘拜斯为副总理，主管经济。

丘拜斯曾努力推进俄罗斯经济的私有化，他已经在这场斗争中证明自己是所有改革者中最有成效的一个。叶利钦总统真可谓独具慧眼，他依次挑选了盖达尔、费奥多罗夫、绍欣和丘拜斯这四个杰出人物作为最高经济决策者。所有这些人在才智和名望方面都可以与西方的绝大多数财政部长媲美。他们都是年龄在35—45岁之间的现代派人物，很适合领导俄罗斯的经济步入现代社会。美中不足的是，4年换了四个人，有点太频繁了，但这是俄罗斯政治分歧的反映。

丘拜斯的任命开始了经济管理的一个新的更好的阶段。中央银行新任代理行长塔·帕拉莫诺娃对于财政的正统观念大大加强了丘拜斯的力量。丘拜斯迅速着手建立一个经济委员会作为其协调机构，由他自任主席，另外还有两个有才干的副主席谢·瓦西里耶夫和马·博伊科。绍欣曾建议，不使用中央银行信贷来抵消1995年的预算赤字。杜马接受了这一原则，并且支持通过向西方和俄罗斯民众(通过发行短期无息国库券)借款平衡赤字。接下来的问题便是预算赤字究竟多大为好。在10月所拟定的财政预算中，规定预算赤字为72 000亿卢布，接近于当时所预测的国内生产总值的8%。要筹措相当于这么大比例的国内生产总值的资金，很难保持经济稳定，但是丘拜斯成功地执行了一个杰出的策略。当通货膨胀率的升高明显将使1995年的国内生产总值远远超过预测水平时，他说服了杜马将预算赤字仍保持在73 000亿卢布(结果只相当于实际国内生产总值的5%)的水平。杜马决定任何额外的赤字都需要新的法律予以确认。

但是，一种成功的策略还有其他许多必要条件，它需要政府和国际货币基金组织的支持。幸运之神再次降临，到1995年1月，因为车臣战争的缘故，总统感到与西方日益隔绝开来，他需要一种方式在国外重新树立其声望，正统财政观念正是这样一种方式，它可以赢得国际货币基金组织的支持。总统规定，尽管税收高于财政预算中的规定(由于通货膨胀率比预料的要高)，任何额外开支仍必须经他批准。

但是，即使这样也不足以获得国际货币基金组织的贷款。迫于世界银行的压力，国际货币基金组织坚决要求俄罗斯取消对石油出口的一切限制。限额的存在一直减少了俄罗斯的石油出口，这样便压低了俄罗斯国内的石油价格，这意味着原本可以为俄罗斯换取有价值的美钞的石油被用于其国内不太有价值的目的，这样也减少了石油工业的收入。其石油工业本来应像其余所有富油国家一样，是一种很有价值的税收来源，但是现有制度有利于许多身居高位的人，他们有权作为特别出口商出口石油，而不必交纳出口税。

取消石油出口限额的战斗异常激烈，改革者们获得了胜利。石油出口不再受限制，所有出口商原则上必须交纳出口关税。但石油管路的分配问题依然悬而未决。

然而，国际货币基金组织在4月同意提供68亿美元的贷款，那时候，货币供应的增长率已相当低了。5月卢布停止下跌，开始回升。这是一种真正的转变。中央银行1月为了制止卢布下跌几乎耗尽了其美元储备，在这种形势下需要做出一个重要决定：是否固定卢布的汇率。7月做出了决定，卢布的汇率被固定在一个相当宽的范围内(4 300—4 900卢布兑换1美元)，该决定最初的有效期为3个月，后来又延续到年底，再后来又延续到1996年7月(4 550—5 150卢布兑换1美元)。

这样俄罗斯最终紧缩了银根。但俄罗斯从未像波兰一样存在一个休克的时刻，即固定汇率，突然紧缩货币供应，试图猛然一下子打破通货膨胀的恶性循环。实际上，俄罗斯不曾有一个重要的政治家赞同通常所说的那种“稳定”——在特定的一天采取突然行动，引进一套新的财政紧缩方案，固定汇率，以反映反通货膨胀政策的可信度。出于这个原因，作者当时就认为，如果俄罗斯要减少通货膨胀，它很可能采取循序渐进的方式，而非通常那种突然稳定法。当时有许多经济学家不同意这种估计，理由是采用循序渐进方式的国家很少能成功地避免年通货膨胀率不超过1 000%。但是，到1996年初，俄罗斯的年通货膨胀率为40%。

俄罗斯为何从未采用常规方法取得稳定？这既有政治方面的原因，也有经济方面的原因。就政治方面而言，正如我们已经看到的那样，改革者们不愿虚张声势，他们从未认为通过发布公告便可使人们相信将要采取的行动，因为历届政府的表现已使俄罗斯民众不抱任何幻想。因此，最好的办法就是采取实际行动(通过控制信贷)，让人们看到通货膨胀率确实降低了。

就经济方面而言，没有国外的援助，俄罗斯决不可能有一套稳定方案(包括固定汇率)。在1992年1月，俄罗斯没有外汇储备，因此不存在固定汇率的问题。除非能够从国外获取足够的未受通货膨胀影响的信贷，否则要削减足够的通货膨胀信贷发放量是极其困难的。直到1995年年中，紧缩银根的行动已取得了相当进展时，这种情况才有所改观。

卢布区之祸

俄罗斯的稳定过程一直较慢，第三个原因是其货币原来一统天下。在前苏联，莫斯科发行所有现金(即货币)，所有中央银行信贷均来自联盟中央银行。在15个加盟共和国分开以后，它们继续使用卢布。但是，尽管莫斯科继续控制现金发放，但所有15个加盟共和国的中央银行都开始发放信贷。这种情况当然不能持久，因为任何加盟共和国都可以制造卢布，并用以购买俄罗斯的产品。这还意味着在俄罗斯境外制造的卢布可以在俄罗斯内消费，于是俄罗斯就不能控制其货币供应。有一段时间，俄罗斯对是否将这种恶果转嫁于其他加盟共和国犹豫不决。但是，1992年6月12日，乌克兰将对其企业发放的信贷一下子翻了一番。为了防止那些钱反馈到俄罗斯，俄罗斯不得不限制它为乌克兰和所有前苏联加盟共和国提供的信贷总额。从7月份以后，它便开始这样做，方法是只为各前苏联加盟共和国提供有限的“技术信贷”。这并没有制止各加盟共和国发行自己的卢布，但这意味着只有固定数额的这种卢布可以兑换成“俄罗斯卢布”，在不同国家之间慢慢形成了一个外汇市场。

一旦跨出了这一步，各国自然要明确采用不同名称的单独货币。乌克兰在1992年11月采用了乌克兰卢布，在第二年，除了塔吉克斯坦，其他所有国家均用自己的货币取代了卢布(爱沙尼亚行动得甚至更早，在1992年6月便这样做了)。尽管官方交易通常有一种不同的固定汇率，但是除了爱沙尼亚和拉脱维亚，其余大多数国家的汇率来回变动。可兑换的程度也在变化。由于波罗的海诸国的通货膨胀率比俄罗斯低，因而它们的货币相对于卢布增值；而其他国家的货币最初相对于卢布贬值，因为其通货膨胀率比俄罗斯高。

在货币分化时期，支付困难成为前苏联内部贸易的主要障碍。然而，独联体国家的商业银行慢慢地在莫斯科的各商业银行中建立了相应的账号，现在大多数支付(至少在俄罗斯与其他国家之间)通过商业银行进行，而不经过中央银行那套繁杂的转账手续，支付系统终于开始运作了。

然而，卢布区的破裂给每个人都留下了创伤。这显然对贸易活动不利，对许多俄罗斯人来说，它增加了因苏联解体而产生的那种失落感。

但是事实上这在所难免。俄罗斯可接受的唯一办法是建立一个统一的货币区，俄罗斯将对货币发行拥有绝对控制权，那将需要俄罗斯控制每个国家的财政赤字，这些国家决不会同意俄罗斯那样做。即便如此，有关方面还是偶尔为维持或重新建立这种或那种形式的卢布区做了认真的努力。1992年6月，国际货币基金组织迫使各国同意建立一个基于权利分享的卢布区。1993年9月，其中6个国家就建立以货币联盟为目的的经济联盟签订了一项条约，但该条约很快便因在具体细节上产生分歧而告吹。1994年4月，俄罗斯与白俄罗斯签订了货币联盟条约，该条约的前途如何尚需拭目以待。货币控制是俄罗斯改革努力中最薄弱的环节，这一点或许不足为奇，毕竟存在这么多不确定的因素。

为何产量剧减？

俄罗斯未采用货币休克疗法，但存在较大的结构休克。产量急剧下降，其程度比东欧任何一个国家还要严重。这是为什么？

是因为最初的物价飞涨比东欧任何国家更厉害吗？价格相对于货币上升不能解释产量下降幅度较大这一现象吗？这些看来不可能是正确的原因。事实上，正是在物价飞涨之后，俄罗斯的产量下跌才不如波兰和捷克斯洛伐克剧烈。在物价飞涨之前，产量早已下跌，而此后这种情况又持续了至少两年。

俄罗斯的产量为何下跌如此之多？这种情况本来可以防止吗？我们先谈一谈俄罗斯与其他国家的相似之处，然后再看看其不同点。所有这些国家的第一个基本变化是向一个自由社会的转变，这意味着不能再通过用行政手段固定工资和价格或通过人为制造过高需求以便保持高产量等途径遏制通货膨胀。相反，控制通货膨胀是通过经济萧条、商店难以出售商品、工人不一定能找到工作等方式实现的。如果货币政策稳定，经济萧条便会自动出现，通货膨胀率便会稳定在由货币增长率决定的某一水平上。

在所有的新民主国家里我们都看到这种模式。当自由来临时，第一个影响便是通货膨胀率更高。但是，若货币增长率保持稳定，产量则会下降，这将使通货膨胀率与货币增长率相协调。必要的产量下降可能需要一段时间，时间长短取决于货币政策的松紧，整个东欧都是这种模式。在20世纪70年代，当西班牙转变为民主国家时，也发生了类似的事情。一些经济学家注意到在一般国家中，要使财政趋于稳定，并不一定导致产量下降，因而对上面的解释提出置疑。但是，他们忽略了一点，这些正在转变之中的国家是一种政体的变化，财政稳定化只是其从一种固定物价的平衡转变为一种自由物价的平衡时的一个特征。

所有后共产主义国家的第二个共同特征是由计划分配转向市场分配，这是一个痛苦的过程。尽管市场效率更高，但是它取代原有经济活动的过程难免存在混乱。在许多情况下，在足够的新经济活动站稳脚跟之前，原有的经济活动便已被破坏，每个人都在寻找更好的方式利用其时间和财产，但是他们没有井然有序地从原有的经济活动中走出来，因而即使在“萧条时期”，许多生产者仍抱怨缺乏生产资料，而与此同时，人力、厂房和设备却闲置一边。这是一个“协调”的问题。

当然，在原来的计划生产模式中，并非所有的事情均不合理(俄罗斯的许多企业仍主要从它们原来的供货厂家进原料)。但即使这里也存在一个由计划体制向以合同为基础的体制转变的巨大问题。以什么价格成交？传统的供应商经常几个月迟迟不供货，希望能从另外的公司甚或从国外得到一个更好的价格。因此，需要调整生产和供应关系，建立新的“合同”关系，在一段时间之内销售量必然要下降。

在前经互会(在东欧国家和前苏联之间运作的贸易体系)的成员国之间存在一种特殊的新关系，其贸易活动以往是在成员国之间双边物物交易的基础上进行的。但是，1991年1月，在苏联的建议下，这些国家同意用美元进行交易。没人意识到，每个国家的美元储备均极其匮乏，无以支持贸易活动。此外，苏联将其能源价格提高到世界市场的水平，结果造成了混乱。物物交易仍在继续，但是贸易额突减，并且在许多情况下减少得不合情理。在1990—1992年期间，俄罗斯与前经互会国家的贸易下降了大约3/4。

接下来苏联解体了。由于整个苏联经济被计划成一个整体，所以苏联解体造成的创伤与经互会的瓦解不相上下。随着苏联的崩溃，其他前加盟共和国开始限制对俄罗斯的出口，有时是在数量上控制，但更为常见的是个别企业漫天要价，希望能在西方找到更好的主顾。有时这样做是有道理的，例如乌兹别克人将原棉销往西方可以获得更多的利润。但有时是出于国家的自给自足的愚蠢企图。同时，前加盟共和国不能支付它们从前从俄罗斯进口的所有商品。它们缺乏资金，支付机制也不健全。这样俄罗斯的生产者承受了双重打击——对产品的需求剧减，并且原料供应短缺。

生产下滑的另一个原因是冷战的结束。在东方和西方，对军事装备的需求都急剧减少，但华约国家削减得更厉害，因为其财政预算更紧，如果以占国民生产总值的比例计算，这些削减还要大得多。

所有这些变化对俄罗斯的创伤比对东欧国家更大。俄罗斯的计划程度高于东欧大多数国家(除了捷克斯洛伐克和东德)，所以向市场转型带来更多的错乱。而且，前苏联的军工生产在国民生产总值中所占的份额比其他华约国家高2—3倍。

因此，俄罗斯的产量在改革的前一年已经减少了8%，而且又连续3年降低，这些都不足为奇。我们决不可能知道减少的确切数字，因为原有企业为了逃税而将其产量匿而不报，它们要做到这一点越来越容易。并且，由于新成立的企业可以很容易地隐藏起来，官方纪录的新的经济增长远小于实际情况。

或许最可靠的经济数字来自家庭消费方面。这些数字表明1993年家庭消费增加了12%，1994年增加了10%。由于消费几乎占国内生产总值的一半，所以1994年国内生产总值一定不再减少了。不过，直到1996年初仍没有恢复的迹象。

评　价

在第六章我们将讨论这些变化对普通百姓来说意味着什么。对他们大多数人来说，这无论在物质上还是在精神上都是艰难的。变化是巨大的。但是那些批评改革的人应当扪心自问：

· 在这么多实际困难的制约下，你还有什么别的选择吗？
· 你会像克努特国王一样，试图控制物价吗？
· 你会不顾对通货膨胀的冲击，发放更多的信贷吗？

除非能够证明，通过一条不同的道路可能获得更好的结果，否则批评已做的事情便于事无补。一些前苏联加盟共和国确实转变得慢一些(如乌克兰、白俄罗斯和那些亚洲国家)，但是即使将其资源缺乏计算在内，它们的经验也不能与俄罗斯相比。在我们看来，所能达到的最佳目标便是波兰和后来的捷克共和国所发生的变化。尽管在货币方面存在一些小问题，俄罗斯还是效仿了波兰的模式。迄今为止，其效果比波兰更差，因为其最初的困难更大，财政约束更软弱无力。但是，恢复的种子业已播下，部分由于俄罗斯私有化的过程更快，俄罗斯的经济恢复最终很可能超过东欧。

对改革的主要指责肯定是改革步伐太慢，这是绝大多数俄罗斯人的看法。1995年有一份问卷问到“什么最能反映你对你们国家经济改革步伐的态度”，40%的人回答“太慢”，而不到30%的人回答太快。俄罗斯的改革为何比波兰等国慢？答案是其政治局势要更加棘手得多。

盖达尔小组从来没有像1990年波兰的L.巴采罗维奇那样，拥有采取行动的明确的政治授权。俄罗斯的这个经济领导班子是应付特定政治局面的机构，它对自己能掌权多长时间及总统会给自己多少支持，心中全然无数。它也许能够解除旧的苏联国家计划委员会(后来成为经济部)，或利用原来的俄罗斯国家计划委员会(可以更方便地把大量改革派塞进该机构)，但它无权去铲除旧官僚体制。它的确做出了几项糟糕的任命：以巴尔丘克作为初期的财政部长，以格拉先科作为中央银行第二任行长。石油价格或许可能在1992年9月以前放开，等等。但是，回旋的余地极其有限。

然而，盖达尔确实清楚地知道需要何种政治。有他和与他类似的人在莫斯科，是莫斯科的改革比基辅和阿拉木图快的一个重要原因，这两个地方的杰出经济学家更少。

为何仍有人批评改革步伐太快？这些人的批评建立在两种错误认识之上。第一种错误认识与货币有关，即认为：俄罗斯对货币政策的反应方式不同于西方经济。当银根紧时，并不能约束物价，这样就彻底打乱了支付体系，导致巨大的拖欠，而价格却依然故我。从图4—1可以看出，这种观点是荒谬的。俄罗斯的支付债务并不比西方高。但是，仍有一些批评家坚持认为在俄罗斯紧缩银根非但不能控制物价，而且会同时不知不觉地降低了产量。

另一种错误认识与垄断有关。按照这种观点，垄断是通货膨胀的罪魁祸首，因此，在处理垄断问题之前放开物价是一个严重的失误。这种批评有三点错误：第一，垄断只能促使物价猛然上涨一次，而不能引起持续通货膨胀；第二，俄罗斯的垄断程度并不特别高；第三，反正不可能长时期控制物价——无论如何不可能维持数年时间以完成经济的非垄断化。

反对改革的论点找不到根据。俄罗斯企业家对新的自由和刺激的反应同别处一般无二。俄罗斯的经济运作较少获得法律保障(参见第八章)，但决不能说西方的经济思想在俄罗斯失败了。

实际上，俄罗斯迄今为止只尝试了西方经济思想的一部分，即使到1996年改革也只走到中途。尽管俄罗斯改革阁僚们的思想倾向于撒切尔主义，但他们是脚踏实地的人，在他们参与建立的新俄罗斯，国家控制的影响仍要多于社会党色彩最重的西方国家。在最高苏维埃的一次辩论中，议长鲁·哈斯布拉托夫断言，盖达尔犯了一个根本性的错误，他所引进的资本主义是英美模式，而非斯堪的那维亚模式。哈斯布拉托夫错了。盖达尔的回答一语中的："并非在英美和斯堪的那维亚的资本主义模式之间选择，而是在欧洲和非洲的模式之间取舍。"

第五章

西方可曾尽力而为?

收债人 · 机遇之窗 · 俄罗斯与国际货币基金组织 · 经济思想 · 帮助重建 · 西方的贸易壁垒 · 评价

俄罗斯主张改革的新政府于1991年11月中上任。那是世界历史上一个具有决定意义的时刻。作为世界上共产主义的创建者并仍是超级大国的俄罗斯，领导权落入一小批年轻而激进的经济学家手中，他们承诺要建设一个西方化的资本主义国家。

如果西方国家政府打算发挥建设性的作用，他们可能会采取两种态度。他们或许会说："显然，这个改革将成功，而我们应该像帮助波兰那样帮助它。"或者会说："这个改革将十分艰难，但其成功对我们来说至关重要。所以，我们应像帮助波兰那样帮助它。"但是，他们没有这样说，而是派去了收债人。

收债人

11月中，美国财政部负责国际事务的副部长D.马尔夫德作为西方七国收债使团的领导人抵达莫斯科。西方政府主要关心的是，鉴于苏联已经解体，债务责任应该得到明确划分。俄罗斯提出了一项简单明了的解决方法，俄罗斯承担苏联在国外的全部责任也接管全部资产。经过一年的争吵，这个方案被采纳。但是，在1991年11月，西方还不愿意接受苏联帝国的终结，西方的代表们想使各共和国仍结合在一起，认为这样可以使核武器更容易得到控制。经过两周冗长的讨论，西方代表将一项由所有共和国分摊前苏联债务的完全不现实的方案强加于俄罗斯。

这种讨论花费了整整一周的时间。盖达尔当时正在试图实施他的改革计划，却整天被扯在这项讨论之中。当俄罗斯的领导人正谋划着怎样放开价格而不引起极度通货膨胀时，西方没有像在波兰那样表明一种协力承担风险的态度，却在债务问题上为达成一项不具可行性的解决办法而浪费时间。

那些会谈还有一个灾难性的后果。债主们坚持在新的时间表制定出来以前，俄罗斯应继续支付债务的利息。完全可以预料，这样做的后果是把俄罗斯的钱耗尽。到12月中，对外经济银行(Vnesh Econom Bank，处理对国外业务的政府银行)花光了美元，并单方面中止付款。这一结果导致俄国与外国许多公司的美元账户冻结，成为改革派政府的第一个明显失败，而这又直接缘于西方的建议和压力。

这种相互关系的整个开端令人非常遗憾，它导致盖达尔得出结论：他不可能从西方得到财政方面的很大支持。他是对的。由此开始了俄罗斯与西方财政当局之间相当冷淡的关系，只是自1994年起这种关系才真正得到改善。与此同时，俄罗斯没能控制住通货膨胀，这使人民士气低落并极大损害了俄罗斯自身的形象。

机遇之窗

如果西方表现得更具远见，事情也许会非常不同。当时形势所需要的是俄罗斯与西方按照1989年在波兰遵循的路线进行一次重大的合作努力。当初在波兰，4个月的时间里，国际货币基金组织的官员们与波兰政府一道，制定了一项战略以控制价格放开后可能引起的通货膨胀。波兰的改革派政府建立于1989年9月，它必须立即设计出一揽子的紧急改革措施以便在后来几个月中实行。国际货币基金组织(波兰不同于俄罗斯,已经是其成员)立即加入了与波兰政府就一揽子计划的结构及国际货币基金组织贷款在其中的作用的讨论。在讨论中有一点得到明确，即为了稳定波兰货币的币值还必须有一笔促进稳定基金：西方七国政府同意提供为此所必需的10亿美元。在4个月内一切准备就绪，该计划于1990年1月1日付诸实施。

根据这一范例，俄罗斯需要采取三个重大步骤。第一，预算赤字必须保持在一个合理的水平上。第二，应尽可能少地以印制新卢布弥补赤字；弥补财政赤字的资金应主要来自于国外的美元贷款，在外汇市场上出售这些美元以使现有的卢布回笼。第三，汇率应被限制在某一固定水平上。限制汇率的主要原因是促使政府坚持自己的财政目标。

这个理论已在以色列、玻利维亚、阿根廷、波兰、捷克斯洛伐克等国家稳定财政的实践中屡次成功。实际上，除智利以外几乎没有哪个国家能在政府未从国外得到大量不附带任何条件的贷款的条件下，迅速实现高通货膨胀后的物价稳定。

当然也有些先例，一个国家虽从国外借了钱，但稳定财政的努力仍归失败。在这种情况下，最普遍的征兆是外国提供的额外资金没能带来额外的进口商品，而只是以资本外逃方式回流到国外。因为国内消费已被允许增长，但进口商品的供应没有增长，这样，通货膨胀的压力仍很大。

对这种失败的担心极大地影响着潜在的贷款者。首要的解决办法当然是必须制定一个令人信服的计划——并且，需要更多而不是更少的外国资金以确保计划的可靠性。①无论如何都必须有政府与外国领导

①应当指出，如果预算赤字依靠的是借来的外汇而不是依靠印制钞票，这个赤字对通货膨胀的刺激就比较小，甚至这些外汇完全变成了外流资本也仍是这样。——原注

人之间共同制定计划这一重要环节。

另外，俄国像波兰一样有一个特殊问题，它已花光了外汇。因此为稳定汇率它需要借款保持美元储备，以便在汇率受到冲击时用来确保汇率浮动的一定限度。

因此需要一个成功的战略，首先是内容协调的预算；其次是国外贷款以帮助弥补财政赤字；其三是(必要时)用于控制汇率的促进稳定基金。所需资金总量与西方主要用于对付俄罗斯的防务费用5 000亿美元相比并不算多。实际上，只需从这笔巨额开支中转用其中的约150亿美元就会给俄罗斯带来巨大的变化。俄罗斯1992年的国民收入只有约1 000亿美元，这样，100亿美元就可以填补相当于国内生产总值10%的预算缺口，另外需要50亿美元作为促进稳定基金。

无论如何，一项战略成功的关键因素是俄罗斯想要这个战略并且有力量实施它。对于俄罗斯人是否欢迎这个战略几乎不存在任何怀疑，至于他们能否实施它，我们永远无法知道。改革的领导者们不会自己去说明他们是多么强有力或者是多么软弱。他们知道他们有一段蜜月般的好时光，之后一切会变得十分严酷。如果在6个月之内他们还没有取得任何成果，此后保持财政秩序将是艰难的。但是如果能由他们颁布一个连贯协调的计划方案，像在波兰那样，就可能改变整个形势。

达到这一步需要西方领导人采取富有远见的实际行动。即使那样仍可能失败。确实，许多俄罗斯改革家们相信，额外的西方贷款只会用于额外的消费。然而那也许是错误的推论，因为所有的借款都是有条件的，它取决于计划的进行情况。当初究竟发生了什么？这段历史混淆不清，而人们现在的看法又在很大程度上受到这段历史的影响。

到头来，俄罗斯从未有一个像在波兰和捷克斯洛伐克那样得到遵循的改革计划。俄罗斯的改革如同一次军事战役，通过反复发动一系列攻势来推进，而不是通过实施一个预先制定的战略。如果西方当初向俄罗斯伸出援助之手，也许会有助于制定出一个真正的计划。援助当然要以坚持这个计划为条件。这个计划可能会失败，但是它值得一试。钱不会丢进排水沟里，就像当初无条件借给戈尔巴乔夫的数十亿美元那样。要么是这些条件得到满足而西方提供了资金，要么根本不会有西方的资金流入。

很多事情都处在危险中，包括俄罗斯与西方之间未来关系的整个模式。可见一个协同努力稳定俄罗斯经济的绝好机遇丢失了。机遇之窗是狭小的。到1992年4月，俄政府受到来自人民代表大会的严厉抨击，而任何稳定计划，只要切实可行，在那之前就应得到实施。制定计划在盖达尔一上台时就须开始。尽管可能出现的最糟糕的后果最终并未出现，但如果西方从一开始就更具预见性，事情会好得多。那么究竟发生了什么呢？

俄罗斯与国际货币基金组织

12月6日，当叶利钦总统要求西方七国提供促进稳定基金时，国际货币基金组织成为西方七国在俄罗斯宏观经济政策所有方面的顾问。这是决定性的一步，因为国际货币基金组织有自己的程序与准则，它自然希望将这些程序与准则应用于俄罗斯，就像应用于其他国家那样。对于国际货币基金组织来说，首要的问题是：当采用通常的标准时，俄罗斯是否具有接受该组织贷款的资格？除非它最主要的股东(西方七国)指示它这样做，否则国际货币基金组织不会考虑俄罗斯在世界政治中的重大作用。

在最初的4个月中，国际货币基金组织采取的主要步骤是调查实际情况和“等着瞧”。没有在任何阶段上进行过关于在一定条件下能提供几笔款项的任何讨论。这样，俄罗斯的政策在独立于西方支持的情况下形成发展。由于俄罗斯的外汇储备已枯竭，无疑要努力限制卢布的价值。而没有固定汇率的约束，政府要抗拒信贷过度增长的压力，这最终证明是不可能的。最后到1992年底俄罗斯的财政近于崩溃，叶利钦的总统地位在第二年3月也摇摇欲坠。虽然此后形势有所改善，但西方在1991—1992年的政策确实成为危险的短视政策的实例。

国际货币基金组织通过肩负不同使命的雇员组成若干工作班子运转，另有一专职人员常驻莫斯科。[①]由于1991年11月收债使团的缘故，俄罗斯人对西方援助已经变得持怀疑态度，没有做出特别的努力以求形成与西方共同的政策。最后正式谈判终于开始了，俄方由盖达尔派成员K.卡加洛夫斯基领导。经过两星期的谈判，1992年2月27日达成协议，签订了一份经济政策备忘录。其中，俄罗斯对它的未来政策做出了一系列综合性的承诺，而国际货币基金组织没有做出任何保证，未提及任何对改革的财政援助。由于没有支持性的资金，俄罗斯的许多承诺没能实现并不令人吃惊。这是一个不好的先例，它使人们对俄罗斯人承诺的可靠性产生普遍的坏印象。

不过，理解国际货币基金组织所处地位的难处也是重要的。西方七国曾要求它发挥领导作用，并且要求它比一般情况下采取快得多的步伐。按照国际货币基金组织的标准，它的确做到了这些。1992年7月(最高级会谈时)它承认了俄罗斯的充分会员资格，并于同月提供了10亿美元的第一笔贷款。当然，那已经太晚了。俄政府已经在工业界与农业界院外活动集团的压力下放松了信贷。

1991—1992年：谁的过错？那么谁的过错导致了大失败？主要责任在西方七国，尤其是乔治·布什。

在1991年11月，对于任何了解情况的观察家来说有两件事是清楚的。首先，一切已经改变了。这是一个给予改革家机会的时刻。为使改革奏效，现在是采取行动的时刻。“等着瞧”无疑将意味着眼睁睁地

---

①这种情况在1992年中期才改变。到那时，常驻莫斯科的专职人员增加到3个，到1993年则增加到4个。世界银行在1992年有3个常驻人员，1993年以后增加到5个。国际货币基金组织的工作班子是由资深专家丁·奥德灵－斯梅领导的，尽管如此，在1991年10月到1992年6月这一“历史时期”，基金组织的执行总裁却从未访问过莫斯科。——原注

看着一些事情发展得不那么令人满意，却不立即行动起来去改变它们。第二个显著特点在于机遇之窗是狭小的。最高苏维埃已经提议召开人民代表大会全体会议，会上对改革的攻击将是猛烈的并可能是毁灭性的。为什么西方不行动起来？俄罗斯还不是国际货币基金组织的成员，因此不能得到国际货币基金组织的紧急贷款。这样，主要援助不得不来自于西方各国政府。的确，它们大多处于财政困难之中。不过这种解释并不能站得住脚。政治情势所迫之时，总有办法提供援助的。1995年1月400多亿美元提供给了墨西哥，部分来自美国财政部，部分来自国际货币基金组织，而在这两方面资金的转移都很少考虑到涉及此类使用时的正式规则。

遗憾的是，1991—1992年的政治对于俄罗斯来说是不利的。西方的政策受美国的支配，因为欧洲(如往常一样的)缺乏组织，而日本在千岛群岛问题上对俄罗斯怀有敌意。俄罗斯距美国遥远，而且俄罗斯是美国从前的敌人。在美国只有很少的俄罗斯人，与此同时芝加哥则是世界上第二个波兰人最多的城市。布什总统着迷于保持苏联统一，因为这样在那里就只有一个政府拥有核武器。结果，他完全没有注意到，在8月政变之后俄罗斯已经变成了一个不同的国家，并且在11月之后俄罗斯已经承诺要进行经济改革。当闪电袭来时，布什正朝另一个方向看。西方新闻界也必须承担部分责任：叶利钦在1991年10月28日所做的具有重大历史意义的讲话宣布了改革计划，但西方新闻界没有把它报道为一个转折点。然而对于任何与改革家们保持接触的人来说，显然这一时刻已经到来。西方政府没有做出相应的反应。他们把俄罗斯留给了国际货币基金组织。①

这样，俄罗斯的财政到1994年之前仅得到少量的西方援助。1993

①如果说国际货币基金组织也有该受责备之处，那就是它不曾在公开场合充分要求七国政府立刻采取行动。——原注

年国际货币基金组织发明了一项“扶助系统转型措施”(Systemic Transformation Facility),以便在不那么苛刻的绩效标准下向后共产主义的经济提供贷款。1993年7月俄罗斯接受了15亿美元的第一笔贷款(见表5—1)。但本应在秋天到位的第二笔贷款(价值相当)受阻，因为即使“简化”了的绩效标准也未达到。然而，1994年4月还是支付了第二笔贷款，那是在切尔诺梅尔金邀请国际货币基金组织的执行总裁M.卡姆德萨斯参加一个莫斯科城外的私人狩猎探险之后。这样，自改革开始至1994年底，俄罗斯仅从西方得到不附带条件的贷款46亿美元(包括世界银行提供的6亿美元)——不到俄罗斯在这3年中的年国内生产总值的1%。

表5—1　　对俄罗斯的官方财政援助　　（单位：亿美元）

	1992	1993
国际货币基金组织	10	15
世界银行	0	6
由西方政府提供担保的出口信贷	125	55
西方政府的援助款	15	5
总计	150	81
通过新闻报道所承诺的数字	(240)	(280)

来源：国际货币基金组织新闻简报，1994年2月1日。

1992—1993年：西方七国报纸的通栏大字标题。1992年4月和1993年3月，那两次西方七国都清楚，一场对叶利钦政权的大规模进攻正在逼近。叶利钦寻求西方的援助既因为他需要钱，也因为他相信西方表示支持会加强他在国内的形象。每一次西方七国都会聚集在他背后并给予他所要求的那种表示。这种情况并不多见。关于巨额援助的许诺成为1992年初和1993年初的世界重要新闻。可这些许诺后来成了些什么呢？成了带来正反两方面影响的政治交易。

人民代表大会原定于1992年4月6日开会，以发起对叶利钦总统的第一轮攻击。在此前一天，西方七国领导人允诺向俄罗斯提供240亿美元的财政支持，其中包括一项60亿美元的促进稳定基金，一旦俄罗斯表明它已经可以把汇率固定下来，就可以使用这笔促进稳定基金。[①]最后有150亿美元到位(见表5—1)，但其中几乎没有俄罗斯所需要的不附加条件的贷款。贷款主要是西方公司提供的125亿美元的出口信贷，以帮助俄罗斯购买西方公司想要卖掉的货物(西方政府只提供支付担保)。俄罗斯用那些特别贷款购买了一些它极度需要的东西和其他一些不那么紧要的东西。西方政府只给予15亿美元的援助款。还有国际货币基金组织提供了无附加条件的援助贷款10亿美元。促进稳定基金一直没有到位，因为俄罗斯与国际货币基金组织从未认真讨论过稳定的可能性。

还有一种形式的援助是重新安排俄罗斯偿还债务的时间表。俄罗斯欠西方的债务(继承自苏联)是大约800亿美元。西方七国同意大多数债务暂时延期偿还。俄罗斯人把这看做是一种有名无实的援助，因为俄罗斯已经中断所有的还款。不过使这种状况一定程度地合法化仍有益处否则的话就会产生真正的危险——西方公司会避免在俄罗斯开展业务(在重新安排债务的支付问题上双方一直没有达成适当的协议，直到1993年年中巴黎俱乐部的债权人才同意当年到期的债务延付10年，并在此后于1994年和1995年达成类似的协议；伦敦俱乐部的债权人最终在1994年提供了5年的延缓期)。

对叶利钦政权的另一个也是最严峻的挑战于1993年3月来临，它导致了4月25日的全民公决。在那之前，西方世界已经有了一位新的

①布什总统和科尔总理都作出了这一承诺，说法大同小异。后来日本人抱怨说事先没人和他们商量过。——原注

领导人比尔·克林顿总统，他的班子对俄罗斯的需要更加同情。负责国际事务的财政部副部长是L.萨莫斯，他是J.萨克斯和其他对俄国的改革者抱有好感的经济学家们的哈佛同事。克林顿还有一位特别顾问，对俄罗斯持友好态度的S.塔尔伯特。4月3日克林顿和叶利钦在温哥华会晤，10天以后在东京参加会议的西方七国财长做出了对改革努力予以支持的内容充实的保证：280亿美元的实际援助款，外加150亿美元缓解债务负担。这样，在西方的报纸上，就有了一个七国援助俄罗斯430亿美元的通栏大标题。但是280亿美元的援助款只兑现了极少的部分。一年以后，国际货币基金组织提供了15亿美元贷款，世界银行不附加条件的援助有6亿多美元。俄罗斯决定不使用带有附加条件的大部分出口贷款，因为(一旦进口补贴取消)对大多数进口没有充分的需求。而一年以后，世界银行拟议中的支持重建的贷款多数仍处于谈判阶段而不是实施阶段。

那些通栏大字标题的内容能否兑现在当时还难以预料，尽管叶利钦总统当然想得到它们。但是后来的结果令人遗憾，钱没有到位。它们只是加强了俄罗斯人认为西方并不想真心提供帮助的看法。

1994—1995年：情况改善。在1994年和1995年间，俄罗斯与西方贷款国之间的关系得到改善。俄罗斯不再拿着乞讨的饭碗：1994年的科孚岛首脑会议，俄罗斯总统第一次没有带着一张提出财政要求的清单出席。同期，俄官方与国际货币基金组织间的专业性合作也有极大改善。第一步是卡姆德萨斯与切尔诺梅尔金在1994年4月就“系统改革贷款便利计划”的第二笔贷款达成协议。但更重要的是，俄政府与国际货币基金组织对俄1995年预算计划进行了积极的共同讨论。现在国际货币基金组织这方面的工作由新任第一执行副总裁S.费希尔领导，并因他而得到加强。他是许多参与了俄罗斯改革的经济学家们的朋友。

那些讨论于1994年夏天开始。当时绍欣是经济方面的主宰，他提出了非通货膨胀的财政预算原则。当丘拜斯接替绍欣以后，这些讨论甚至进行得更为有效。世界银行也发挥了重要作用，它决定提供6亿美元的贷款，但以俄罗斯取消出口配额为先决条件。国际货币基金组织同意世界银行的建议，也把这一先决条件作为他们能否贷款的关键。这正合改革者们的意图。那场斗争取得了胜利，国际货币基金组织1995年4月同意准备一笔大约68亿美元的资金，以便在一年的时间里根据俄罗斯达到绩效标准的情况按月分期支付。主要标准涉及预算赤字和国内信贷的净增率。整个1995年俄罗斯人坚持了他们的目标，并在1996年2月达成了关于以后三年的协议，届时将有一项国际货币基金组织的后续资金计划，它同样以俄罗斯实施一定的财政与结构政策为条件。

经济思想

如果到1995年为止只有如此少量的资金流入俄罗斯，那是否意味着在俄罗斯与通货膨胀的斗争中，西方的支持只发挥了微不足道的作用呢？远非如此。整个反通货膨胀战略的基础思想来自西方，这些思想通过多种渠道输入俄罗斯。最重要的是国际货币基金组织。通过与国际货币基金组织的不断相互交往，俄罗斯官员学习到那些在其他国家发挥了有效作用的各种宏观经济措施。

俄罗斯经常不能按期落实它与国际货币基金组织事先商定的措施。但是重读在1992年2月达成的经济政策备忘录是有趣的。其中预计的大多数事情在1995年中之前已经实现。人们有时说国际货币基金组织对俄罗斯规定的条件与俄罗斯的利益相悖。事实正相反。在多数情况下，改革者们希望国际货币基金组织施加条件以增强政府内改革派的实力。国际货币基金组织没有发号施令；它在全面考虑改革需要采取哪些措施的过程中提供了重要的智力支持。随着时间的推移，双方的相互关系得到稳步改善。到1994年，甚至中央银行也已变得更加开放和更渴望学习其他国家的标准做法。尽管西方七国若能较早地采取前瞻性的政策会比国际货币基金组织在当时所取得的效果更好，但如果没有国际货币基金组织事情会更糟。

另一个发挥影响的因素，也许是叶利钦和切尔诺梅尔金在莫斯科和在国外的旅行中遇到的外国政府领导人。那些人不时提醒他们控制信贷的重要性，这些教导最终灌进了他们的耳朵。外国顾问也发挥了一定作用。哈佛大学的J.萨克斯在最初的两年中不断提出了颇具建设性与远见的建议。斯德哥尔摩经济学院的A.阿斯伦德具有关于俄国经济的无与伦比的学识，他与萨克斯在1993年应鲍·费奥多罗夫的要求，组织了一个约20人的宏观经济与财政小组以帮助政府开展相关的经济分析。波兰前财政部副部长M.达布罗夫斯基是这个班子中的重要成员，极具这方面的经验。伦敦经济学院经济运作中心的R.莱亚德也与这个班子及政府的经济智囊团一同工作以阐明经济生活中的现象并分析那些可供利用的选择方案。

在私有化战略方面，A.施雷弗和J.哈依发挥了重要作用，带来了关于经济与法律的专门知识。而在世界银行办公室，C.布利策是几乎各方面计划的一个有影响的首倡者。所有外国顾问的一个主要目标是帮助培养一批年轻的俄国人，使他们有能力在适当的时候自己领导这项工作。

帮助重建

如果说西方在宏观经济领域提供了帮助，那么它在重建工作即在私有企业基础上建立市场经济的工作中也提供了帮助。参与其中的主要西方机构是世界银行、欧洲委员会、西方政府的援助机构(尤其是美国的开发署及欧洲重建与发展银行)。这些机构发挥了不同的作用。

它们都协助俄罗斯设计和实施私有化计划，方式是资助西方工商业专家和法律专家与俄罗斯私有化部的合作。世界银行的国际金融公司在R.盖尔的正确领导下，在下诺夫哥罗德(俄国西部城市)组织了第一次试点性的证券拍卖，随后是对较大公司的试点性证券拍卖，最后是对耕地和设备的试点性拍卖(同样是在下诺夫哥罗德)。

世界银行在从商业到能源到银行系统等一系列问题上也提出了有益的建议。欧洲委员会对独联体的技术援助项目资助了各类专家从事自核安全到经济教育等多领域的活动。英国政府技术基金资助了少量专家——如M.米彻，他帮助组建了俄罗斯新的联邦就业部等等。一位非凡的西方慈善家，匈牙利籍的金融家G.索罗斯，组织了他自己的援助项目——首先帮助拯救俄罗斯的科学，随后又帮助修改学校的全部课程。

捐助是可观的，但仍远远少于能够做到和应该做到的。最明显的表现是所有援助机构支出的实际援助经费都大大少于原来的预计，尽管差距在不断降低。例如欧洲委员会对独联体的技术援助项目在1992年花去计划拨款的不到10%，到1994年上升至70%。在改革的头4年中世界银行只安排支出了4 000万美元的项目贷款，欧洲重建与发展银行支出2.1亿英镑的借款与直接投资。

如果俄罗斯的需要不那么强烈和那么紧急，这一切将无关紧要。只举一个例子，1992年，在整个俄罗斯简直没有可以使用的商业学科的教科书。教师们和学生们迫切地需要教材，多数教学是盲人教瞎子，使用的是报纸上的文章。然而在改革的最初3年中，没有任何援助机构能被说服去资助一些项目，把规范的西方商业教科书做出必要的修改后立即加以翻译和出版。俄罗斯政府在很多场合下请求提供这样的项目，但这样的项目始终没有建立，因此整整一代学生被耽误了，他们失业的几率增加了。①

①另一个高回报率的政策是派大量学生到国外去留学。中国就是这样做的。但俄罗斯政府没有提出这个要求。——原注

体制内的缺陷。那么技术援助与项目贷款组织错在什么地方呢？问题同时存在于两个方面。俄罗斯人忙于建立一个有着新结构和新人的全新政府体系。但只有极个别的人具有改革所需要的现代智能。在最初的一年，俄罗斯政府中或许有不到50人能对变革进行有成效的思考(尽管从那以后情况已经有了很大改善)。在那种形势下，俄罗斯方面必然存在大量的混乱现象，主要官员经常更换而且不是总能与他们联系得上。另外还有分辨哪些俄国人可以信任及哪些人腐败这个没完没了的问题。

因此援助要取得成功，西方这方面需要异常有效地组织起来。它没有这样做。在所有的西方机构中，下至对最小细节的决定都由总部做出——在华盛顿、布鲁塞尔、伦敦或其他地方。那里决定贷款的重点。而与俄罗斯政府之间的关系通过代表团的活动来保持和发展。官员们飞到莫斯科，通常待上3至14天时间。代表团往往只提前很短的时间通知俄方，并且处理同一问题的代表团成员常常这一次与上一次不同。他们随后消失，然后经过一个间隙阶段，直到下一次代表团到来。

这种机制有两个缺陷。尽管代表团成员对待他们的工作十分认真，但对他们来说，要在可利用的时间内，取得对他们正在努力解决的俄罗斯现实问题的准确认识仍是困难的：哪个俄罗斯伙伴更可靠？谁能履行诺言？什么措施会起作用？等等。其次，当决策者们把那么多时间花在总部办公室时，总部办公室的先入之见就可能比俄罗斯人民的需要更占上风。例如，最初许多援助机构在决定派遣什么人为顾问去援助时，并不征询俄罗斯伙伴的意见。这部分地反映出了这样一个事实：他们的组织通常是与第三世界国家打交道，而这些第三世界国家对自身的需要往往并没有十分清楚的概念。但是当这些援助官员与俄罗斯人打交道时，他们所面对的是同他们自己一样受过教育和有高度智慧的人。很遗憾，他们不是总能认识到这一点。而且他们往往认识不到，他们若想提出确有帮助的建议，他们自己就需要更丰富的有关当地的知识。

因此，如果援助机构的常设使团包括一些实际操作领域的专家，而他们在所掌管的项目上又得到充分授权，那就会极大地提高对俄援助的成效。为帮助俄罗斯而工作的援助官员至少应有一半驻扎在莫斯科，而不是现在的大约1/10。往俄罗斯派一个大型的常设代表团显然要比往保加利亚之类派一个代表团更为经济。但是到了现在，所有援助机构都必须正视总部中心主义和使团体制本身的弱点。如果他们真的具备有益于这个世界的智慧，他们必须改进自己的组织以便官员们(像在外交机关一样)能花费一半的时间在另一个国家履行自己的职责。

可见援助计划的拖延缘于双方组织的缺陷。另一个原因在于俄罗斯不能断定借更多债务是一种聪明的做法。考虑到俄罗斯独特的自然资源，这种怀疑可能是没有根据的。俄罗斯现在大概欠西方的政府和银行900亿美元。相比之下新乌连戈伊油田据说价值就达1万亿美元。俄罗斯当前的生产与消费远低于其长远的潜力。在这种情况下为将来能更多地生产而在现在借钱是明智合理的。俄罗斯迫切需要赶上西方的商业技巧及(在某些方面的)工业技术。对俄罗斯来说有无数回报率高的项目可做——对人力资源和实物设备的投资都是这样的项目。但这并不意味着每个提出的项目都值得做。俄罗斯的部长们自己的月薪是250美元，自然不喜欢借钱雇用月薪12 500美元的西方顾问。不可避免的是，相当部分的顾问不能高效率地工作，特别是如果他们只来不长的时间，而其中大部分的时间又用来了解俄罗斯的状况。因此当足够多的驻俄罗斯办事处最终相信值得拿出贷款来的时候，大量的延误已经造成。

情况改善。然而最后还是取得了进展。到1995年秋，俄罗斯与世界银行达成了价值40亿美元的项目贷款协议。还有不少来自外国政府或欧洲重建与发展银行的投资基金。这样随着官方援助的源源到来，随着俄罗斯所有事情的进展，俄罗斯沿着正确方向取得了持续平稳的进步。

但是俄罗斯引进技术已主要是通过西方私营部门的渠道，而决不是通过官方机构，那是理所当然的。俄罗斯迫切需要在市场、管理、财政控制以及某些西方工业技术(特别是使用计算机)方面得到专门知识的帮助。最佳形式的援助来自那些能从提供援助中成功地获得商业利益的人，即外国投资者或外国商人。我们在第七章将讨论这种商业关系。

1994 年在俄罗斯的外国投资仍不多——包括证券投资和直接投资，总共大约40亿美元。一个问题是难以找到合适的外国伙伴。俄罗斯公司经常搞不清它们是否有一个能卖的产品，如果有的话，又是什么。这种技能比对必要投资的财政支持更加缺乏。使用外国援助的一种最佳方式是资助"红娘"——那些能告诉俄国公司在西方与谁联系并告诉西方公司在俄罗斯与谁联系的工业专家。只要这种知识积累得足够快，在20世纪结束前俄罗斯必将出现一个外国投资的浪潮。

西方的贸易壁垒

比外国投资甚至更加重要的是对外贸易。为实现自身现代化，俄罗斯需要进口，并且是为出口而进口它所需要的。西方提供给俄罗斯所需要的出口机会了吗？

过去俄罗斯在国内使用的钢、铝、铀、石油及其他基本原材料远多于它的实际需要。例如1991年，俄罗斯比美国消费了更多的钢材。能源消耗5倍丁加拿人(相对于实际国民生产总值)。由十俄罗斯国内需求下降，俄罗斯开始更多地出口这类产品。对此西方的反应非常不热情。

欧盟制定了从俄罗斯进口钢材的限额，1995年中的限额仍很低，只有220万吨，约占整个欧洲市场的1%。然后是铝。当俄罗斯突然增加销售时，世界市场价格暴跌。为此，世界上的主要生产商组成了一个包括俄罗斯在内的卡特尔，它有效地实施了对每个成员的生产限额。另一个问题是卫星的太空发射。在这方面俄罗斯是一个高级别和高数量的生产者，但西方抵制俄罗斯的出口，直到达成了一个在俄罗斯、美国和欧洲生产者之间大致平分世界市场的协议。

这些就是最令人瞩目的冲突领域。但是更大的威协来自“反倾销”规则在一种又一种产品上的不断应用。1994年中，欧洲委员会主要就不同种类的化学制品针对俄罗斯提出了9项反倾销指控，或采取了其他有关措施。提出这些措施的主要理由是：俄罗斯还不是市场经济，因此具有扭曲的成本结构，甚至在某些情况下实行补贴。但是鉴于所有这一切都在迅速发生变化，因此有希望使这种特殊的矫正办法很快变得越来越少。

在正确方向上已采取的一个重要步骤是，俄罗斯与欧盟之间涵盖政治经济两方面的伙伴与合作关系协议。幸运的是从1991年初到1995年欧盟有一位如此杰出的经济学家M．埃莫森任驻莫斯科大使。在1992年初向莫斯科和圣彼得堡运送食品援助这一给人深刻印象的行动中，他还证明自己是一个得力的行政官员。伙伴与合作关系协议要求双方保证实现相互间自由贸易的最终目标。同时双方还同意，尽管俄罗斯还没有被吸收进世界贸易组织，俄罗斯与欧洲的贸易仍将遵循世界贸易组织的一般规则。这意味着欧洲将像对待欧共体之外的最惠国那样对待俄罗斯。欧共体也已同意将第三世界国家享有的一般关税特惠制扩展到俄罗斯。

即便如此，俄罗斯的待遇仍不如东欧国家。东欧国家与欧共体达成的“欧洲协议”为它们最终成为欧共体正式成员开辟了道路。因此根据世界银行两名专家的意见，俄罗斯与其他独联体国家“在进入世界上任何一个国家集团的市场时面临着最严重的障碍”。

这种状况的影响有多大？太大了。如果俄罗斯要起飞，它需要国外投资与对外贸易，而这两者都将受到欧洲市场放宽准入许可的巨大影响。俄罗斯能通过向第三世界出口绕过一些障碍。但是如果我们想使俄罗斯成为欧洲的一部分，我们的贸易政策就需要使它能够成为欧洲的一部分。

评 价

没有人会预计俄罗斯与它从前的敌人之间的关系将是一帆风顺。考虑到这种特殊的背景，相互关系进展的程度已经是可观的。荣誉主要应归于一个人：叶利钦。尽管他来自地方，但他始终坚持西方援助对改革来说至关重要的观点。

这使他遭到两种批评。首先，人们指责他通过把俄罗斯变为一个乞讨者并允许像国际货币基金组织这样的西方组织对俄指手划脚，使俄罗斯蒙受耻辱。其次，当西方的公报中提到的巨额资金没能到位时，他也受到批评。

为什么叶利钦陷入这种境地？我们不能断言，但也许主要原因是他需要朋友。他试图将俄罗斯改造成西方式的社会并使它成为世界经济的一个组成部分。他在国内受到严厉的批评。而最自然的额外帮助则来自国外。这使俄罗斯社会的某些阶层颇感不堪，但使另一些阶层感到满意。这种做法最终当然获得了成功。当叶利钦1994年7月去参加科孚岛首脑会议时，他丢掉了讨饭碗。俄罗斯当前的危机已经结束，并且叶利钦取得了世界的八个领导人之一的地位，他们作为同事共同讨论世界政治的前途。[①]

叶利钦明白，如果你想加入这个俱乐部，你必须大致遵循其规则。尽管西方机构没有给予多少财政援助，但双方相互交往的持续过程仍导致俄罗斯社会规则的稳步变化。西方更具前瞻性的政策是更为理想的。但是与西方机构和公司的不断相互交往已经成为改革的一个主要机制。事实上，如果没有这种机制，俄罗斯的改革永远也不会发展到现在的程度，它甚至可能已经失败。

①在经济问题上，人们还没有把俄罗斯当成平等的讨论伙伴。——原注

第六章

人民过得怎样？

改革之前·生活水平的下降·什么人失去的最多·工作与失业·生与死·住房·社会安全制度的前景

如此说来，俄罗斯人民是如何挺过了改革的磨难呢？即使在1996年，有头脑的朋友也在问：莫斯科的人民吃得饱饭吗？《时代》周刊的封面以“莫斯科——飘荡的城市”为大标题，旁边刊登了一幅一个无家可归的男人在火车站乞讨的照片。西方媒介所报道的俄罗斯是这样一个社会：这里，第三世界的贫困和新的肮脏财富共存，达到了在西方社会闻所未闻的程度。实际情况并非那么严重，让我们从改革前俄罗斯的生活谈起，再看看发生了什么变化。

改革之前

以前的俄罗斯一直比欧洲其他地方贫穷，在共产党的统治下也是这样。共产党统治的后期，俄罗斯的生活水平在希腊和墨西哥之间。但是，不平等现象不是那么严重，所以差不多每个人都能吃饱穿暖。大多数家庭都有一小块地，可以种土豆、水果和蔬菜，遇到食品短缺时可做补充。住房虽然破旧，但整个冬季都有很好的供暖。农村的生活最艰苦，那里的人们一般要用手把水从井里压出来。

另一方面，就俄罗斯人的收入而言，他们的受教育程度却异乎寻常地高。那里基本上扫除了文盲，普遍识字水平很高，能上大学的年轻人与英国一样多。俄罗斯一直有深厚的文化传统，拥有一个素养很高的知识阶层。共产党统治下的平均主义政策使人们普遍具有分析思维的能力。冷战使科学教育和研究得到广泛的发展。“数学家”被认为是最优越的职业，而老百姓都愿意让“好专家”来治国。当切尔诺梅尔金取代盖达尔任总理时，不止一个出租司机埋怨说：“可他不是经济学家呀，他是个化学工程师。”

除日本外，俄罗斯是世界上报纸读者最多的国家。这是人们注重精神生活的表现。大多数家庭都有电视：俄罗斯的人均电视占有量与比利时一样多。这些特征是共产党遗产的一部分。它们在最初促进了共产主义的传播，最后又加速了它的崩溃。

有人可能会想，如果共产党继续当政，医疗卫生状况也仍然会很好。情况可不是这样。尽管俄罗斯的医生人均占有率比几乎所有其他国家都高，但医生的报酬和医疗设备都很低下，而俄罗斯人的预期寿命一直大大低于西方。1991年俄罗斯的人均寿命为69岁，女人为74岁。这几乎与中国一样低。西方国家(经合组织国家)的人均寿命为77岁。吸毒现在在俄罗斯还不是一个大问题，但大多数俄罗斯人都喝酒抽烟。数字统计表明酒精与烟草的消耗低于经合组织国家的平均值，但大部分酒类是白酒，喝酒的大部分是男子。中毒、酗酒和撞车的人比美国高3倍，而喝酒是造成交通事故中受伤和自杀的重要原因。以每哩行程计算，俄罗斯的交通事故受伤率是世界上最高的。俄罗斯1991年自杀率已比美国高了50%。酒精中毒与酗酒的人数也比美国高8倍。

俄罗斯维系最久的社会单位是家庭。它不是西方那种两代人的小家庭，而是三代人的大家庭。母亲与子女保持着非常密切的关系。白天通常是祖母(俄语中也称为老太太)来照看孙子和孙女。在这一点上，丈夫的作用就不那么大。离婚率是除美国之外几乎所有国家中最高的。

大部分俄罗斯人对朋友是极为热情的，但俄罗斯人很少在公共场合露出笑容。这是共产党造成的一个结果。俄罗斯人和外国人常常都提到这一点：生活是严酷的。

在这种情形下，俄罗斯人怎样挺过了改革的冲击呢？创伤很严重。最能清楚地表明这一点的是死亡率的上升。这主要涉及处于工作年龄段的人(尤其是男子)。这表明主要的心理冲击来自对全新的工作形式和新的自我形象的适应问题。但是，生活水平严重下降，特别是低工资的工人家庭，也是一个原因。这样就出现了一个全新的现象：失业。共产党最成功之处在于它使人人都有工作。现在这一保障已不复存在。

所以，我们首先来看看生活水平发生了什么变化，什么人失去的最多。然后再看看失业问题，之后是医疗与住房情况。我们可以从这些情况中对社会保障体制做出判断。它失败了没有？需要什么改革？最后我们将看看上等阶层——“新俄罗斯人”。

生活水平的下降

在所有的后共产党国家中，生活水平在改革初期都在下降。实际上，俄罗斯的生活水平在改革开始的头一年就已开始下降(见图6—1)。生活水平的下降基本上反映出前面所讨论的生产滑坡。不过，1992年的急剧下降当然与当年1月份物价的急剧上涨有关。当时的物价增长远高于工资或退休金的增长。公司制订如此高价格的一个原因是它们预期物价会继续上涨，所以它们乐于囤积商品，而不是将它们立刻全部卖光。然而，随着时间的推移，过度的标高售价停止了，因而工资与退休金的实际价值增高。到1993年，生活水平已经开始上升。

图6—1 消费购买量(1985年=100)

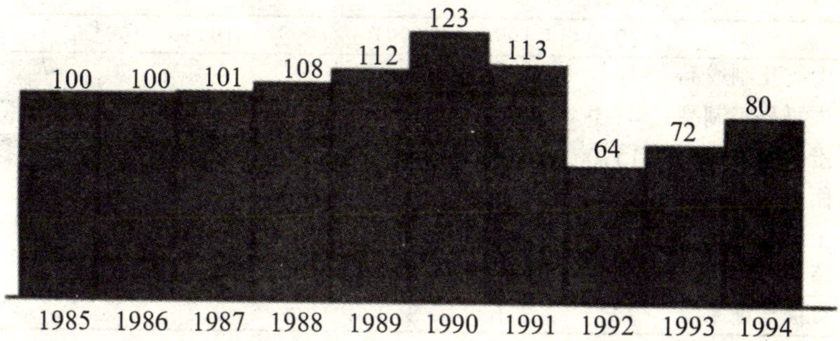

来源:《俄罗斯经济趋势》,第2卷第1册第35页;第3卷第2册第52页;第3卷第4册第57页。

但是,1995年中期的平均生活水平还是远低于改革之前。到底低多少很难做出准确估计。图6—1中的数字很可能夸大了下降的幅度。这有若干原因。首先,这些数字衡量的主要是人们购买的商品量(食品、服装、耐用消费品等);它们对服务的统计颇不充分。

商品的消费,特别是非食品类商品,无疑是下降了。食品的消耗最初也有下降,但很快恢复到差不多原来的水平(见表6—1)。但是,服装与耐用消费品的购买量有大幅度下降。因此,食品现在几乎占了工人全部消费的45%,占退休职工的70%以上。

不过我们不要忘记,很多最基本的服务业在俄罗斯仍然非常便宜。房租仍旧很低,电话费也是如此。俄罗斯人一般房屋维修费和取暖费很低,即便私房也如此。城市的公共交通仍保持低价格和良好的质量。1995年中期莫斯科地铁的统一票价为1戈比。可另一方面,原先为企业资助的一些服务业价格增长很高,最明显的是幼儿园和度假旅馆。把这些情况一起加以综合平衡很困难,但俄罗斯人享用的服务基本上肯定要比商品消费量下降得少。所以,如果将服务计算在内,图6—1的下降曲线就不会那么大。

表6—1 食品消费《人均每月公斤数》

	1970	1975	1991	1992	1993	1994年第一季度
肉类及制成品	4.2	5.0	5.7	5.0	5.5	5.7
牛奶及奶制品	27.6	27.7	30.2	27.5	26.6	24.8
蛋（只数）	15.0	21.0	24.0	20.0	26.0	25.0
面包	12.0	10.9	9.9	9.5	10.7	10.9
土豆	11.6	10.9	8.8	9.4	10.8	10.8
蔬菜	6.8	7.0	7.3	8.0	5.8	6.0
食糖与糖果	3.5	3.6	3.3	2.8	3.7	3.7

来源：经济分析预测中心。

我们还应考虑两个好的变化。首先是排队和供应短缺的现象没有了。以前，成年女子每周一般都要排上15小时的队，即使如此还有可能买不到要买的东西。大量的时间花在了购买商品上——不光是食品，而是几乎所有家用品，从灯泡到建筑材料。现在，排队现象已没有了，绝大多数商品想买就能买到。这表明生活质量有很大改善，也是不再有抗议的一个主要原因。当然，尽管如此，人们还总是对物价抱怨连天。

另一个主要的变化是食品的质量。俄罗斯的市场从卖方市场转为买方市场后，生产厂家不得不尽力去想办法生产能够销售得出去的产品。这样，很多产品的质量都有了提高，质量特别差的一些商品已不再有人买了。商店的服务质量也在逐步改进。人们的笑容增多了。

虽然如此，图6—1所显示的购买力下降还是非常严重的。但为什么没有出现更多的骚乱不满呢？除1993年4月的共产党游行和同年9—10月间的支持议会的示威之外，实际上没有出现全面的反政府示威。想一想戈尔巴乔夫倒台之前，成千上万的人不断上街游行支持叶利钦，就会看出这一事实很说明问题。有人会说，现在的生活太苦，所以没人有时间游行。但这种解释不能令人信服，因为每天晚上、周末和公共假日里都有大量的人逛街，莫斯科的地铁一天到晚都挤得满满的。

那么，怎么解释没有示威游行呢？第一，人们已经对政治家失去了任何信心，认为示威游行没有意义。第二，他们已经基本上找到了挺过生活难关的办法。

在艰苦生活中起至关重要作用的有两个因素：大家庭和自留地。与所有不发达国家一样，大家庭是社会保障系统的一个重要因素。成年子女一般都会帮助上了年纪的父母，大家也会帮助有困难的子女。

但自留地也是一个极为关键的安全防护带。俄罗斯有5 000万块自留地，差不多每个家庭有一块，平均每块有一个足球场的1/4大。1992年自留地的产量增加了10%。1993年也增加了10%。到1993年，种植的所有土豆竟有83%产于自留地，而即使是肉类生产自留地也占到了40%。叶利钦很了解自留地的重要作用，发布了扩大自留地的指令。这些指令缓和了改革的巨大冲击力。

什么人失去的最多？

如此说来，改革的最初几年中什么人失去的最多呢？如果有人赚了的话，又是什么人赚了呢？毫无疑问，相当一批人已经得益了。几乎所有直接或间接与外贸有关的人都得益了。这包括从事进出口的人，及从事出口行业(包括旅馆业)和被外国人直接雇用的人。从事国内贸易的人境况也很好，还有银行职员和企业经理。发财致富的人在莫斯科尤为普遍，那里或许有一半的人生活比以前好了。这些人当中最富的是"新俄罗斯人"。我们在本章末尾会更加详细地考察这些人。

但是，严酷的事实是：到了1995年中期，大多数俄罗斯人的生活仍比改革前要差，其中一些人差得非常多。

老年人。老年人是失去最多的群体。叶利钦在1991年大幅度提高了退休金，和这一年相比，1992—1994年退休金的实际价值下降得很厉害，超过了一半以上。即使与1985年相比，退休者的实际收入下降也是很明显的。

不光退休者的实际收入下降，他们财产的实际价值也下降了。1992年1月2日，由于价格的突然上涨，他们一生的储蓄实际价值下降了70%。虽然物价上涨影响到每一个人手中的钱，但老年人的存款一般比年轻人要多，从而损失也更大。

这样，从整体上看，退休者比一般俄罗斯人失去的要多。这一点能够证明改革严重不公吗？除非退休者的生活水平低于整体的人均生活水平，我们才能这么说。而实际上，如果考虑到老年人的实际需要比较少，他们的平均水平并不比一般人差很多。从家庭调查中可以计算出按家庭“实际”需求得出的人均收入。表6—2表明收入低于“实际”需求的家庭中的各类人的比例。退休者并不比其他人穷。以官方贫困线为准，1993年10月时28%的退休者属贫困线之下，而以全部人口计算则为31%。在所有贫困线以下的人中，只有20%为退休者，而28%为儿童。

表6—2　　贫困百分比，1993年10月

儿童（16岁以下）	39
成人（不包括退休者）	28
退休者	28
男性	29
女性	23
总人口	31

来源：国家统计局，《俄罗斯社会经济状况》，1993年第11期第62—63页。

由于退休金基本上与物价指数挂钩，所以退休者有物价保护。退休者平均能得到平均税后工资的约40%，低于18%的人很少。

儿童。和西方国家常见的一样，贫穷的主要原因不在于老龄，而在于大家庭，特别是单亲的大家庭，或父母收入都很低的大家庭。这在俄罗斯一直是一个问题。但是，改革带来的一个新变化是工资的差距拉大——这主要发生在工业领域。医务和教育工作者颇为不满，因为他们调整工资的次数比其他人少。这些行业的顶尖人物的工资现在大概比不上有些行业的顶尖工资，但除此之外，这些行业的工资实际上并未落到平均工资水平以下。实际变化最大的是工业。在诸如纺织业等受需求萎缩和原料价格上涨影响的工业中，实际工资大大下降。在诸如汽油等出口需求量很大的工业中，实际工资则上升了。现在纺织业的平均工资只是燃气总公司的1/8。自1991年以来，制造业的工资差距幅度拉大了5倍。这种惊人的差距对失业问题有帮助(失业率一直很低)，但对低收入问题很不利。

既然如此，国家为保护工人家庭做了什么呢？国家实行统一幼儿童补贴制。补贴的实际价值一直上下浮动不定。对6岁以下儿童的补贴大致浮动在平均工资的5%—14%，对6—16岁儿童的补贴大致浮动在平均工资的3%—10%。这种补贴按国际标准并不低，但由于工资差距巨大，所以对儿童的保障显然并不充分。一个显而易见的解决办法是提高补贴的最高限额，但随即要进行经济情况调查，以保证比较富裕的家庭不会得到多于实际所需的补助。

有时候，也有人提出另一种解决办法：提高补贴的最低额。这一数字现在非常低(约为平均工资的10%)，主要是作为一个参照基数：所有补贴和工资预算根据它来进行调整。如果最低工资的增加到了严重影响企业工资的程度，就几乎肯定会增加失业，而失业率迄今为止仍然很低。

年轻的成年人。在所有人当中受益的主要群体为年轻的成年人。俄罗斯已成为一个对年轻人有利的社会。这一特征比几乎任一国家都明显。没有经验并因此头脑开放几乎已成为了一种优势。其实，这种转变表明了人的认知过程所具有的重要特征。在西方人教授的经济课上，著名的俄罗斯教授和他们的学生同为听课者，而学生通常要比老师学得好。看来，他们真把所学的观念和行为应用到了新的学习和移植过程中。对于一个传统上比西方更加尊重老年人的社会来说，这是一种令人痛苦的关系逆转。

表6—3　　贫富差别与贫困线

贫穷率	10%收入最高的人与10%收入最低的人的收入比
俄罗斯	
1991	3.4
1992	3.6
英国	4.5
法国	4.3
德国	3.6

来源:《俄罗斯经济趋势》，1994年第3卷第4册第50页表42。数字是根据每月家庭人均收入计算的。贫穷率：同上第51页表43。数字是根据按实际需要计算家庭个人收入得出的。西方国家：阿特金森(即将出版)。

为总结收入分配的全貌，我们可以看看表6—3。它比较了10%收入最高的人与10%收入最低的人所得到的实际收入。换言之，它表明了这两部分人的收入比。1991年，10%收入最高者的工资比10%收入最低者高3倍。到1994年，这一数字增加到5.5倍。这约与英国的差距水平相当，而远远高于法国和德国。实际上，如果考虑到俄罗斯最高收入者是极少数人，可以说它现在差不多与美国一样贫富悬殊。

不过，大部分俄罗斯人确有办法生活。各种各样的办法令人惊奇。大多数收入过低的公务行政人员利用职位之便从公众那里获取额外收入。企业工人从公司偷拿物品，或使用公司的设备获取第二收人。诸如此类的例子很多。尽管西方的报纸写过吓人的报道，但莫斯科的乞丐比伦敦要少，更不用说纽约了。而且大多数俄罗斯人衣着都很整洁。俄罗斯与30年代的伦敦并无相像之处，那时伦敦的儿童常见赤足而行的。

社会保障系统并不完善，对穷孩子而言尤其如此，但它并没有瘫痪失灵。不过，压力与风险是巨大的。而压力大都在于工资和工作。

工作与失业

改革开始时，国际劳工组织等机构曾做出很吓人的预测，认为俄罗斯会出现严重失业现象。这些预测是可以理解的。波兰改革的头两年中，失业率确实从零上升到了10%，而斯洛伐克、罗马尼亚、保加利亚和匈牙利都有类似情况。以此类推，所以也对俄罗斯做出了同样的预测。

但这些预测是错误的。失业率增加很慢——从1992年的4.5%到1996年的8.5%。同期的就业率只下降了7%。在工业产量几乎止步不前的情况下，这怎么可能呢？

首先，老的工业企业确实削减了很多工人，但其他行业，特别是贸易、金融、房地产、保险和税收业，冒出了很多新工作。此外，随着制造业中一些老企业的破产，同时出现了一些新的企业。这样，整个经济就具有了较高的工作流动性。在1994年，新的工作占了全部劳动力的21%。

虽然如此，旧企业中就业率的减少远低于产量的下降。那么，这些企业怎么能够平衡收支呢？答案是这些企业大幅度降低了实际工资，或是拖延支付工资。这其中有少数企业以不支付或支付部分工资的方式让工人下岗在家。1995年后期，全国始终有1%的劳动力非自愿下岗，有3.5%的人不能全日工作。约半数的工业企业拖欠工资，平均拖欠时间为1个月。

但是，企业很少有解雇工人的，1994 年俄罗斯只有 2% 的工人被解雇。这比大多数西方国家要低得多。企业逐步地削减工人的实际工资，直到他们自愿去寻找更好的工作。而在劳工市场上有足够的就业机会，所以，这种大规模的重新调整就业的机能运转得满不错。

这在某些方面可以视为劳工市场调整的典范，因为人们可以从旧的工作直接转到新的工作(在新工作的"拉力"之下)，而不必被从旧的工作岗位上推开，沦为失业者。在经合组织国家中，很大一部分重新就业是通过"推"的途径，而每年的失业人数一般为 15%。这是因为工资基本上严格不变，而当一家公司发现自己的市场在崩溃时，它很难削减自己的相对工资。但在俄罗斯，正如我们所说的那样，相对工资自然地得到调整，所以工人能够从一种工作被"拉"到另一种工作。迄今为止，这种方法使俄罗斯能避免出现大量的失业。

但是，俄罗斯工人何以能够接受削减工资而基本上没有举行什么罢工呢(1993—1994年间减少的工作日不到经合组织平均减少的工作日的 1%)？[①]原因是俄罗斯人比世界上任何其他地方的工人都更加憎恨失业。俄罗斯在 70 年间基本上人人有工作，而除了老人、残疾人和孩子很小的母亲外，失业曾是一种刑事犯罪。企业不光给工人提供工资，经常还提供住房、幼儿园、度假村、廉价食品和医疗保健。你不会愿意因失业而失去这些福利。当然，如果失业，你不会失去住房。不过如果企业财政亏空，它就不能为住房供暖或维修住房，这使工人在要求过多工资时会三思而行。有工作还意味着你能使用企业的工具和设备，这在你有第二职业时会觉得非常方便，而至少有 20% 的俄罗斯人有第二职业。但是，最重要的是有一个单位能使你有社会身份和安全感。

同时，失业的吸引人之处很少。失业救济在原则上很丰厚，但实际

①1994 年，俄罗斯每 1 000 个工人平均罢工 1.2 天；1989 — 1993 年，在经合组织国家，相应的数字是 310 天。——原注

并非这样。失业者在头3个月中从原单位领取原工资。之后的3个月中，他从失业管理机构领取75%的原工资，4个月60%的工资，最后5个月45%。这听起来数目不少，实际上如果没有通货膨胀确实不少。

但是，通货膨胀使失业补助飞快地贬值，1991年初时大多数失业者只领到了最低的补助，数额只相当于年均工资的10%。

要领取失业补助，你得以取回你的劳动簿的方式与原企业断绝关系，将其交给就业中心。对大多数工人来说，这样做是不值得的。所以最优先的选择是保持就业。

只要能够做到，企业经理会尽量满足工人的就业愿望。俄罗斯的经理在他们的企业里是相当仁慈的老板。他们是地方上的重要人物，而他们的声誉部分有赖于他们的仁慈。更重要的是，企业裁员的经济动力不强。不管怎样，它解雇工人都要付3个月的工资。更好的办法是削减工资，让工人自愿离开，从而不必付解雇费。超额工资税好使经理愿意压低工资，从而更方便地保持工人和把有限的工作分给很多人去干。但是，经济动机并不是唯一的原因，解释不了员工过多的企业为何经常招收新工人来替代离去的工人。这反映出经理也很注重公司作为地方就业机会的提供者的社会职责。

曾经有段时期企业经理愿意多雇用工人也是为了得到低息补贴贷款。但是，1993年下半年时这种贷款突然停止。这使一些企业濒于倒闭。其中一些靠工业补贴金维持了一段时间，但到了1994年，除国防工业以外，农业和工业，以及煤炭业中靠补助维持的已经很少了。到了1994年中期企业破产法的程序已经开始。

很难说俄罗斯会在多大程度上动用企业破产法这一手段。在东欧，除匈牙利外，很少有国家这样做。但有件事是肯定的，即社会考虑总是第一位的因素。关键的问题是那些依靠一个企业或一种行业的城镇该怎么办。一个典型的例子是莫斯科东面几百英里远的伊万诺沃市周边的一批纺织城镇。单一行业的城镇雇用的工人只占俄罗斯劳动力中的一小部分，但由于城镇之间的距离非常遥远，所以那里的工人就业相当不利。在1989年，5%的俄罗斯工业工人在单一行业的城镇中工作，13%的人在不超过5种行业(以较细的分类划分)的城镇工作。这些地方正是将要发生危机的地方。

关键的问题是要制订出地方经济发展战略，较快地发展新经济，以吸收老企业垮掉后的员工。这种整体战略应包括基础设施建设(厂房、公路、培训)，有效的商业金融，最后是有效的公共服务业，以避免增加大批失业人员。这是俄罗斯今日面临的最大挑战之一。

生与死

或许，最能清楚地表明俄罗斯人生活艰苦的数字是他们的预期寿命。这一数字一直很低，尤其是男子的预期寿命(见图6—2)。俄罗斯男子的预期寿命在1987年时最高，为65岁，然后便逐步下降，1993年降到了仅为59岁。即使加上吃苦耐劳并长寿的俄罗斯妇女，俄罗斯人均寿命现在也比中国低(见图6—3)。①

图6—2　俄罗斯人的预期寿命，1985—1992年

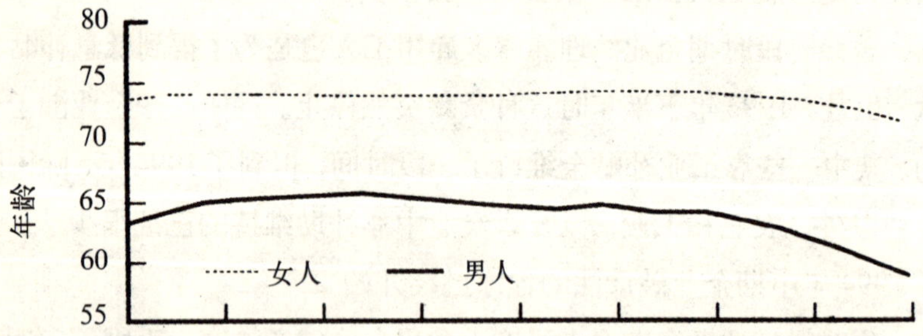

来源：埃尔曼（1994，图4）；联合国儿童基金会（1994，第90页）。

①男子的平均寿命较低，主要是由于有较多男子在15岁到59岁之间死于暴力和中毒等外部原因，这类死亡大多与酗酒有关。——原注

图 6—3 一些国家的预期寿命

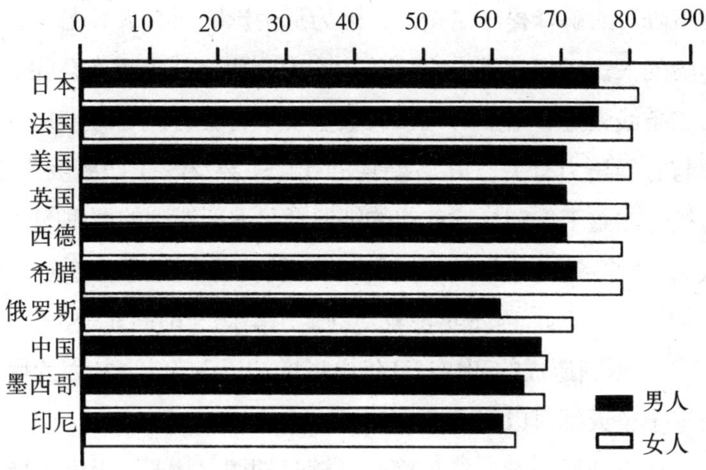

俄罗斯— 1993 年；其他国家—以已发表的最新年份为准。

来源：埃尔曼（1994）；《经济学家》（1990）。

很显然，共产党对你的健康不利。在西欧国家的预期寿命稳步提高的同时，共产党国家的欧洲自 1965 年以来便止步不前。但是同样，共产党统治的结束在短期内比共产党的统治要糟。除捷克共和国和斯洛伐克共和国以外，所有东欧国家的死亡率都上升了。俄罗斯上升得最快。1993 年俄罗斯的死亡率上升了 19%，1994 年又上升了 7%。

与此同时，出生率也在稳步下降。由于现在的死亡人数高于出生人数，所以人口总数减少了。生活艰难的最后一个迹象是结婚率下降，从 1991 年的 8.6% 减少到 1993 年的 6.8%。

除了战争和瘟疫外，近期俄罗斯死亡率的上升是史无先例的。这是怎样发生的呢？是医疗服务恶劣，营养匮乏，抑或只是心理压力造成的？

有好几条解释的线索。首先的一条线索是，增加的死亡人数来自处于工作年龄的男子(某种程度上也包括女子)。老人与儿童的死亡人数基本上没有增加。然而，医疗服务的主要对象是老年病人。所以这一点对“医疗服务恶劣”的解释提出了某些疑问。同时，它也对“生活水平下降”的解释提出了疑问。因为那会影响所有人，尤其会影响老幼年龄的人。再说，还有人认为少吃肉和奶对健康更有益呢。

第二条线索是，增加的死亡人数主要来自暴力或心脏疾病。这些死因都与心理压力有关。所以，新增的死亡主要反映了许多俄罗斯人，特别是极为注重工作和挣钱养家的俄罗斯男人所遇到的严重的性格认同危机。1989年至1993年间，处于工作年龄的男人自杀率增长了53%，他杀率增长了137%。1993年俄罗斯的他杀率比美国高几乎3倍，比英国高20倍。酗酒造成的死亡在3年中也增加了3倍，这是因为现在所有的街道上整天都可以买到廉价的伏特加酒。

虽说由心理压力造成的疾病在过渡时期明显增长，但俄罗斯男人的预期寿命此前也一直很低。为什么会如此呢？这其中的原因无疑应包括酗酒、抽烟和多脂肪的饮食。此外，水准不高的医疗保健也是原因之一。除意大利以外，俄罗斯是人均医生占有率最高的国家。①但由于马克思主义对“非生产性”行业的蔑视，所以医生一直地位低下，收入微薄。随着俄罗斯走向一个更加人道的社会，它将不得不提高其医疗制度的效率。

现在的医疗制度以医院为主，基础医疗服务比西欧国家少，而保健预防则更少。医院床位很充足，但设备相差很大。例如，1/4的农村医院没有下水管道。

在原则上医疗是免费的，但实际上额外费用屡见不鲜。改革之前，医院的开支一直由地方政府直接负担，是国有化产业。但随着国家放松控制，医院愈来愈多地实行自主管理。新的改革认可了这一点，其部分费用开始由医疗保险金的方式来筹集。这笔保险占工资的3.4%，

①每1000俄罗斯人中，具有医科学位的医生是3.6人，在英国是1.6人，在美国是2.0人。——原注

一半由雇主出，一半由工人出。投保的人每次看病可以免付一笔费用。这笔钱也用于医疗机关的日常经营。但是，这笔基金并不能取代政府的预算拨款，只占全部公共医疗费用的25%。

所以，俄罗斯的医疗体制正处于剧烈的变化之中，急需重新对医院的成本进行某种程度的控制。同时，这一体制需要削减医院承当的基础医疗服务，发展公共医疗预防计划。测验改革是否成功的一个办法是看看莫斯科的人行道上什么时候将挤满跑步健身的人。

但是，如果俄罗斯要赶上西方国家预期寿命的水准，是不是需要增加医疗的总投入呢？答案是肯定的。除了额外费用，俄罗斯的医疗费只占国民收入的4%。其他同等生活水平的国家通常为5%，而经合组织国家平均为7%。这显然是一个需要国家预算投入更多而不是更少的领域。与此恰恰相反的是住房问题。

住　房

俄罗斯人的住房状况又如何呢？大多数俄罗斯人住在高层楼房中过于拥挤的公寓住宅中，几乎每一家的起居室同时也充当卧室。如果包括过道和厨房，人均住房面积为17平米，为西方国家平均数的一半。

在共产党当政时，获得一套新住房的唯一理由是你的住房拥挤不堪。所以，一般俄罗斯人的生活模式是：一对新人结婚后，妻子住到丈夫的大家庭里。这时，或者到你有了小孩时，你便有权排列在等待分房的名单上。不过，你得平均等上10年才能分上自己的房子。[①]

所以，俄罗斯是世界上离婚率最高的国家之一也就不足为奇了。有10%的俄罗斯儿童生活在单亲家庭里。夫妻离异后，妻子通常回到

①在1993年，18%的家庭在等待分房。等待分房的家庭里有9%分到了住房。在莫斯科，申请住房的标准是人均居住面积(不算厨房、厕所、走廊)低于9平方米。——原注

她父母家居住。

所有这些情况使俄罗斯人的生活听起来很灰暗，但我们忽略了俄罗斯的一大乐趣，即乡间别墅。几乎所有家庭在城外都有一小块地。住在大城市的家庭在那里一般有一所木制的房子。这所房子有时是家人一起建造的，一般人也都自己动手改建翻新。由于这座房子只能在4月至9月间住人，所以不计入分房指标。但在4月至9月间，大多数俄罗斯人基本上每个周末都会到乡间别墅住。在几乎所有的学校假期中，祖母和孙子孙女们也会住到那里。乡间别墅常常离城很远，要坐一大段火车并走一段路，但人们并不在乎，如果我们想知道为什么俄罗斯政治示威很少，原因之一就是人们都到乡间别墅去了(要不就是天气冷得会把人冻僵)。

在改革开始前，住房基本上为国家所有：46%为企业所有，32%为地方政府所有。改革开始了大卖房之风。1992年12月修订了住房私有化法，规定必须把住房的所有权无偿给予住房人。

然而，并不是每个人都愿意享有所有权。私房要缴房产税，而且人们知道在一定时期后(即使眼下还用着)还要交付取暖费和房屋维修费用。与此相反，反正租房者的租用权有绝对保障，而且房租和维修费一直都非常低。房租是1928年规定的，1989年时只相当于一个家庭收入的1%，加上其他费用也只增加1.5%。同样，交通费也非常低——因为整个经济都建立在低工资和低福利上。

现在，房屋维修费正逐步向市场价格靠近，并规定于1998年达到市场价格。不过，截止到1994年12月，只有31%的公房住户选择了拥有住房所有权，而房租仍保持低价位。

当然，房屋私有化不会对生活状况即刻产生多大影响，但随着房屋所有者开始改造他们的房产，随着房产市场的发展，情况就会有所改变。从前，所有住房都是公房，人们得排长队等待分房，所以很难从一个城市换到另一个城市。由于得不到新住房，所以你只好住在朋友或亲戚家，你还得有政府的许可证才能住新房。现在，除了少数城市，许可证已经取消，房产市场也正在发展扩大，所以只要住得起，人们就可以到他们想去的地方租房或买房居住。

1995年中的时候，市场上出售的房屋仍然很少。如果你卖房子，你就必须按房子的总价值交纳一大笔资产增值税，所以为了逃税，人们大多通过半非法的渠道售房，从而限制了房屋的供给。在一般情况下，人们宁愿租房住。1994年初，莫斯科一套50平方米的住房平均售价为4万美元，下诺夫哥罗德市为1.1万美元。与平均月工资100美元相比，这一价格是非常之高的。

但假以时日，住房私有化将会改变俄罗斯人的生活。每个俄罗斯人将发现他拥有一笔财产，可以用它作保借贷。这还有利于想开办新公司的人，也有利于促进下一次建房热。自1991年来，房屋建设大量萎缩；虽然莫斯科的住房建设很兴旺，但其他很多地方都不景气。金融和政治稳定之后，建房热马上就会来临。

随着钱多的人从钱少的人手里买房或租房，住房私有化肯定会使住房的不平等现象更加严重。但它也会使房屋的使用效率更高，因为有多余房屋的人将会把它出租给住房不足的人。最后，私有化会有助于控制失业，因为人们会离开失业率高的地区，到有工作的地方去租房子。

与其他事情一样，农村的住房变化会比城市慢。那里的私有房一直就比城市普遍，一半以上的住房是私房。住房条件常常非常落后。沿莫斯科到圣彼得堡的大路上走几分钟，你就能看到妇女用手压水泵从井中取水，然后运回家。全国有近一半的农村家庭没有水，一半多的家庭没有下水道。这种情况要很长时间才能改变。

社会安全制度的前景

我们应怎样评判俄罗斯的社会政策呢？人们是否由于改革无视社会福利而反对改革呢？在某种程度上，老年人的实际收入下降得最多，所以也最反对改革。但或许不管怎样他们都会反对的。最引人注目的倒是人民的默认和忍耐。他们没有示威游行，而是全力以求生存。他们总的期望很低，而对政治家的期望则低到了谷底。

只要人们的期望值低，经济复苏的前景就会保持光明。欧洲在20世纪50年代和60年代历经了它的黄金时期，一个主要原因就是人们的期望低于社会经济能力。当人们的期望高涨并超过现实，就会出现麻烦。俄罗斯也会如此。但那是若干年之后的事情了。

更具体地讲，俄罗斯的社会保险制度是否失败了？你会听到有人说俄罗斯没有这种制度，而改革的主要错误就在于未能在这方面有所建树。这种说法毫无道理。共产党的苏联建立了很发达的社会保险体制，它在生活普遍动荡的过渡时期运行得相当好。每个人都受到了高通货膨胀的打击，而靠提升工资为生的人所受的打击最重，因为他们的工资最快也只能每3个月提升一次。但是，如果通货膨胀现在得到控制，改善俄罗斯人生活最迫切的任务是什么呢？

优先要做的有四项工作。首先，以退休金为生的人应分享生活水平的提高。他们的退休金不应与物价挂钩，而应与人均家庭收入挂钩。其次，贫穷家庭的儿童需要更多的补助。唯一的办法是将儿童补助与家庭收入联系起来，增加贫穷家庭的儿童补助，减少富裕家庭的补助。第三，为失业者提供更积极的救助，如培训，或需要的时候提供改善基础设施的临时性工作。应全力取消长期救济金。第四，必须增加现代化医疗卫生的费用——医疗教育，预防，加强基础医疗服务，更新设备和药品。

第七章
俄罗斯会繁荣吗?

人力资源·自然资源·私有制·产业调整·银行·何时腾飞·外资·法律问题·贸易与发展·评价

俄罗斯是否能繁荣不光关系到俄罗斯人，也关系到整个世界。一个兴旺的俄罗斯将是西方出口和西方资本的重要流向国——也是一个更加和平的邻居。

俄罗斯能发展多快?其他条件相同的情况下，起点越是落后的国家一般发展得也越快。俄罗斯比经合组织国家的起点低，所以发展速度应该更快。但是，很多其他因素也会起作用。首先，与收入相比，人的资本越高，一个国家发展得就越快。俄罗斯就是这样的国家。其次，只要不浪费，自然资源当然越丰富越好。俄罗斯的自然资源很丰富。第三，也是最重要的因素，是法律确立的财产所有权和自由开放市场造成的重大优势。俄罗斯正迅速发展成为一个全面私有企业和开放市场的国家，但法律还很薄弱。

这些标准的因素并不能囊括为什么俄罗斯能迅速发展的所有原因。它刚刚挣脱了共产党的扭曲，从而比发展水平相近的国家发展的空间更大。此外，不久前的俄罗斯一直受到地理隔绝的限制。一夜之间便加入世界经济使俄罗斯能够迅速引进新技术，这样它就能够比同等收入水平的国家更快地赶上世界水平。最后一点是，俄罗斯在过去的两个世纪中所负担的军费比任何一个欧洲强国都高。卸掉这一重负释放了大量发展资源。

在本章中，我们集中讨论三个因素：人力资源、自然资源和经济体制与政策。它能使我们对俄罗斯的发展潜力做出一个最基本的估价。

人力资源

比起同等收入水平的其他国家——当然，东欧国家不算在内——俄罗斯工人受教育的程度要高得多。成年人中文盲占2%，而其他中等收入的国家为15%以上。俄罗斯的教育中数学和物理最强。商业专科教育当然很粗浅，甚至根本没有。但良好的基础教育已证实了它在商业中的价值。尽管与国防有关的科学衰败了，但很多物理学家已成为银行和其他商业机构中的上层人物。

自然资源

俄罗斯毋庸置疑是世界上的资源大国。它的人均天然气、石油、钢铁、铝、镍、铂、钻石和其他重要矿产量都比美国高。表7—1清楚地表明了它在世界上作为燃料和矿物生产国家独一无二的地位。随着时间的推移，俄罗斯广阔的可耕地(占世界第三位)也会成为一笔重要的资产。

自然资源除本身的价值之外，还有三个其他作用。它们能提供进口新技术和工艺的资金。它们是税收的潜在来源。此外，它们已经聚集起了一笔财富，最终可以为投资和发展提供非常有利的条件。

表7—1　　俄罗斯的自然资源

	世界排名	占世界产量百分比
天然气	1	27%
镍	1	23%
铝	2	15%
铂	2	15%
石	3	11%
铜	4	10%
钢铁	4	8%
煤	4	6%
谷	4	6%

来源：经济学家日志（1993）；联合国统计年鉴1990/1991。

私有制

最好的消息是所有权问题：俄罗斯的私有化进程比所有东欧国家都快。这是一个相当重大的差别，促成了一个和从前颇不一样的社会。自1990年东欧开始变革以来，人们一直在争论私有化的步子应该多快。所有人都同意私有化的目标，但有些人——如著名的匈牙利经济学家科尔奈——主张私有化的最佳办法是排除建立新公司的所有障碍。依据这一理论，将现有的大型国有企业私有化并不十分重要；它们会在新的私有经济竞争的压力下逐步消亡。匈牙利在很大程度上就执行了这一政策：企业只是在本国或外国人愿意并有能力为此支付一笔代价时才被私有化。这样，匈牙利采用的模式是中国渐进模式在欧洲的一种翻版——让新的与旧的平行发展，而不是主动去改革旧的。

相比之下，波兰与捷克共和国把私有化当做更为优先的任务，而部分由于这一原因，它们的经济发展也更好一些。俄罗斯的改革者决心更快地进行私有化。他们认为，只要正确利用，老的国有企业具有巨大的潜在价值。这些资产在20世纪剩余的年代中无疑仍是国家资产的主要部分。他们需要的是能够坚持以最好的方式经营这些资产的所有人。由于大批旧企业将被拍卖，现有资产的私有化也能帮助新企业的发展。

所以，目标是迅速私有化。但怎样达成这一目标呢？诸如商店和饭店之类的小企业可以用现金的方式出售，这一进程在两年之内基本完成。私人手里的钱足够购买这些企业，而且购买者很多都是原企业的经理或工人。然而轮到大中型企业的时候，以现金拍卖这些企业毫无意义。要将这些企业迅速私有化，就必须无偿或以非常有限的价格将它们转让。

但是，应该转让给谁呢？宣称对企业享有权利的主要有三种人：企业的工人、企业的经理和国家的公民(特别是教师、医生和企业之外的行政人员)。

丘拜斯作为私有化部长(此前为国有资产委员会主席)，上任伊始就开始征求意见。工人代表们告诉他应把工厂交给他们。经理们也提出了很多要求。同时，领取退休金的人和在“事业单位”工作的人若非自己也得到一份就肯定会反对私有化。工厂毕竟是由每一个纳税人的钱支付的；所以他们说，工厂应给每一个人，每一个公民。

在波兰和捷克共和国，优先照顾的是公民的要求。根据波兰的普遍私有化提案，工人只得到10%的股份，公民以证券的方式得到其余的大部分股份。由于遭到工人的反对，提案在议会受阻，一直未获通过。只是到了1995年，提案才开始得以实施。其他形式的私有化进行得也相当缓慢。捷克共和国发展得较快，自1992年开始，以证券方式进行的私有化便迅速展开。至1994年底，捷克一半的企业已经私有化。不过，因为捷克的工人力量要比波兰弱，而且国家的力量比东欧其他国家都强大，所以它能够不受制于工人的利益。

丘拜斯在总结了其他国家私有化的进程之后得出的结论是：要想迅速私有化，就得使这三类人都得到足够的份额，以获得他们的支持。

他的第一个提议是工人得到35%的股份(25%为无偿的，但没有投票权，加上至多10%以极低价格出售的股份)。经理得到5%(以同样低的价格)的股份。公民以相当于捷克那种证券的方式得到其余的大部分股份——另有一小部分由国家保留以待日后出售。

这一提议遭到了工人和经理及他们在最高苏维埃会议中的代表的强烈反对。为拯救这一方案，丘拜斯把它命名为一号选择方案，并出台了二号选择方案，允许工人和经理以高出原价很多的价格购买51%的股份。因此，每个企业的所有职工必须从这两套方案中选择其一。除了资本非常密集从而价格昂贵的企业外，多数企业选择了二号方案。这样，俄罗斯的大多数企业便以“内部”股份持有人拥有大多数股份的形式私有化了。

但是，还有一部分是“外部”股份持有人。他们以证券的方式获得股份。1992年秋，俄罗斯向所有公民发行了一种证券。这一证券可以在任一“证券拍卖会”上使用，拍卖中约有20%的企业股份以证券的方式被拍卖。人们大多并不以证券来直接购买股份。他们用它兑换现金或整个投资基金的股份。然后，中间人再用证券购买企业的股份。

工厂的私有化于1992年底开始，18个月“证券式”的私有化全部完成。80%以上的工业企业被私有化。这在很大程度上要归功于丘拜斯一个人坚韧的决心，还有他具有才智的部下德米特里·瓦西里耶夫、马克西姆·博伊科和彼得·莫斯托沃伊。俄罗斯现在进入了私有化的第二阶段。这次主要是现金出让，而不是无偿出让。到了现在，俄罗斯人手里已有了足够的金融财富，能够积蓄一笔钱。外国人也有了投资的兴趣。所以，政府正在通过现金拍卖和投资商来出售所余的工业股份。这笔钱14%归企业，其余归国家。一些重要企业——如世界上最大的能源公司“燃气总公司”——的股票将在国外上市。还有待进一步私有化的经济部门不光有工业，石油、能源、邮电、航空和银行等等私有化程度还要更低。

评价。俄罗斯从其迅速私有化的运动中能总结出什么样的总体差异呢？1995年初，《金融时报》的两位著名记者在考察后共产党国家私有化的发展状况时认为，在使经济成功发展方面，私有化远没有能保证新企业自由建立的措施重要。他们说，私有化在俄罗斯"并未能改造这个国家的经济。相比之下，波兰和匈牙利现在还未展开普遍私有化的运动，但这些国家真正的私有经济却更加强大"。

确实，在俄罗斯创立一个新企业很难。主要的困难在于官僚机构(只有它能批准场地的使用)和黑帮组织，没有房地产市场。官僚机构和黑帮组织常常要坚持索取额外费用(见第八章)。但这一点并不能决定私有化是否带来了重大的改变。

由于私有化大都始于1994年，所以现在还找不到确实的证据证明它对经济产生了推动效果。但是，我们能够听到两种严厉的批评：俄罗斯的企业主要为内部人员所有(这会产生低劣的管理体制)，很多经理变得过于富有。

管理好企业有两点很重要。首先，所有人不应是工人，那样的话就会有过多的工人保留下来而造成金钱的浪费。其次，至少要有一些股份所有人占有大量股份，这样他们才有足够的动力来督促经理做好工作。乍看起来，俄罗斯的私有化违背了这两个原则。但实际上，情况并不那么糟。

首先，工人的股份是可交易的。不像在南斯拉夫，你只要是企业雇员，就自动拥有企业股份，离开企业就失去股份。你离去后股份还是你的，同样，继续当雇员也可以卖掉你的股份。一些工人已经卖掉了他们的股份，或是卖给了经理，或是企业外的人 这些人常在工厂门口开店收购股份。但是，能够最终减少内部股份占有的重要因素是企业需要发行股份来筹资。

其次，外部股份占有从一开始就比反对证券私有化的人们预言的要集中得多。在一半以上的证券拍卖会上都是一个收购人买进至少5%

的股份。现在，莫斯科至少有200家公司的股份可以通过电话在市场上公开买卖，所以股份集中的过程正在继续。

此外，在证券拍卖的同一时期中，还进行了私有化的另一进程，即股份招标。这一进程的规模主要限于中型企业。相当数额的股份以现金招标的方式出售。中标的大多是外部购买者，只有少数是经理群体。

这样，在1994年下半年，私有化的企业其股份平均43%为工人所有，17%为经理所有，29%为外部购股者所有，其余股份为国家所有(现正以现金方式出售)。2/3私有化的企业(特别是中型企业)中工人拥有半数以上的股份。不过，所有这些数字都过分突出了工人的力量，而贬低了经理的力量，因为绝大多数的企业中由总经理代行属于国家的那份股份的表决权，而且在大企业中(它们选择的是一号方案)工人所有的股份大都没有表决权。

在这种情况下，所有权相当分散。1995年以前，银行没有所有人重要，但银行机构正和经理一样变得重要起来。因此，这一种体制也开始出现了银行所有(如英美资本主义体制)和经理所有(如德国所常见)的因素。

新的所有人正在越来越多地行使他们的权力。在股份所有人的第一次会议上，约10%的总经理被罢免。有时罢免需要两次会议。约瑟夫·巴卡莱尼克曾为弗拉基米尔拖拉机厂的工人，从哈佛商学院留学回国后，他在持股人第一次会议上自荐为总经理，但落选了。到开第二次会议时，工厂的经济状况恶化，巴卡莱尼克提出了一个结构调整和销售计划。他在这次会上被选为总经理。

不过，有时要靠企业外部的力量来改换经营者。雅罗斯拉夫尔·特克尼卡是一个拥有5 000名工人的橡胶制品厂厂长。拥有该厂39%的股份、名为德哈瓦的证券基金会召开了一个持股人特别全会，提出以年轻的专家取代经理层。大多数工人支持这一提议，从而更换了经理层。1995年7月出现了第一例企业兼并冲突。科洛斯食品厂力图兼并位于莫斯科河畔克里姆林宫旁有名的红十月巧克力工厂，但未能成功。

但是，这些例子表明丘拜斯所坚持的主张意义极为重大：私有化企业应是股份能公开交易的合股公司而非(像很多人所希望的那样)封闭的私有制公司。

现在这样的情况还有很多方面非常不尽人意。持股人的权益仍不稳固。1995年中期时，俄罗斯的公司仍没有股份证书。唯一能证明股份权的是公司保有的持股人登记表。有时，某个持股人的股权记录轻而易举地被从登记表上一笔勾销。还有的时候公司向一些持股人发行新股，却不通知其他持股人。这样的一个例子是考米涅夫特公司，俄罗斯最大的石油公司之一。它在1994年5月向一部分持股人发行了新股。到现在为止，大多数公司没有支付过红利。这常常是保证公司的收益主要使内部持股人受益的一个好办法。引起公众注意的重大弊病最终得到了纠正。但是，显然需要建立一个有效的管理体制，其功能之一应是印制保证股份托管的股份证书。为解决所有这些问题，政府于1994年底成立了一个部级联邦证券委员会，丘拜斯任主席。委员会在纽约银行的帮助下正在建立一个中央股份注册体系，这会在改进公司管理方面做出很大贡献。

对俄罗斯飞速私有化的第二个指责是它造成了少数人占有大笔财富。这可以给经济注入活力，但不会造就公正的社会。在这方面确有舞弊的事例。例如，俄罗斯的一个主要石油公司苏尔古特油气公司拿出40%的股份招标出售。招标并未在合法场所公开进行，所以只有一个投标。新的持股人以压低的价格获得了主要股份。同样，依据1995年末所谓的“贷款股份”计划，银行通过远非公开的投标获得了对大量重要股份的控制权。

然而，我们必然考虑不这样做又会如何。不进行私有化，公司经理就会更少受到外部的监督。自从戈尔巴乔夫将中央监管体制解体后，很多经理都从事了营私舞弊行为。最容易的办法就是自己成立一个贸易公司，以超低价格将企业的股份卖给这个公司。在理论上，工人委员会应防止这种观象，但工人持股人却有这样做的强烈动机。

私有化确实造就了一些发不义之财的人，包括一些部长(不是改革阵营的人)。但发不义之财最大的是对外贸易，特别是享有特许权的对外原料出口。俄罗斯正逐步走向一个法治国家，特许权越来越少。同时，它的所有制结构和财产分配已相当适合经济发展，尽管还未达到社会公正的地步。丘拜斯通过证券股份制使人们加入市场运行机制，而任何其他方法都做不到这一点。现在的俄罗斯已是一个有4 000万股民的国家。

产业调整

但是——批评家说——俄罗斯的企业并未进行调整。它们仍继续生产以前的老产品。如果无人购买，它们就干脆让欠原料供应商的债越积越多。由于破产法手续效率低下，所以没有实施调整的机制。

这种批评在很大程度上是站不住脚的。首先，各个产业之间的比例发生了巨大的变化。尽管在改革的第一年中大多数产业生产下降，但现在一些产业已在回升，如汽车生产。即使在改革初期，有些企业的生产和就业也有所增加。例如，1993年这一年里，尽管更多的企业减少了生产和雇员，但每个月仍有30%的企业生产有所增长，40%扩大了雇员。

面临旧市场的崩溃，大多数工厂都改变了它们的产品。改革的头两年中，29%的工厂完全转产，60%生产新的同类产品。俄罗斯一直缺少轻型卡车；生产伏尔加汽车的高尔基汽车厂生产出了这种卡车，名叫“嘎斯”。在飞机制造业中，伊柳辛公司用通用电气公司的发动机生产出了更新型的伊柳辛96型飞机。在机器制造业中，一个突出的例子是总部位于叶卡捷琳堡的大型企业乌拉尔重型机器制造公司。它生产钻塔、掘工机械和铸件等。由于石油工业投资的下降，俄罗斯的石油公司不能为每口新油井装一台新钻塔，将旧钻塔遗弃在不再使用的油井上，它们想得到能够移动的钻塔。在新的管理班子领导下，该公司对这一需求做出了反应。公民石油钻井公司合作生产可移动钻塔。所以，下面这一事实也就不足为奇了：现在，该公司37%的股份为俄罗斯最大的企业家之一卡哈·本杜奇兹所有。他在员工总数达72 000人的45家公司中拥有大量股份。

第二个不成立的指责是关于企业三角债的问题。拖延付款当然是个问题。这是一个世界性问题。在西欧，每笔货物偿付日期平均要比到期日拖后一个月。在俄罗斯，这一时间要稍短一些。当然，由于俄罗斯的企业以前不用担心资金情况，所以它们认为这一情况很严重。这在一些产业中有时尤为糟糕。能源工业所受打击总是最为严重，它处于生产的第一个环节，而资金的偿付从最后一个购买者开始，最后到达能源业。全面拖欠债务危机最严重的时期是1992年中期，之后再也没有那么严重过。当然，随着稳定金融的进程，将来还可能会出现危机。

工人们由于工资拖欠而深受其苦。1995年中期，1/3的工人受工资拖欠之累。数额平均为一个半月的工资。这一问题使工人们非常不安，但这并不是表明俄罗斯的企业没有调整。

举例来说，企业削减了积压产品的数量。在共产党当政时，企业积累了大量供给，以防难免会出现供给中断的日子。在改革的初期，企业又积攒了相当数量的产品销售不出去，现在这些库存都减少了。

企业破产的情况又如何呢？现在已经有了破产法。它在某种程度上也起了作用。自1992年10月开始，负债公司可在仲裁法庭上被起诉。但开始时这类案件很少。这部分是因为债权人指望政府能拯救负债企业。但到了1995年初，法庭为500家私有化了的公司指定了破产管理人。1993年下半年，为解决国有企业破产问题成立了联邦破产局。到1995年初，它清算或私有化了约100家公司。

虽然破产的企业到现在为止并不太多，但破产法无疑有助于产业调整。例如，伏尔加河畔萨马拉市生产图−154飞机的工厂被仲裁法庭指派了破产管理人。该管理人任命了一位28岁的银行家。这位银行家雇用不到一半的工人，将工厂的产量从每季度一架飞机提高到8架。

问题产业。随着剩余的国家补贴款项越来越少，俄罗斯产业调整的很多严重问题将在今后出现。1994年国家的企业补贴占国民收入的约5%，主要用于煤炭[①]、农业和工业以及国防。

煤炭是一个大问题。俄罗斯生产的煤炭仅次于中国和美国。但大多数煤炭产于中西伯利亚(库兹涅茨克盆地)或北极地区(沃尔库塔)，运输成本很高。产业调整免不了要持续很长一段时间。俄罗斯有75万矿工。以前他们是苏联的英雄，属于工资最高之列。1989年和1991年，煤矿工人两次使戈尔巴乔夫受到屈辱。叶利钦和他们结为朋友，但在1995年初也受到煤矿罢工的威胁。他以最小的让步战胜了这一威胁。煤炭业的调整必须小心谨慎，需要像西欧在过去50年间所做的那样，实行再培训和再就业计划。

在农业方面，沙皇时代的俄罗斯和乌克兰是欧洲的一个粮仓，谷物的主要出口国。共产党对农业的伤害甚至比对工业还要厉害。俄罗斯国营农业的生产率低得令人难以置信。这最主要是因为没有劳动积极性，同时也因为组织不善。令人瞩目的一个事实是，1993年农产品有36%是自留地生产的，而自留地只占耕地总数的2.5%。

尽管农民种自留地非常热心，但对国营和集体农庄进行私有化却显然困难重重。这有政治和技术两方面的原因。在政治方面，农场领导的权力巨大，而大多数农民都有正统思想，反对土地私有化。在理论上，这一问题基本解决了。自1993年10月27日开始，土地可以合法地买卖和共同经营。这一条对城市和农村都适用。但就是在城市，土地市场也仅仅处在萌芽状态。在农村，私有化经营的主要形式为5 000万个小块家庭自留地和2.8万个家庭农场。家庭农场是1990年开始在荒地上建立的，经常是为了安置退伍军人。家庭自留地每块平均约为

---

①煤炭方面的补贴1993年占国内生产总值的1.7%，1994年占1.3%。——原注

1/4英亩(农村家庭稍大些)。家庭农场平均每个约为100英亩，加起来只占所有耕地的5%。

分割原有的集体农庄无疑会遇到技术问题，如为每个新农场分配一块合理的土地和最基本数量的拖拉机及农具等。自1992年起任何个人都有权从集体农庄中收回他的那份土地和农具，但实际上这样做行不通，因为他会因此而受到排斥，会使自己的新农场无法运行。分割农庄只能以协调一致的方式进行。最有成功希望的一个模式是正在下诺夫哥罗德地区实行的方式。这里的私有化委员会先把集体农场的土地分为若干完整的农场。然后，集体农庄的成员按照分数来竞争每个农场(以个人或合伙人的身份)。房屋也以这种方式私有化。

但是，将这种方式推广到全国要好几年，或许几十年的时间。土地注册工作只是刚刚开始，而政治上障碍重重。基本的法律框架已经有了，但农业肯定会是俄罗斯经济中最后完成调整的产业。

企业的社会负担。在工业方面，一个主要的问题是企业的社会负担问题，特别是住房、幼儿园、食堂和医疗方面的负担。这些负担混淆了企业的经营目标，占用了决策管理的大量时间，使企业的外部财务审计更加困难，还挫伤了外部投资者的积极性。

企业的社会支出在1994年总计约占劳动成本的20%。其中份额最大的是住房，特别是供暖和维修的费用。共产党当政时，城市房屋的46%为企业所有。私有化开始时，目标是将住房转给市政府。但很多企业并未交出住房。在原则上，原先属于企业的住房其费用现由联邦政府负担，不管现在的所有者是谁。

为了促进工作流动，所有住房最终都要被私有化，但个人家庭在实际工资提高之前负担不起买房费用，光靠同时提高工资和住房费用解决不了问题，因为在企业的住房中居住的家庭有的不在该企业工作。所以最终解决这一问题要通过若干个途径才行。可能最好的办法是迅速私有化，同时继续补贴，不过补贴要逐步减少。住房的行政管理负担应从企业决策管理中去除，转给专门机构或市政当局。企业需要集中精力于生产经营。

巨型企业太多，还是小型企业太少？常有人说俄罗斯最坏的事情是垄断程度太高，所有首要的问题是打破垄断。这种说法是错误的。俄罗斯所有企业的平均规模确实比西方国家要大，但那不是因为大企业太多，而是因为小企业太少。美国最大的20家公司(以雇员人数计)要比俄罗斯最大的20家公司大。在美国，万人以上的企业占全部工厂工人的40%，在俄罗斯则只占20%。另一方面，1/4以上的美国人在真正的小公司(不超过250名工人)中工作，而俄罗斯只有6%。

俄罗斯的问题是缺少小公司，并不是大公司占统治地位(见表7–2)。将来，俄罗斯的很多大公司将会自然分割，也应该自然分割。但主要问题是缺少小企业，其中有些应成为未来大企业的先驱。发展小企业要做很多事。首先，要有咨询培训中心提供技术；其次，要有健全的地方银行体系提供资金；第三，要为新企业提供厂址，而不要受地方官僚机构和黑社会组织的阻扰；第四是交通通讯问题。

表 7－2　　俄罗斯 10 家最大的私有企业

	雇员	种类	估计美元值（百万）
伏尔加汽车厂	551817	汽车	45
联合电力	216278	发电	647
诺里尔斯克铜镍公司	161520	有色金属	466
高尔基汽车厂	109036	汽车	27
马克尼托戈尔斯冶金联合工厂	108526	冶金	47
莫斯科利哈乔夫汽车厂	103000	汽车	16
卢克石油公司	102700	石油	293
苏尔古特石油燃气公司	80200	石油和天然气	81
下瓦尔托夫斯克石油燃气公司	65780	石油和天然气	168
尤甘斯克石油燃气公司	60823	石油和天然气	72

注：价值为证券私有化完毕时的价值。

来源：《经济学家》，1995 年 4 月 8 日第 16 页。

落后的交通通讯一直是俄罗斯经济发展的一大障碍。在共产党统治下，有限的电话网和落后的公路网帮助维持了地方官僚的地位。1990 年，公路只占吨／英里货运量的 1%，而在美国为 3%。市场的灵活应变能力主要依赖于良好的公路网和电话网。现在，邮电状况正迅速得到改进，公路的改善则相对比较缓慢。

银　行

现代经济的另一重要条件是一个高效率的金融体系，能提高支付手段，将资金引向生产力最高的投资项目。金融体系的中心是银行。银行的发展在俄罗斯的过渡时期中是一个成功的例证。在共产党时期，苏联基本上只有一个单一银行，加上一个储蓄银行，后者收取家庭存款，再转借给政府。20世纪80年代后期，单一银行被分为若干个行业银行，如农业银行、工业银行、建设银行等。此外，20世纪80年代后期私人银行也合法化了，于是如雨后春笋般冒了出来。到1995年中期银行总数约为2500家。其中大多数为小银行。为数不多的一些银行为企业所有。这些银行的储户本来等于把钱直接借给了企业，而企业成立银行只是为了使这些储户得到保障。不过，只有储蓄银行（斯贝尔银行)的储户才有保险。

除了储蓄银行外，主要有三种银行。第一种是单一银行(如外贸银行和农业银行)；第二种是企业开办的新银行（如主要为燃气总公司所有的帝国银行，首都银行）；最后是新的独立银行，如英科姆、乌尼克西姆和国际金融投资公司。最后一种是最具活力的银行。乌尼克西姆银行和国际金融投资公司由34岁的波塔宁管理。他将8家银行联合起来，组成了一个强大的财团。该财团在1995年4月准备向政府贷款20亿美元，但政府最终拒绝了它提出的条件。

改革的头4年中，银行业由于通货膨胀时期存取款之间的较高差额而利润丰厚。所以，银行业在俄罗斯成了贵族职业，这一点甚至超过了西方国家。银行家挣的工资比留在政府里或继续从事科研工作的同事高得多。成功的银行家来自很多行业。最成功的人很多以前是物理学家和数学家。这些人从以前的上等阶层转到了现在的上等阶层。大多数年轻人都想在银行工作，因为报酬比从事工业或教育要高好几倍。

银行的主要功能是(通过收取和支付)便利交易和为投资集资。俄罗斯的银行运行得好不好呢?

表7—3　　俄罗斯最大的10家银行

	资本（万亿卢布）
斯贝尔银行	44.3
外贸银行	18.8
农业银行	18.3
英科姆银行	9.2
俄罗斯银行	7.7
乌尼克西姆银行	7.1
莫斯科工业银行	6.1
帝国银行	5.8
国际金融投资公司	5.8
首都银行	5.3

来源:《经济学家》,1995年4月8日，第14页。

银行支付体制经过了改造。以前是通过中央银行进行清算。1994年这一过程平均为一个月，而莫斯科和西伯利亚之间则常常要两个月的时间。现在银行之间就可以直接清算，平均周期为4天。

相比之下，为私人投资贷款的体制才刚刚初具雏型。银行估价每笔贷款所冒风险的技能还很欠缺。由于风险通常很高，所以银行收取非常高的实际利率,而银行的高风险又使储户要求为存款支付高利率。由于贷款风险如此之高，所以银行的贷款期规定得很短，通常为6个月之内，而这也导致银行要连续不断地追索到期贷款。变幻无常的高通货膨胀率加强了缩短贷款周期的趋向，银行也不愿意采取收缴抵押的办法。所有这些因素都不利于投资。但在过渡期的初始阶段，主要依靠截留的利润和富人直接买股(而不是通过还不成熟的证券市场)的办法来集资进行投资是不可避免的。不过到现在为止，即使富裕者也不肯投资，而宁愿把他们的大部分资金转向国外。

何时腾飞？

如此说来，什么时候形势能够改变，开始经济腾飞呢？有利于迅速扩大投资的四个基本条件是：

· 经济需求增加

· 金融稳定

· 资金充裕

· 税赋、法定权利和法律保障

前三条的发展前景很好，但第四条是个大问题。

经济需求已于1994年走出谷底。1992年家庭实际支出大幅度下降后，个人消费已有回升。1993年升高了约10%，1994年升高的幅度相同。然而，投资却在急剧下降。即使到了1994年，投资也比前一年下降了2.6%。

消费的回升已然造成了大城市中建筑业的繁荣。最终它必将导致投资的迅速扩大——这特别是因为俄罗斯很大程度上与世界隔绝了70年，技术上极为滞后。俄罗斯工业迫切需要投资，以生产消费者所需的新产品，同时提高生产老产品的效率。由于俄罗斯的普通教育程度高，工资水平低，所以有理由成为一个有竞争力的生产地区。投资热一旦开始，就会持续相当长的时间，就像我们在中国所见的那样。

不过，要是金融环境更加稳定，投资热就会开始得更早，势头也会更强盛。1996年初，这种稳定的趋向良好，在国际货币基金组织的赞同和每月监测下，政府的货币计划决心采取强硬措施反对通货膨胀。当然，未来仍存在政治上的重大不稳定因素，也不能保证所有未来的总统和总理都会接受过去4年高通货膨胀的教训。但是，下面的数字显示通货膨胀确实在下降：

1992年	2500%
1993年	800%
1994年	200%
1995年	130%

据此，我们没有理由怀疑通货膨胀不会进一步回落。

外 资

然而，有些人会问，投资的资金从哪里来呢？与世界各国一样，大部分资金将来自获取的利润。有一部分将来自私人存款。到现在为止这笔钱填补了政府的预算赤字——现在的政府赤字已大幅度减少。

但是，很重要的一部分资金将来自俄罗斯与西方国家之间的资本回流。尽管俄罗斯“需要”资本，但它在1992—1994年间却是一个资本净出口国。原因很简单，这是因为愿意在俄罗斯进行真正投资工程的人很少。由于俄罗斯人自己不在国内投资，所以他们把钱都投到了国外(外国的证券，现金货币，或不动产等)。资本外流的规模实在非常之大。1992—1994年间，俄罗斯“出口”了约450亿美元。而这笔资金完全可以用于进口机械和其他产品，使俄罗斯提前实现现代化。在这期间，进口货物由于贬值的卢布兑换率而被人为地大大抬高，这反过来又抑制了对投资性商品的购买。

如果能够制止这种资本大逃亡，我们很容易想象情况又会如何。价值成百亿美元的资金会被解放出来，投资于俄罗斯，其中很大部分会用于购买外国产品。进一步说，如能改变资本流向，用于投资的资金就会更多。这样，从外国流入的资本将不仅包括外国人的财富，还包括俄国人此前出口了的财富。

所有证据都表明俄罗斯与西方之间的资本流动非常灵活。流入和流出都很便当。其具体流向取决于俄罗斯进行的实际投资项目有多少。

人们有时抱怨外国人不在俄罗斯投资，但只要俄罗斯人不投资，外国人干吗要投资呢？事实是，在俄罗斯的所有投资，不管是俄罗斯人还是外国人的投资，都受同样力量的制约。

一个国家投资气候的试金石是证券市场的指数。如果证券市场走高，人们就愿意投资，相反则不愿投资。图7—1显示了俄罗斯最大的200家法人公司的美元计算的股份值。这些公司的产值占俄罗斯国民收入的一半以上，其股份包括仍为政府所有的股份(以每股的市场价格计算)。

有两件事实很引人注目。首先，1995年底时这些公司的股票估算非常之低，只有200亿美元，相当于年国民收入的7%。相比之下，美国最大的200家公司的股票值占年国民收入的70%，英国为100%以上。更具体地讲，1995年4月，俄罗斯证券市场上石油公司的股票价格为已探明石油储量每桶10美分，而在西方证券市场上，石油公司同一价格为每桶5.50美元。更为异乎寻常的是俄罗斯的天然气垄断公司燃气总公司。它的产量占世界天然气生产的1/4。如果它的资源以西方的价格计算，该公司至少应价值2 500亿美元。而1995年4月国家天然气工业生产委员会在俄罗斯的市场价值为50亿美元。这清楚地反映出对俄罗斯当前发展前景的悲观估计。

其次，股票的起伏程度一直很大，1994年股票曾急剧上扬，到8月份价格翻了一番。但在1994年9月至1995年2月期间，价格又跌落了一半以上。这种起伏明显反映了人们对金融和政府稳定性所做出的预见。通货膨胀率到1994年9月前一直在下降，但其后开始上升。10月份的卢布危机是金融不稳定的征兆。这种不稳定性又为车臣的政治危机所加剧。1995年整年直至1996年初，证券市场一直很疲软。

7—1：俄罗斯公司的市场价值

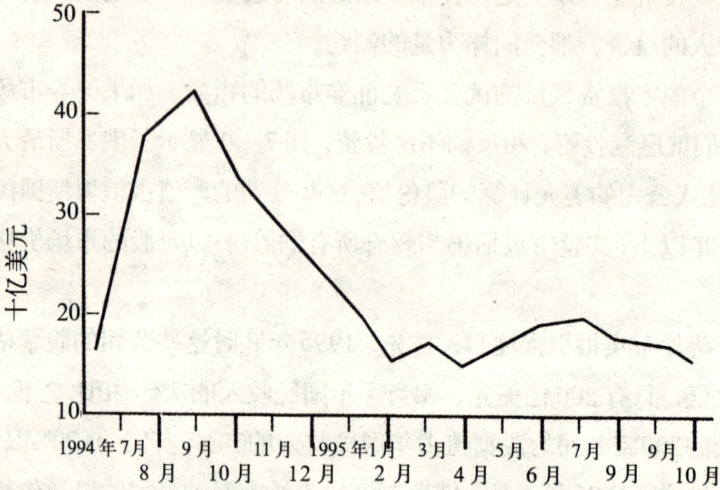

200家俄罗斯公司(包括燃气总公司，但不包括银行)的资本市值。

来源：《俄罗斯经济趋势》，按月增补统计数字，1995年12月15日。

俄罗斯的证券市场虽然是投资信心的晴雨表，但至今在很大程度上被外国的购买者所控制。它在1994年帮助外国资本第一次大量流入俄罗斯。当时外国资本大量购买刚刚私有化的公司的证券股份。据统计1994年外国的证券投资总额达20亿美元。这股投资热于9月份达最高峰，然后急剧下降。

不过，从结构调整的角度看，外国投资起作用最大的不是基本上为投机性质的“证券投资”，而是“直接投资”，即一个西方公司在重创一个企业时承担相当风险的投资。这类投资多为一个俄罗斯合伙企业的“合资”形式，并正在逐步增加，1991年为1亿美元，1992年为8亿美元，1993年为11亿，1994年为23亿。①大多数在俄罗斯立脚的

①合资企业的俄方现在比从前更加自信，经常要求重新订立合资条件；因而合资公司现在常出现麻烦。如果问题变得更加严重，可能会出现更多的百分之百的西方独资公司。——原注

西方公司主要目标都瞄准了俄罗斯潜在的巨大的国内市场，希望从俄罗斯国内为这一市场提供产品，因为生产成本低(月工资约100美元)，大多数进口商品都要征税。除此之外，还有西方的石油公司。它们很想染指俄罗斯巨大的石油储藏，但至今还被局限于藏油量最少的油区。至于俄罗斯能够出口的其他产品，只有少数西方公司开始在俄罗斯生产以供出口——或许向共产党国家的出口除外。

现在，俄罗斯的各个行业都能见到西方公司。食品饮料生产有马耳斯、百事可乐、可口可乐、菲利浦、莫里斯。因为俄罗斯人喜爱这些西方产品，所以这些产品大行其道。家庭用品也是这样(普罗克特与甘布尔·庄臣)。西方人在机械(ABB，奥梯斯，凯特皮拉)、造纸和纸浆(赫利茨)及其他制造业注入了大笔资金。法国、德国和英国电信公司则对俄罗斯的电信现代化注入了大笔资金。汉莎航空和其他公司在俄罗斯航空业中也是如此。影响最大的或许算是商业服务了。6家西方主要的会计事务所在俄罗斯各地都设立了服务网络。从房屋建筑和旅店到快餐，几乎没有西方公司不涉足的行业。麦当劳已成为家喻户晓的名字。

既然机会如此之好，或许令人奇怪的是为什么没有更多的外国投资。在多数领域中(不包括国防、能源和银行业)，外国人与俄罗斯人享有同样的权利和义务。他们可以成为企业的独资者，可以和任一俄罗斯所有人一样购买企业的占地。他们可以将利润和资本返还本国。

投资率低的原因在直接投资者和证券投资者之间稍有不同。直接投资者会遇到在俄罗斯做生意所面临的各种普遍问题：税赋，黑社会组织，与地方政府和生意合伙人关系处不好等等。很多合资企业遇到困难是因为俄罗斯合伙人总想增加自己一方的所得。所以越来越多的直接投资者力求百分之百的控制权，让俄罗斯合伙人成为转包者。

证券投资者关心更多的是影响到持股人权益的法律和金融的不确定性。我们的同事L.哈利根和P.捷普洛金对在俄罗斯经营的42家西方主要投资银行、证券经纪人和会计事务所进行了调查，让它们列举各种不利因素。结果表明，最大的不利因素是法律的不安全性，其次是金融的不确定性。有趣的是，政治风险只列在第三位。这些不确定因素导致的后果是俄罗斯的股票比它们最终可能达到的价值相比要便宜得多。尽管利润降得相当低，股票的平均价格仍非常之低，只相当于两年的利润。

法律问题

法律方面的问题显然很多。首先，持股人的权利没有切实保障，包括会议投票权，划分红利，甚至他们的所有权正确备案的权利。其次，是影响到企业本身的法律问题。企业能够拿它的财产做什么？比如说，它能出售它的土地吗？这样做要缴多少税，有什么法规？最后是企业如何履行它的权利问题。会有一个有效的法庭体制来保护公司所签的合同吗？

为市场经济体制制订一套明确完备的法律需要假以时日。1995年初通过了新民法第一部分，以后将出台其余部分。同时，法院在传统上很少保护合同。在大多数情况下保护合同需要采取更激烈的手段。形成一个有效的民事法庭体制，训练有素地执行新法律也需要一定时间。但与所有其他方面的情况一祥，法律也正在进步。

黑社会组织和腐化问题怎么办？这是一个很大的题目，需要另辟一章来讨论。但是，这个问题现在无疑是一个很大的问题，或许是俄罗斯发展新经济所要解决的最大障碍。在俄罗斯做生意确实困难重重。

如此说来，总的状况如何？到1995年中期为止，俄罗斯的金融形势比以前的5年都稳固，保障财产所有权方面也有稳步进步。政治上的不安定仍在继续，至少要到1996年中期总统选举为止。但是，俄罗斯的经济现在已经走出了低谷，做好了腾飞的准备。即使政治不安定也阻止不了这一点。在20世纪末之前，如果俄罗斯像现在的波兰一样以每年5%的速度发展，并不会使人感到意外。

贸易与发展

俄罗斯的长远前景如何？历史表明，起步晚的国家（如俄罗斯），教育标准相比之下高于收入水平的国家(如俄罗斯)，政策对头(金融实力雄厚，私有制和开放贸易)的国家发展就快。俄罗斯的私有化使它具有了一种很多国家所缺乏的动力。但是，在对外贸易方面情况仍不甚明了。保护主义的力量仍很强大。他们不光要维持关税和卢布的贬值，还要组建"能够在世界市场上竞争的"巨型公司。

确凿的证据表明竞争是生产力发展的原动力。公司和国家的发展都表明了这一点。俄罗斯人有时说："如果西方不允许进口我们的铝、铀、飞船发射架和食品，我们干吗要保持俄罗斯开放呢？"答案很简单：事实表明即使在其他国家不开放的情况下，一个国家保持开放仍更有利于它的发展。俄罗斯是否会接受这一事实？现在做出判断还为时过早。

就其经济规模而言，现阶段的俄罗斯还不太开放。从西方的进口占国内生产总值的约13%，按进口数量排序依次为德国、美国、荷兰、芬兰、意大利、日本和其他一些国家。①另有4.5%的国内生产总值来自前苏联共和国的进口。在俄罗斯的进口中，为了促进国家现代化的机械进口只占了不到1/3。

但是，贸易是发展的关键动力，因为它是将技术从一个国家带到另一个国家的手段。在这方面它比外国投资的作用还大。俄罗斯需要更多的进口。幸运的是，它支付进口的能力应不成问题。俄罗斯的出口量非常大。它现在向西方出口18%的国内生产总值，向前苏联共和国出口5%。俄罗斯差不多一半的出口为石油和天然气，其余大部分也都为原材料(金属、钻石和木材)。石油和天然气的出口直至1995年仍

①这里根据的是1994年的资料。——原注

受配额限制。如果能真正取消配额，按需求扩大管道输送能力，俄罗斯的原材料出口能够大幅度提高。其他东欧国家已经发展了加工产品的出口，而俄罗斯却还没有，不过，经过一个阶段以后，加工产品的出口也会发展起来。增加的出口收入加上外国贷款会大幅度提高进口以使俄罗斯工业现代化，进而提高加工产品的出口。发展加工产品出口当然需要时间，而俄罗斯国内市场生产会大大比这种出口更早。

俄罗斯哪一个产业会繁荣兴隆？换言之，俄罗斯的相对优势在哪里？人们很愿意对这一点加以预测，但这样做多半会徒劳无功。很多经济学家试图预测东欧国家的哪些产业会繁荣兴盛，但他们的预测都失败了。俄罗斯的原材料很丰富。使用原材料的产业，即其中能源、矿产或木材含量(以价值计)很高的产业，肯定会发达兴旺。但除此之外就很难预测了。在各个产业中，有的公司会因为管理得好而发达，而其他公司会失败。公司——而不是产业——的因素将决定谁会成功。此外，俄罗斯也会像其他发达国家一样出现进出口同一产业产品的情况。

评 价

综上所述，俄罗斯会变得多富有呢？赫鲁晓夫预言共产主义苏联会超过西方。它没有做到。没有共产主义的俄罗斯能做到吗？

显然，下一个世纪不可能。但俄罗斯具有做到这一点的很多潜力。像所有东欧国家一样，俄罗斯的劳动力所受教育水平很高。更重要的是，除石油国以外，俄罗斯的人均自然资源无人可以与之相比。作为一个拥有1.5亿人口(加上其势力圈内的另外1亿人口)的大国，俄罗斯会对外国资本具有特殊的吸引力。在迅速私有化和财富集中的基础上，它获得了一种新的动力。在这种情况下，俄罗斯在未来的10年或更多的时间会以至少4%的增长速度发展。以生活水平衡量，2020年的俄罗斯会完全超过波兰、匈牙利、巴西和墨西哥这样的国家，把中国远远抛在后面。

第八章

俄罗斯能战胜黑手党吗？

俄罗斯的犯罪问题严重到什么程度 · 谁是黑手党 · 犯罪问题的影响 · 为什么犯罪问题如此严重 · 江湖义气的崩溃 · 腐败现象 · 犯罪仍将大行其道吗 · 黑手党的社会功能 · 能战胜黑手党吗

1993 年 2 月，经济改革开始后仅仅 13 个月，叶利钦便哀叹，“犯罪已成了我们的最大问题。其规模与性质已对俄罗斯国家体制构成了很大威胁。犯罪行为正在摧毁俄罗斯经济及政治参与，并削弱了公众的斗志。”

一些人则说得更为严重，宣称那些罪犯不是仅仅威胁到国家体制，而是已经控制了国家政权。似乎随处可见的是，那些腐败的政客和官员把政府的合同卖给出价最高的人；警察受雇于黑社会团伙；商人们利用敲诈勒索手段发财致富并用谋杀来解决纠纷；而问题一旦上了法庭，那些颠倒黑白的法官们便利用自己的影响力使首犯得以逍遥法外；犯罪分子大肆活动，所到之处几乎畅行无阻。这就是普通俄罗斯人和西方人得到的印象。

这一章将考察犯罪分子究竟在多大程度上赢得了俄罗斯的这场战争并回答下述一系列问题：这场汹涌而来的犯罪浪潮究竟有多大规模？(规模巨大，但最严重的是国内犯罪而非跨国犯罪集团。)什么是集团犯罪？(俄罗斯人对此有着比西方人更为宽泛的概念。)它的影响有多大？(它对政府及商业活动的损害。)其规模为什么如此巨大？(其部分原因是犯罪团伙原来就深深植根于苏联社会之中，部分是由于俄罗斯在向市场经济过渡时国家权力被削弱。)它仍将如此强大吗？(不一定；这在很大程度上依赖于俄罗斯能够多快制定出一套完整有效的法律。)

俄罗斯的犯罪问题严重到什么程度？

1994年，俄罗斯有3.2万人死于谋杀，这是1991年苏联解体前最后一年的两倍。1992年是实行经济改革的第一年，被谋杀的人数跃升为2.3万人，而到了1993年则超过了2.9万人。犯罪活动在这一时期急剧上升。1994年至1995年，强奸、暴力袭击、抢劫以及杀人等主要暴力犯罪活动上升较慢，甚至有所下降。

即使对于俄罗斯这样大的国家来说，3.2万也是一个巨大的数字，平均每10万人中就有21.8人被谋杀。这是美国同一数字的两倍还多，美国的谋杀案发率在富有的发达国家来说已位列前茅了(1992年每10万人中有9.3人被谋杀)。在德国和法国，这一比率约为十万分之四，而日本则不足十万分之一。这一数字也高于共产党已不再执政的国家。1994年波兰的谋杀案发率为十万分之三。

简而言之，俄罗斯拥有比美国还要高的他杀案发率，只不过没有毒品和城市帮派火拼问题，而美国的他杀案大多与这种帮派火拼有关。美国有些地区和世界上最不安全的地区一样糟糕，但在美国，犯罪区域往往与外界隔绝，不安全的地区旁边存在着安全地带。而俄罗斯则不同，哪儿都不那么安全：在任何地方都可能遭到枪击。

要么就是遭到抢劫、袭击或强奸。实际上，俄罗斯的各种暴力犯罪案发率是极高的，尽管目前还比不上美国。1993年，每10万人中有124起抢劫案(而美国则有264起)；“暴力袭击案”有27起(美国有442起)；强奸案有9.7起(美国有43起)。

当俄罗斯人把犯罪列为公众关心的首要问题时，他们并非危言耸听。普通老百姓确实受到了威胁。

然而，整体景象却并未反映出犯罪对俄罗斯所形成的威胁。当俄罗斯人谈论犯罪时，他们把两种不同的犯罪区别开来：一方面是街头与家庭内部的犯罪，一方面是有组织的犯罪。

家庭犯罪在俄罗斯很高的谋杀案发率中占有较大比重。尽管其内务部长宣称“(1994年发生的谋杀案中)大部分都是职业杀手所为”，但实际上这位部长自己所提供的数字却表明情况并非如此：在3.2万谋杀案受害者中有1.4万是被丈夫、情人或前同居伙伴所杀害的妇女。与此相似，许多男性被害者也是街头或家庭犯罪的受害人。家庭犯罪与俄罗斯严重的酗酒问题紧密相关。零散的资料表明，许多或许是大多数家庭犯罪都与酗酒有关。

当俄罗斯人把他们的国家描绘成“黑手党的国度”或者说犯罪分子主宰着政府并控制着商业活动时，他们则指的是第二种类型的犯罪。叶利钦宣称“有组织的犯罪已对俄罗斯的战略利益和国家安全构成了直接威胁。”正是有组织的犯罪极大地威胁着俄罗斯的改革。

谁是黑手党？

但在俄罗斯，什么是“有组织的犯罪”？西方说到“有组织的犯罪”，他们指的是那些用暴力谋取财物的团伙。但俄罗斯人在说到“黑手党”时，他们实际上用的是一个更为宽泛的概念，其中包括四种实际上截然不同的人。只有第一种才是西方人所指的真正的“黑手党”，即那种运用暴力去不断谋取固定收入的有组织的帮派。①第二和第三种人从通常的意义上来说根本算不上是犯罪分子。最后一种人并不牵涉暴力犯罪，而是涉足于与贪污腐败相关的领域，也就是说，他们为谋

①因此这和一般盗窃等不一样，后者不能获得固定收入。——原注

取私利而出卖政府财产，不管这是出卖许可证、护照还是修筑道路和建造房屋的批件。

第一种人是真正的黑手党徒，他们是一些身着时髦考究的西服、腋下鼓鼓囊囊的匪徒，任何去俄罗斯旅游访问的人都能看到这些人，他们悄无声息地待在旅馆外面的高级德国轿车里。他们直接从事暴力活动：征收保护费，开设妓院，兜售毒品以及出售武器。1995年8月，内务部处理集团犯罪部门的首脑曾说俄罗斯有8000多个犯罪集团在活动，这些集团总共拥有3.5万人。如果按这个国家的大小来算，这一数字仅比意大利稍低一点。在意大利南部的西西里、卡拉布里亚和坎帕尼亚三个省区，1995年帮派成员仅稍低于1.75万人，构成400多个家族。他们的俄罗斯同类和其他地方的犯罪分子是同类货色。

俄罗斯的第二和第三种“黑手党徒”在其他地方不会被认做是犯罪分子。第二种人是一些商贩，拥有商店或在街头摊棚出售杂货。顾客把他们叫做黑手党，但他们实际上往往成为帮派团伙的受害者而非其中的成员。俄罗斯人这样称呼他们，一方面是因为他们与“保护”他们的犯罪团伙定期接触；一方面是因为他们所售物品的价格近乎敲诈——如果他们向敲诈勒索者付钱的话，其价格不得不如此之高。而另一方面，这也是共产党长期教化的结果。俄罗斯人在学校中就被灌输这样的思想：经济活动中唯一有意义的部分就是制造和生产；其他一切活动，特别是金融和贸易，都受到歧视，许多私人形式的交易都是非法的。在公众的头脑中，这种观念仍有着潜在影响。

第三种人是第二种人的升级。他们是一些大商人，拥有豪华型奔驰车以及一大群左腋下掖着枪的所谓“助手”。他们的交易方式简单原始；他们尽量逃避纳税并且肆无忌惮地行贿。但他们的买卖本身却往往是合法的。他们与美国19世纪末的洛克菲勒和范德比尔特这样一些通过巧取豪夺而发家致富的工业金融巨头相似，而与阿尔·卡彭这样一类彻头彻尾的江洋大盗却没有多少共同之处。和洛克菲勒等人一样，他们雇用了大批私人保镖，常常是为了自卫而不是为了进行犯罪活动，也就是说，是为了提供通常警察当局无法提供的安全措施。俄罗斯有大量的这类私人保镖。他们的联合会宣称，到1995年末，保镖人数达80万，是犯罪集团人数的20多倍。这第三种人中有俄罗斯最大的商业家，他们之所以被称为罪犯是因为在俄罗斯不涉及犯罪行为就难以做成买卖。

最后一种人是国家黑手党，是一些搞贪污腐败的官员，他们出售按国家控制价格进出口货物的特许权，这种权力使他们能够从那些获利极大并以自定价格出售的货物中得利。表面看来他们似乎危害不大。他们通常并不直接对暴力犯罪负责。但他们恐怕是这四种人中最为有害的，因为他们对正弥漫于俄罗斯的贪污腐败现象负有主要责任。据一些人估计，1994年俄罗斯的全部赃款之中有三分之一到一半经这些腐败官员之手。

泛泛地谈论所有这四种人会有些夸大集团犯罪的严重程度。在现实当中，社会问题大多是由第一种和第四种人即那些暗杀团伙和腐败官员引起的。

犯罪问题的影响

由于民选政府难以提供切实的法律与秩序保障，因此那些进行谋杀和敲诈勒索的团伙们的所作所为正在削弱政府的基本功能。马克斯·韦伯曾就国家作为一种形式的力量给出了一个著名的定义：国家在一定的区域范围内拥有合法使用暴力的垄断权力。在俄罗斯的部分地区，拥有这种垄断暴力的组织常常让人觉得根本不是政府，而是犯罪团伙。根据韦伯的定义，俄罗斯根本就算不上是一个国家，不过是一个由犯罪分子所控制的“某些区域”的组合。

腐败官员对政府造成了直接损害。实际上几乎没有一个政府部门能够排除他们的影响，这不仅包括像警察这样的执法部门，甚至法院也不例外。这种状况已削弱了公众对民主政权的信心。

1992年夏在俄罗斯远东进行的一次民意调查表明，1/3的居民认为犯罪分子“对本地区事物的发展起着决定作用”。一年以后，另一次民意测验显示，49%的俄罗斯人在他们所关心的问题中将犯罪问题置于失业问题之上。同一年在乌拉尔的叶卡捷琳堡市进行的一次民意测验表明，3/4的居民认为他们的城市是由黑手党统治着。

害怕发生暴力犯罪的那种恐惧感几乎可与犯罪浪潮本身所引起的恐慌相提并论。日里诺夫斯基以其极端民族主义的政纲于1993年12月赢得下院22.9%的席位。他以汹涌的犯罪浪潮为由要在俄罗斯恢复极权统治，并在他最后一次竞选电视讲话中鼓吹就地处决罪犯(这与列宁于1918—1922年内战期间批准实行的做法类似)。颇有声誉的全俄民意调查中心发现日里诺夫斯基最强有力的支持来自那些年轻、有较高收入、较为熟练的产业工人。他们投他的票并不是由于他们想使经济改革倒退(经济改革并未使他们受到不利影响)，也不是因为他们想把芬兰纳入俄罗斯帝国的版图(就像日里诺夫斯基所宣称的那样)，而是因为他们想恢复社会秩序、创建一个强大的国家并阻止刚露头的无政府状态蔓延。在他们所关心的问题中，犯罪问题列为首位。

与此相对照，这次竞选活动中支持改革的主要政党，盖达尔的俄罗斯选择，在打击犯罪方面的口号就显得软弱无力。这也许是由于作为一个支持发展商业的政党，它担心会被指责为虚伪，因为公众总把商业与犯罪联系在一起。这使得反对派得以攻击改革者，说他们本身应为犯罪问题负责，而实际上，这些改革者位于俄罗斯那些最清白的政治家之列。

这不仅有损改革也有损其支持者。改革者力图建立的资本主义体制需要基本的公正和平等。人们至少该觉得他们从这种体制中所得到的是他们所付出的，否则这种体制将得不到支持。犯罪活动拒诚实的人们于商业活动之外，或者限制了他们在其中想要或能够进行的活动。如果黑手党徒们成功发迹，那就使得这样一种想法大行其道：即所有成功的经理都是奸佞之徒。这不仅玷污了那些诚实的经理的声誉，也把努力工作就应有回报这一观念颠倒了。这确实具有负面影响：假如犯罪活动广泛侵入商业领域，那么遵纪守法的公民就会认为你所拥有的并非是你应该得到的。

犯罪活动对大多数商人和消费者都成了一个最严重的问题，甚至超过了通货膨胀。

1993年，叶利钦指令他的分析班子(克里姆林宫的思想库)首脑彼·菲利波夫考察犯罪活动对俄罗斯经济和社会有多大影响。菲利波夫于1994年1月所提交的报告描绘了一幅社会生活图景：没有人信任警察；几乎没有人相信法律会得到实施，以及“每一个，再说一遍，是每一个店铺或零售摊棚老板都向敲诈勒索者交费”。报告还宣称有150个这类犯罪团伙控制着4万家国营或私营银行，包括这个国家1 800家商业银行中的大多数。在另一份报告中，内务部称1993年犯罪集团控制了高达40%的国内生产总值。

由于不得不支付保护费，公司都受到损害。菲利波夫的报告称有3/4私人公司被迫向犯罪集团支付他们收入的10%到20%。他们不得不雇用小规模私人武装来保护自己不受敌对帮派团伙的敲诈。他们无法依靠法庭来执行合同而只能求助于犯罪集团来收回贷款。一位代表着300个最大的公司为向政府游说而建立的俄罗斯商务圆桌会议的理事抱怨道：“俄罗斯没有任何精确详尽的法律程序来解决经济纠纷。银行家不能确定他的贷款是否会得到偿还，商人无法保证他发出货物后是否会得到货款。”

犯罪活动对小型企业的打击尤为严重。大公司能够担负得起这类私人武装的保护而小公司则担负不起。那些有意成为企业家的人也因此望而却步，这对正处于资本主义发展初期阶段的俄罗斯来说极为不幸，因为这时在经济领域有着大量机遇可资利用。一位学者于1992年下海经商，开设了一个石油咨询事务所。到1994年，他承认自己始终未介入石油贸易，因为那太危险了。他说自己并未做广告，而且尽量保持低调(并未在市中心开设引人瞩目的办公室)，以不致引起政府内部或“在野”的犯罪集团的注意。

犯罪集团不仅损害公司，也对政府造成损害，这是由于他们对公司进行如此苛刻的敲诈使得这些公司余款不多，难以正常纳税。如果没有无孔不入的犯罪活动，政府的收入会高一些；假如政府能够增加税收，其预算赤字可能就会低一些，或者会向实际经济活动投入较多的资金。不管怎样，国家的金融状况会得到改善。犯罪活动反过来还对通货膨胀推波助澜，这又影响到所有的人。因此犯罪活动的影响并不仅限于商业活动。

腐败现象更是给经济状况雪上加霜。这种现象当然在前苏联就已比比皆是，并继续通行于俄罗斯。但正如两位曾任俄罗斯政府顾问的美国经济学家A.施雷弗和R.维施尼所指出的那样，腐败的形式已大为改观，变得更加糟糕。在前苏联，官员们理所当然地认为自己不会很快退位，因此他们会把受贿数额保持在较低的水平上，从而不致吓跑“顾主”。这些受贿官员为避免被上司察觉也不得不保持低调。现在的俄罗斯则不同。官员们不知自己会在位多久，这就刺激着他们穷凶极恶地去攫取。更糟的是，政府高层对法纪所持的那种松懈态度则意味着鼓励各级官员竞相为自己聚敛财富。这使得行贿的价码越升越高。施雷弗和维施尼描述了那些想在俄罗斯创办公司的商业家情景，他们不得不去贿赂中央和地方政府的官员，贿赂消防部门和供水部门，贿赂当地警察以及犯罪团伙。每家都尽可能地抬高价码，丝毫也不为其他受贿者留有余地。这种状况抬高了经办企业的成本，还不如由腐败官员垄断政府事务来得好些。简而言之，无序的犯罪和腐败比有序的犯罪和腐败危害更大。认识到这一点十分重要，因为它纠正了一种想当然的认识，即认为一旦官员之间的相互倾轧、排挤告一段落以及犯罪团伙之间的拼斗决出胜负，胜利者就会扼杀经济的活力，就会使这个国家背上垄断的沉重代价。而实际上，一旦纷争平息下来，发展经济的成本可能就会下降。从这种角度来看，集团犯罪要优于无组织的犯罪。

最终，犯罪与腐败危害了俄罗斯经济，因为它们吓跑了国外的直接投资。尽管外国人在俄罗斯拥有与俄罗斯人一样的所有权以及俄罗斯拥有极为廉价的资产(如就资源储备来说，石油公司在1995年4月所付出的仅大致相当于西方价格的1/5)，但外国投资却一直很低。直接投资——即购买俄罗斯公司或建立自己的公司——更是凤毛麟角。对西方最大的42家投资银行、经纪事务所以及会计事务所的调查表明，在法律上得不到保障是投资的最大障碍。犯罪不是唯一的法律问题(还有法院判决的软弱无力以及股份持有者的权益等其他问题)，但却是最严重的问题之一。

为什么犯罪问题如此严重？

犯罪浪潮的出现似乎空穴来风。俄罗斯刚才还是一个社会稳定、遵守法律的国度，可转眼之间就变成了罪犯横行的乐土。当然，变化并非发生在一夜之间。犯罪迅速滋生的一个原因是犯罪分子在苏联时期就已渗透到社会各个领域之中。

苏联的统治者往往宣称腐败和犯罪是西方资本主义的特征。而事实上，腐败和犯罪在苏联就十分普遍。由于他们假定苏联并不存在犯罪，因此在国家控制的报纸和电视上很少见到有关犯罪的报道。这使得改革后出现的大规模犯罪活动更令人费解。但这并不意味着在1991年之前几乎没有犯罪。A.瓦克斯伯格于1974年至1991年之间除少数几次外出席了苏联最高法院的几乎所有秘密会议以听取关于苏联犯罪状况的报告。“情况总是令人沮丧，”他写道，“犯罪案件上升，特别是恶性案件(他杀、武装抢劫、入室盗窃以及轮奸案)的上升远远超过了发达国家、甚至是欠发达国家多年来的平均水平。所通过并执行了的死刑判决统计数字简直令人毛骨悚然。每次秘密会议后的新闻发布对这些阴暗的事实和数据毫不提及。”

此外，克格勃及其他共产党组织在执行大屠杀时毫不手软，只要能达到他们的目的，干起一般的犯罪活动也从不犹豫。因此，1991年之前的犯罪活动或是被掩盖起来，或是由秘密警察自己干的。

勃列日涅夫当政时期，有两点使得犯罪团伙得以进一步巩固自己的地位：他们与腐败的当地共产党首脑关系紧密；他们对中央计划经济体制所造成的日益严重的匮乏是一种补充，从而也转移了一些公众对共产党在经济上的失败所产生的不满。前持不同政见者L.迪莫费夫在看待苏联的犯罪时走得更远："苏联存在的最后10年中，这个国家在黑市的范围之外几乎没有制造一件产品，没有一项有偿服务不依赖于黑市。"

尽管如此，苏联时期的犯罪分子与他们现在的俄罗斯同类之间还是有所不同。内务部主管集团犯罪的第二号人物G.切波塔耶夫在谈到苏联的老牌黑手党时说："这些人所从事的是一种有着古老传统的行当，可以追溯到十月革命以前。"一个货真价实的俄罗斯帮派头子"从根本上就与法律格格不入"。他从来就不从事正当职业，他不服兵役，也不与警察合作，甚至也没有多少财产。苏联时期，一个小偷被禁止与共产党的组织有任何联系。这并非易事。一个帮派成员说："即使你只有7岁也不得不加入少年先锋队(一种共产党的童子军运动，几乎每个儿童都必须加入)，这简直太过分了。"另一个帮派成员说："即使你一生中仅戴过一次共产党的组织的标志或带有列宁像的徽章也意味着你从此再也不能当帮派头领。"盗窃者被禁止参加工作，因此也就被排除在党所领导的国家所提供的住房、受教育以及其他福利项目之外，因为国家要求人人都必须参加工作。苏联时期，盗窃者甚至无法因偷盗而发财。移居国外的持不同政见者V.查利泽写道："苏联的盗窃者一般来说对聚敛财富不大感兴趣。"帮派收入都放到一个被称为奥布什查克(obshchak)的公积金中，每个人都从中领取同样多的薪水。苏联的盗窃者是名副其实的"法外人"(outlaws)，他们有自己的行为规范，与所谓的"公民社会"相隔绝；他们野蛮残暴并且实行着某种离奇怪异的仪式，就像是属于某个刚被发现的、有着奇特风俗的部落一样。与日本的流氓团伙相似，俄罗斯盗窃者的帮会仪式中甚至包括切掉一个手指或整体文身这类做法。一些类似的帮会习俗一直延续至今。例如，杀手们把凶器留在现场作为标记，认为凶器只能用一次，否则就不吉利。尽管这些黑社会组织处于共产党制度之外，但却与这一制度有着许多共同之处。同苏联社会生活中其他方面的大多数情形一样，他们有组织有计划，高度集中，一个帮派团伙垄断一种形式的犯罪活动，而另一些帮派则控制其他领域。例如，莫斯科有大约20个大的帮派团伙：留别尔特斯基掌管着卖淫活动；勒索大笔的保护费是多尔戈普鲁德涅的专利；英古什控制着走私活动；而阿泽利斯则从事毒品交易。除了这种专业上的分工，还有地区性的垄断，但这通常是一些勒索保护费的小型团伙。城市被划分为十几个区域，一个区域不是由这个就是由那个团伙控制。

这些帮派团伙在一个较稳定的黑社会中活动，他们往往与共产党的各级领导形成一种相互依存的关系。

苏联的黑社会帮派是为数不多的在改革中受益的组织之一。俄罗斯于1992年开始起步、迈向自由市场经济时，犯罪团伙拥有最为便利的途径来获取大量资金。他们属于俄罗斯那些最富有、组织最好的机构团体之列。这使他们得以拥有大量机遇。但改革也打破了旧有的犯罪模式。曾经是财大气粗的帮派团伙现已不再风光，而那些曾挣扎于贫穷之中的帮派却发了大财。突然间，旧有的犯罪模式陷入危机，犯罪团伙也随之陷入动荡之中。旧的生活方式一去不复返了。

江湖义气的崩溃

此时恐怕就是黑手党对俄罗斯国家制度形成最大威胁之时。当时就他们的资产来说，他们几乎可以买下这个国家的所有大企业并从而控制整个经济，但他们未能抓住这个机会。1991年12月底，就在苏联最终解体的前几天，30个犯罪集团头领在莫斯科维捷特索沃区的一幢别墅里秘密集会。他们的议题是黑手党在新生的俄罗斯中的地位，但他们不是计划如何去控制经济，而是把功夫都用于讨论其他一些事情上：如那些无人看守的新边界为走私活动所带来的机会；他们能否像在苏联的秩序下那样在即将到来的政治秩序中贿赂政治家和政府官员；最为要紧的是，来自格鲁吉亚、车臣、亚美尼亚及高加索所有其他地区的新来的帮派对他们的活动所造成的威胁。S.汉德尔曼在第一部全面描写俄罗斯黑手党的著作中写道："这些参加聚会的帮会头领们同意联手对付高加索的来犯者。"

帮派之间的战争爆发了。这既是帮派之间竞争的恶果，也是这种竞争所采取的手段。俄罗斯拥有如此之高的谋杀案发率，这也是其中的一个原因。据切波塔耶夫将军判断，到1994年中，莫斯科的那些弱小的帮派已开始联合起来保卫自己。在曾经掌握着俄罗斯首都黑社会的几十个帮派之中，有十几个开始崭露头角。所谓"犯罪合理化"的进程在继续着。在远东城市哈巴罗夫斯克就可以看到这种情形。这个城市的大部分贸易由一个名叫V.波蒂亚杰夫的人掌握着，当地人称他为狮子狗。这个曾因犯罪行为在监狱中待了18年的人现在拥有他自己的政党、自己的电视台，还有俄罗斯东正教教会主教的一份荣誉证书，赞扬他为慈善事业所做的工作。

一些老的帮派团伙也属于胜利者之列，但并非全部。许多新崛起的帮派与老派截然不同。他们并不向当权者开战，而是与他们做交易；他们贿赂官员并利用政府官员的腐败作为发财致富的手段。他们并不像过去那样依靠帮派共同基金勉强度日，而是大肆炫耀财富，开着载有女人的高级轿车在城里风驰电掣。

克瓦特利什维里家族的命运是表明老帮派的控制权土崩瓦解的一个例证。这个格鲁吉亚家族在20世纪80年代末的莫斯科黑社会中举足轻重。1993年8月，A.克瓦特利什维里和他的3个随从被一帮车臣人击毙。1994年3月，这个家族的头领，前摔交运动员O.克瓦特利什维里被警察抓获。他的审讯证词是一曲冗长的挽歌，哀叹他曾置身于其中的那些老盗窃团伙江河日下。几星期之后，他在走出公共浴室时被狙击手击毙。

一类新的犯罪集团之所以迅速崛起，是因为在刚刚诞生的俄罗斯犯罪的基本因素已不同于苏联时期，这种不同在于国家对经济的垄断已经结束。在苏联，几乎不存在私有财产，没有私营企业，也没有私人承包契约。因此诸如保护公司财产免遭盗窃或强制执行合同等问题并不存在。

私有财产权的确定以及成千上万个私营公司的建立改变了这一切。这类问题突然涌现出来，并且出现在独立的司法体系产生并运作之前。

这就产生了两个结果。首先，犯罪集团作为执法者介入其中。于是大量的雇佣谋杀案，用内务部长维·叶林于1994年所讲过的话来说就是，它们应属于“在商贸和金融活动领域中出于争夺市场而引起的纠纷”。

谋杀案在银行领域极为常见，其部分原因是俄罗斯拥有大量的小型银行(1995年有2 500个)，它们在一个很难执行契约的行业中进行拼死竞争并因此而求助于犯罪集团来索要欠款。1993年，有35个银行家被谋杀，其中许多人都很有名气。1995年8月之前的12个月中，这一数字上升到45人，其中有3人是俄罗斯商务圆桌会议决策机构的成员，而俄罗斯商务圆桌会议是俄罗斯为大公司利益奔走游说的最高级别机构。现在即使是最有威望的工商业家也难幸免。1995年8月4日，谋杀者闯入俄罗斯商务圆桌会议主席I.基维利蒂戒备森严的办公室，他们把镉盐放进他的电话中毒杀了他及其秘书。基维利蒂是俄罗斯最受尊敬的工商业家，他一直在为改善这个国家的政治和商业道德状况而奋斗。

第二个结果就是腐败浪潮汹涌而来。

腐败现象

在克瓦特利什维里死前，他曾对警察说：“莫斯科市行政当局是有史以来最为腐败的一届政府。”腐化堕落现象并不仅限于首都市政府，它已侵入了俄罗斯政府的心脏。

1993年7月，一个已移居国外名叫B.比尔施泰因的俄罗斯商人邀请安全部长和内务部副部长的夫人前往苏黎世进行3天购物旅行(这位商人的公司总部设在瑞士)。叶利钦就此事在他的备忘录中写道：“这些夫人们在那里成批地装运香水、毛皮上衣、手表等物品，简直无所不及，所购物品总数达35万美元。她们带回莫斯科的大件行李票达20张；比尔施泰因的陪同人员西巴科为这些超重的行李支付了2 000美元。”安全部长弗·巴拉尼科夫因此被解职。

政府的规定即使存在，也是摸棱两可，为滥用职权留下许多空当。公职人员收入太低，情绪消沉，对贿赂来者不拒。有上百项政府法规条款被束之高阁，为腐败犯罪大开方便之门。最触目惊心的例证大多来自石油行业，这个部门在经济各领域中一度是规范调整最频繁、也是犯罪情况最为严重的部门之一。

另一个令人震惊的事例出现在广播电视部门。1995年的电视广告权以低于市场价由播音员卖给了中间人，而中间人又以标准市场价卖出并把差价所得揣进了腰包。V.利斯特耶夫是俄罗斯最有名的电视节目主持人之一并主持着几个有关俄罗斯时事的最有威望的节目。他于1995年春被任命为全国电视广播网的首脑。没过多久他就在自己家里遭枪击身亡。这是一种典型的雇佣谋杀，似乎意在阻止他打断这一环扣一环的敲诈锁链。他的被刺身亡引发了公众一片哀痛之声，成千上万的悼念者参加了他的葬礼。

缺乏法律保障和腐败使得私有化过程成了犯罪团伙发财致富的源泉，其部分原因在于当局在匆匆忙忙的私有化过程中几乎没有时间去检查投标者的文件或其现金来源。在下诺夫哥罗德，防暴警察前去保护那些潜在的投资者，意在威吓那些想廉价获取资产的投标竞争者。1994年在萨兰斯克举行的一次拍卖会上，警察没有到场，没有人去阻止犯罪团伙向竞争对手“建议”不要投标。而那些坚持参加投标的人据说都被断肢致残。在车里雅宾斯克，负责安排拍卖的私有化委员会领导人认为是犯罪团伙把他从火车上扔下去的。西伯利亚城市克拉斯诺亚尔斯克于1995年夏季拍卖一个大型制铝企业，至少有13个黑手党徒在这次拍卖活动的争端中被杀。

问题在于：经济犯罪的急速上升在俄罗斯政治和经济的过渡时期是否是一个暂时现象？或者，犯罪集团在新生的俄罗斯是否会像他们在前苏联和意大利那样成为一个根深蒂固的毒瘤？

犯罪仍将大行其道吗？

正如我们已经看到的那样，实行资本主义制度给那些犯罪集团带来了在共产主义制度下所没有的机遇，为他们提供了掌握财产的竞争机会，使他们得以公开露面并结束了集团之间以及他们与共产党特权阶层之间的亲密关系。黑手党人丁兴旺，是由于他们一开始就财大气粗，是因为国家无力去镇压他们，是因为靠犯罪比靠工作过日子更容易也更有油水。

有这些因素，再加上这些帮派团伙的那种秘密并通常是原始的组织形式和仪式，往往使人自然而然地认为俄罗斯的黑手党徒就是一群江洋大盗。他们从属于自己的那个地下世界冒出来，扑向他人，扑向经济领域，就像H.G.威尔斯在他的《时间机器》一书中所描述的那个莫洛克斯一样：莫洛克斯住在地下，时不时地冒出来吞噬地面的生灵。从这个角度来看，商人们不得不支付保护费以消除来自匪徒们的威胁。但事情果真如此吗？D.甘贝塔对西西里黑手党的一段有趣的描述表明事情并不完全如此。

他认为，西西里的黑手党是在一种特殊的环境下发展起来的。政府软弱无力，偶尔行使一下其惩罚的权威，或根本体现不出它的存在。这就意味着那里没有任何合法机构来保障契约、协议以及财产权的实施。没有切实合理的法规和财产权，市场也无法正常运作。例如，假如一个商人要买一块土地或做一桩买卖，他根本无法断定卖者是否确实拥有它。因此商人们无法信赖市场或彼此相互信任。甘贝塔说道，这种缺乏信任的状况对于黑手党的发展来说是至关重要的。

相互信任是自由贸易的润滑剂。没有这种信任，市场就无法正常运作。甘贝塔认为，如果没有信任，寻求保护就成了一种替代品，但这并不是一个好办法并且代价高昂。他引用了一位巴勒莫的养牛人的话详述了这一看法的要点。“当卖肉的找我买一头牛时，他知道我想敲他的竹杠。可我也知道他想蒙我。因此我们双方都需要一个第三者以便达成协议，并且我们双方都拿出成交额的百分之几给他。”这个第三者就是从买卖双方抽头的黑手党徒。

这从根本上就与那种公然的勒索不同，在那种情况下，商人们掏钱完全是为了避免挨打、被抢或被杀。在甘贝塔所描述的那个事例中，养牛人心甘情愿地付钱。一个为政府提供证据的黑手党徒T.布塞塔在

对他的审讯中辩解说这种情况十分普遍。他告诉法官：

……在黑手党家族和有名望的人物周围有很多人与黑手党合作，甚至是不知不觉地合作，尽管他们本身并不是黑手党……就这种关系的性质来说，我不得不强调他们的行为并不是强迫的结果……这就像追求女人：如果恋爱关系能够开始，这是因为那个女人已经开始合作，愿意被人相中；她愿意让人追求。

这就是黑手党在意大利强盛不衰的原因。它已变成了与政府相似的经济执法机构，并且有时在权力真空的状况下被认为是合法的。它已从一个射杀猎物、四处游荡的猎人转变成了一个牧场主，靠它的畜群过日子并且“保护”它。

黑手党的社会功能

当封建领主制垮台之后，黑手党在西西里兴盛起来。在封建领主

制度下，只有为数不多的人拥有私有财产。这些人还拥有使用暴力的特权。当封建制结束时，拥有私有财产的人数突然激增。农民获得了自己的土地，但尽管贵族武装已经衰落，农民并未承袭先前的土地所有者所拥有的那种使用暴力的特权。而封建制之后的新国家政权也未获得使用暴力的垄断权。这种情景与苏联解体之后的俄罗斯十分相似。在前苏联，谁也没有私有财产。俄罗斯的私有化规划赋予所有人以购买国有资产的权利，而且所有权可以转移到任何愿意投资的人手中。到1995年，俄罗斯一下子拥有4 000万新的私有财产所有者。与此同时，像共产党、克格勃、警察以及军队这样一些拥有使用暴力垄断权的机构全都垮了台。

甘贝塔据此得出结论说，在俄罗斯和意大利，这种状况的“后果就是人们对丧失财产和遭受蒙骗的担忧大大增加，同时人们对可信性的要求也相应增长，即信赖他人以及任何有能力落实财产权的人”。

俄罗斯的犯罪集团也声称自己并非强盗，而是为他人提供服务的人。两位在克鲁泡特金斯卡雅地铁站外为人刷洗轿车车窗的小姑娘描述了这种情景：

> 这里的红绿灯变得较慢，所以你就能多刷几辆车。不过我们得向那几个大小伙子交保护钱。其中一个叫花花公子……他确保大人不会抢走我们的钱，而且还赶走其他来这儿抢我们生意的人。沿着这条路再往下走一点儿，有两个小伙子在路堤旁边的十字路口干活儿。他们每挣100卢布，就给交通警察交25卢布。他们不来骚扰我们，因为花花公子跟他们有交易。

换句话说，花花公子并不只是勒索这两个小姑娘，也就是说，他这样做不仅使她们免受他本人的威胁，而且也使她们免受小偷、其他竞争者以及收受贿赂的交通警察的威胁。

在西西里，封建制度垮台后没有出现任何名副其实的政府去满足突然出现的几百万新财产所有者的那种保障其财产所有权的要求。黑手党应时而生。在俄罗斯，虽然还有一个政府，但情况恐怕更糟：政府加剧了这种普遍的不安全感。在通过法律保障财产所有权方面，政府动作迟缓。直到1995年3月，包括新公司法的一部新的民权法典才问世。营业许可审批权以及其他政府审批权制度成了滋生腐败的温床。彼·阿文是叶利钦的首任外贸部长，后来担任阿尔法银行总裁，他解释了这种权力的实际意义："比如说，在一个晴朗的日子里，你的那家无足轻重的银行被授予管理预算基金的权力；要不就是出口石油、木材或天然气的额度极为慷慨地划拨到你的公司名下，而你的公司却与生产毫无关联。换句话说，这等于你受命当上了百万富翁。"在西西里，构成贵族私人武装的那些家丁充当着一种"卫士"的角色。与此相似，俄罗斯的那些退出现役的士兵、警察和克格勃特工在他们与旧政权的联系被经济改革和新政治制度割断之后，也开始竞相出售他们的技能。俄罗斯新贵的那些四处可见的保镖中，大多数是先前的士兵或安全部门的雇员。弗·古辛斯基是俄罗斯最富有的人之一，他雇用了一支超过1 000人的私人保安队伍。为他工作的这些人中有一个人叫菲·博布科夫(作为顾问，而非安全保卫人员)。博布科夫是前克格勃副主席，是臭名昭著的第五处处长，这个处曾一手操办了勃列日涅夫打击持不同政见者的行动。

这并不是说黑手党像保险公司那样提供真正有利于公众的服务，而是说人们发现与黑手党合作有利于他们的个人利益。这也不是说这种服务是黑手党唯一的活动；黑手党徒还从事敲诈勒索、走私毒品、伪造证件、非法买卖武器以及其他许多犯罪活动。但这些活动并不足以使黑手党具有目前这样的规模。情况之所以如此是因为人们自愿与黑手党合作，是因为它履行着一种必要的经济功能，而除黑手党之外没有谁能履行这种功能。正因为如此，黑手党才在意大利或俄罗斯巩固了自己的地位。黑手党既从犯罪活动中，也从信用危机中谋取钱财。

能战胜黑手党吗？

西西里黑手党的例子表明，假如一个国家的财产所有权突然发生变化，财产在不同的所有者之间发生戏剧性的转移，而执法机构又软弱无力，那么有组织的犯罪便迅速扎根蔓延。这种情况与俄罗斯的现状相符。

但情况也有所不同，其中最主要的因素就是时间问题。俄罗斯的黑手党出现较晚，而西西里黑手党则较紧密地融入当地社会生活之中。俄罗斯的犯罪集团已经与政治家、公职人员以及商业界人士建立了联系，这使得扫除这些犯罪集团变得十分困难。但这些联系，就其大部分来说，都是新近建立的。几乎没有多少重又回复到前苏联的那种犯罪模式。与此相反，在西西里，犯罪集团与现存秩序之间的联系已经存在并发展了几十年甚至上百年。

这两者之间的另一处不同就是：使犯罪在俄罗斯迅速增长的最有利条件源自政府在经济改革初期的失败，即未能有效保护私有财产权以及同时存在的经济特权，这种特权是以审批经营特殊产品的额度和执照的形式出现的。这就意味着，巩固财产所有权制度，进一步取消经济特权以减少腐败现象以及建立合理有效的执法体系，就能够大大削弱俄罗斯的黑手党。如果商人能够信赖市场，能确保合同得以执行，相信价格不被扭曲而是真正的自由价格，那么对黑手党的那种“服务”的需求就会逐步减少。

前一章考察了为进一步深化经济改革和改善市场运作还需做些什么。在这里我们将提出所需做出的最后一项变革：这就是战胜黑手党所必需的立法和司法体系的改革。

在犯罪率急速上升的1990年至1993年间，警察用的是毫无获胜希望的粗陋武器去对付那些财大气粗、开着高级轿车并且装备精良的匪徒。1993年中期，警察每月的工资收入是3万卢布，这在当时相当于30美元，低于大多数产业工人的工资，甚至低于小商贩通常所支付的保护费。因此警察们那令人咋舌的腐败状况便不足为奇了。莫斯科警察部队的首脑透露，1994年，他的人中有95%收受贿赂。首都警察局长Y.尼基辛也支持这一看法并声称:“每一个犯罪分子都与警察和官员的较高层有联系。我估计在本城那些并非正式警察的治安联防队员中大约有90%的人收受贿赂。再往上查情况会好一点，在中级警官当中可能有15%的人收受贿赂。”内务部主管经济犯罪的部门负责人Y.诺维科夫说越年轻的警官就越糟糕；他们加入警察这一行当就是看中了这种受贿机会。对新招募人员实际上没有什么背景调查，因此犯罪集团可以十分轻易地就把他们的人送来当警察。1992年，2 000多名警察被指控有犯罪行为。既然他们原是警察，与检察官员息息相通，所以这个犯罪数字最多也不过是他们实际犯罪数字的一小部分——这在全世界都是一样的。总统顾问菲利波夫认为要使警察机构都廉洁奉公，唯一的办法就是从头开始，就像1945年美国在日本所做的那样。他建议解雇所有在职警官并雇用成千上万正在寻找工作的那些退役老兵。

然而由退伍士兵一揽子取代警察的设想并未实现。到1995年，警察的状况出现了改善的迹象。在1994年的政府预算中，用于执法机构的费用大大增加，警察的薪水增加了一倍。用于武器装备的开支也增加了，这使得警察能够驾驶着小轿车以同样的速度追踪那些驾车逃逸的罪犯，而以前碰到这种情况，有时竟要用公共汽车做交通工具，根本无法追击逃犯。实行这些措施恐怕对犯罪数字略有下降起了一定的作用：1994年和1995年重大犯罪案件的增长率有所减慢，而破获案件的比率则从1992年的47%上升到60%。

司法部门说起来原本恐怕要更糟一些，而改革的进展又缓慢得多。共产党当权时，法官听命于当地党的书记，他们在做出判决前要征求书记的意见。现在他们开始有了一些自主权。1994年，在6.5万声称被非法投入监狱的人中，有1.3万人由法官宣布无罪释放。但共产党统治的结束并未使司法机构获得真正的独立，尽管议会通过的法律要求制裁任何干扰司法部门公正裁决的机构和个人。然而俄罗斯的法官收入微薄，共产党统治的结束使他们难以抵御威胁和贿赂的诱惑，使得犯罪团伙得以利用法律为武器来达到他们的目的。

俄罗斯宪法规定法官通常由总统来任命。而实际上在1995年，大多数法官仍由地区执政官来任命。地方政府往往为法官们提供廉价住房、电话，甚至还有假期以弥补他们那微薄工资的不足。

按西方的标准来看，俄罗斯的法官权力太小，而检察官的权力又太大。在大多数西方国家，检察官负责起诉被告，法官则负责审判本身。但在俄罗斯，是检察官而非法官来确保审判得以“公正”地进行。俄罗斯宪法规定只有法官有权发出逮捕令。而实际上在1995年，检察官们仍在发布逮捕令而无须任何人的同意。俄罗斯检察部门通常设有“监察”部，在工厂、学校以及商业部门安插“监视者”。

1991年至1995年期间，俄罗斯的律师人数总的来说少得可怜，这是由于法律这一职业在俄罗斯地位较低。1995年，在俄罗斯1.48亿的总人口中，检察及公诉人员只有2.8万人，个体从业律师有2万人。而美国当时总共有80万律师，是俄罗斯的17倍，而人口却不到两倍。俄罗斯这5万律师队伍远不足以使法庭正常运转。

共产党的垮台使得司法机构陷于软弱无力状态，于是经营者们转而求助于犯罪集团而不是求助于法院来执行合同或解决纠纷。菲利波夫在他的报告中就此问题最后说道：“整整一代人正在崛起……他们在这种情况下不是寻求官方权力机构的帮助，而是诉诸非正式渠道来解决问题。这些人更可能雇用一个杀手来惩治那些不规矩的、甚至仅仅是让人讨厌的合作伙伴而不是寻求法庭帮助或诉诸仲裁。”

俄罗斯政治家们认识到司法机构的软弱无力，于是便大力提倡以严刑峻法来对付犯罪活动。1993年，叶利钦命令将所有“未登记的侨民”都驱逐出莫斯科，这一行动所针对的是那些来自车臣以及高加索其他地区的犯罪集团。1994年春，他又发布了一道打击集团犯罪的命令，这道命令违反了宪法中要求嫌疑人在被捕后48小时内必须受到起诉、否则应立即释放的条款。反间谍机构负责人在驳斥那些对他的机构发起的反集团犯罪运动的批评时说道："至于说到人权会受到某种程度的侵犯，这恐怕是真的，但也只有这样做才能保证99%的公民权益不受侵害。"

这样一些措施对尊重人权来说有不利影响。但必须承认，其他国家在面临集团犯罪的挑战时也曾采用过非常措施。例如，意大利就颁布过行之有效的反黑手党法令，其中包括赦免那些检举同伙并为当局作证的罪犯。

然而从长远观点来看，几乎每个人都认识到最根本的解决办法就是建立一套稳定公正的法律体系，并由真正独立的法院来司法。这一点正在逐步取得进展。1994年，那些解决商务纠纷的所谓仲裁法院成了名副其实的法院，也就是说成了司法体系的一个部门。在此之前，这种法院根本就算不上法院，只不过是政府的一个部门，而那些主理法官都是一些政府公务人员。商人们现在比以前更经常地去这种法院解决他们之间的纠纷。

接着在1995年初，俄罗斯朝着"法治国家"迈出了具有重要意义的两步。2月13日，一个新的宪法法院恢复了工作。旧法院在1992年至1993年总统与议会发生政治争端期间被废除了，而旧宪法法院主席则在一片争议声中把宝押在了旧议会一边。新宪法法院主席弗·图曼诺夫在前苏联时期多年来一直是研究"资产阶级(西方)法律"的教授。与美国的最高法院相似，俄罗斯宪法法院的主要职责是决定法律条款及政府的所作所为是否符合新宪法。

俄罗斯所采取的另一个重要步骤是在一个月之前，当时一部新的民法开始实施。这是一部有650个条款的法律。几乎从一开始，它就以法律形式规定了对于市场经济正常运作来说最基本的经济关系，即那些关于合同、所有权、财产权、知识产权、继承权以及国外法律的适用范围等法律条文。这部民法经历了3年的修改过程，在这3年之中原有的一些具体法律条款已彻底改头换面，一些新的法律条文诞生了，其中包括关于所有权和财产权的规定，并且早在1992年7月就决定把旧有的改革时期的一套法律并入俄罗斯法典之中，当时那套法律叫做民权法的基本原则，它更新了四分之一个世纪前所制定的旧民权法。

俄罗斯现在拥有可以称之为第一代有关公司、抵押、合股商会、租赁、所有权、专利权以及外来投资权的法律。假如这些法律得以正常实施，那么就能够创造一种新的信用环境，使企事业家们无须依赖黑手党的那种“服务”。但这能否实现还需时间的考验，并依赖于司法机构的不断完善。

认为法制体系能够成功实行的主要根据是，在俄罗斯存在着要求成功地实行法制的压力。这种压力相当大，虽然往往被人们忽略。形形色色的商人和企业家都出于各自的利益逐步认识到合法经营的好处。“每一个黑手党徒都想把自己经营的产业传给自己的子孙，”俄罗斯最大的资金管理公司之一阿尔法资本投资公司的董事长Ⅰ.斯莫尔金说，“黑手党过去曾十分强大，因为俄罗斯没有私有财产，这就意味着人们获得商品的途径是通过关系和恐吓。现在有了私有财产，而黑手党也将成为财产权的最强有力的维护者。”这种情形也曾出现在美国的一些地方。犯罪集团在建立起庞大的商业帝国(如B.西戈尔在拉斯维加斯创立的赌博业)之后便改邪归正并寻求法律保护以免受后来兴起的那些无法无天的匪帮的侵害。

俄罗斯似乎也正在出现类似情形。1994年12月，俄罗斯最大的银行之一莫斯特银行的总裁弗·古辛斯基率领着俄罗斯工商界头面人物在克里姆林宫召开了为时一天的俄罗斯企业家大会。正如一位美国观察家所说的那样，全体到会人员众口一词，称不管外界怎样看，新一代企业家渴望实现法律保障下的秩序；混乱无益于这个国家，也无益于商业经营。

古辛斯基声称新浪潮的到来表明俄罗斯工商业从非法到合法的过

渡。他解释道:“第一次浪潮始于那些100%的创业者。他们之中的许多人设法挣到了一些钱，然后就把钱藏起来……我估计这些挣到了钱的人中大约有80%出了国，我把这叫做暴富浪潮。他们之所以出国是因为他们不信任政府。”这是在共产主义政权尚存的最后一刻挣到了钱的那一代人，在当时的政治气氛下人们对私有财产不屑一顾，这还是最好的情况，而最糟的情形便是将其视为犯罪。他们是四五十岁的那一代人，用现在俄罗斯商业界的标准来看他们已经过于老化了。

“第二次浪潮充斥着野蛮与犯罪。这代表着那些在贪婪攫取的浪潮中涌入市场的一代人。而我们则不得不收获他们的非法活动所结的果实。”他们从共产党垮台后出现的混乱与腐败之中获取暴利。这一代人大多30多岁。

“第三次浪潮则不同，”古辛斯基说道，“这里没有非法行为。一代年轻人就在近两年之中崭露头角。他们无所畏惧，从不涉足犯罪。他们是普通人，精力充沛并受过良好的教育。”他们之中包括俄罗斯的许多首富，他们觉得法律和秩序符合他们的利益。情况正如一位商人L.温伯格所形容的那样:“我还从来没听说过百万富翁会从小偷那里偷东西。”

因此，俄罗斯的法律原则拥有广泛的基础:有许多好的法律以及使其付诸实施的切实利益。“我们正在朝着法制国家的道路上迈进，”圣彼得堡的一位检察官说道，“但我们尚未达到那一目标”。俄罗斯人仍然需要相信法律是有益的，或至少是无害的，但这一点部分依赖于更进一步的司法改革，部分依赖于公正地实施现有法律，而另一部分则依靠建立一套合理稳定的宪法体系。这最后一条是一个政治问题，是建立一个合理的政治秩序的问题，而这就是以下两章的议题。

第九章

政治僵局还会出现吗?

法律战争 · 宪法：1977—1993 年 · 危机中的表演者 · 妥协的尝试 · 公开的冲突：1992 年—1993 年 10 月 · 摊牌：1993 年 10 月 · 结局：1993 年 12 月 · 评价

1991 年 8 月共产党人的反抗失败后不到两年，坦克又开上莫斯科街头，俄罗斯议会大厦被炸成冒着缕缕青烟的废墟，几百人在冲突中丧生。这一章将考察暴乱发生的原因并估价再次出现制度危机的可能性。

对俄罗斯和西方的许多人来说，这种冲突证明政治动乱是俄罗斯的一种通病。他们坚持说叶利钦政府极不稳定，只能用武力来维持政权。对十暴力曾有助于政权稳定这一点，人们似乎都持怀疑态度，因此顺理成章的说法是俄罗斯不是滑向一种新的独裁统治，就是再次经历政府与反对派之间的另一回合的暴力冲突。本章将对这些论点提出质疑，并以所谓暴力是俄罗斯的通病这一论点为起点。

以俄罗斯 1990 年 6 月的“主权宣言”起始，历经共产党强硬派反戈尔巴乔夫政变的失败，一直到 1993 年 12 月民众赞同通过新宪法为止的这一段时期，在某种程度上可与美国历史上从独立宣言的颁布，经过独立战争到1787—1789年围绕宪法所进行的政治斗争为止的一段时期相提并论。这是一个民族诞生时的阵痛，它将争取独立的奋斗与建立新政治秩序的斗争结合在一起。

俄罗斯的这种革命性的变革在某种程度上被掩盖起来，这是因为总统本人以及他手下的许多部长和官员在旧政权中官居高位。但总的来看，俄罗斯所经历的是一场真正的革命。这场革命面临着三大使命：建立市场经济，创建民主制度以及第一次建立一个民族国家而非一个帝国。这场革命试图同时解决这三大问题。政权体制要从一个被拥有垄断权力的强大政党所控制的专制国家转变为以民主形式行使权力的民选政府。这个政府对国家的经济体制实行急剧的变革并肩负起世上前所未见的财产再分配这一极为激进的使命。俄罗斯还失去了先前的帝国，戏剧性地改变了其国土的形状。前苏联人口的一半被划分出去，组建了另外一些独立国家。

就这一变革的巨大规模来说，俄罗斯的权力转移过程并不那么暴烈。1991 年 8 月的政变中有 3 人被打死。1993 年 10 月在莫斯科发生的冲突中有大约 200 人丧失了生命。而后来车臣这个俄罗斯联邦的偏远角落利用共产党统治垮台的机会宣布独立，在这场冲突中有几千人丧生。相比之下，在俄罗斯 1917 年革命之后接踵而至的是历时 3 年的血腥内战。法国革命和中国革命甚至更为暴烈。为争取独立或为建立新的政治秩序所进行的斗争很少像在俄罗斯那样平静。

然而，把历史发展进程中暴力的作用斥为无足轻重也是不对的。实际上，它在共产党之后的俄罗斯政治中起着相当大的作用。因此，提出这样一些问题也就显得十分重要了：首先，暴力为什么会发生？它对新生的俄罗斯有什么作用？

答案起源于 1991 年 8 月俄罗斯政府当时的状况。从前苏联的废墟上崛起的独立国家体制极为虚弱，简直弱不禁风。当时最为直接的威胁是俄罗斯面包短缺，情形就像 1917 年以及斯大林开始实行中央计划体制的 20 世纪 20 年代末期那样。政变之后一周，负责供应食品的俄罗斯采购部所购买的粮食急剧下降到了未遂政变前的 1/4；政府当时仅仅剩下5个月的粮食储备。政变的失败几乎摧毁了共产党的权威以及国家机构。军队和克格勃当时处于最软弱的状态。人们毫无顾忌地从军营里偷走武器，那些高级军官们则由于国防部长和克格勃头子参与这次未遂政变而缄默不语，拒不参与国内政治活动。叶利钦在这紧迫关头加紧努力，既要防止政府垮台，也要防止国家(像后来所发生的那样)发生分裂。

西方人不理解这一点有两个原因。50多年来，人们从小形成的观念就是：苏联是一个稳定的超级大国，拥有一支庞大的军队以及一个极权主义政府。而实际上，苏联从一个超级大国蜕变为一个二流国家的可能性从一开始就存在。1947年，后来任美国驻莫斯科大使的G.坎南曾争辩说："假如……作为政治工具的共产党被削弱、党内的团结和效率遭到破坏的话，那么苏俄就会在一夜之间从最强大的国家之一变为一个不足挂齿的弱国，一个最令人同情的民族实体。"而这正是1991年的真实情况。

共产党人把党视为国家。苏联宪法规定，共产党是"苏联社会的领导力量"。只要党是强大的，那么国家也就强大。而党一垮台，国家也随之解体。

在某些方面，俄罗斯甚至比其他前苏联加盟共和国的境况还要糟糕，这是由于俄罗斯连形式上的、可供依赖的地方党的机构都没有。为了清除俄罗斯民族主义，布尔什维克并未赋予俄罗斯人以其他民族所享有的那种国家形式。其他加盟共和国都拥有自己的共产党组织、克格勃、科学院以及其他明显的国家标志。不管如何自欺欺人，这些机构实际存在并且拥有有限的自由。而问题在于惟独俄罗斯什么也没有。俄罗斯自己的共产党组织直到1990年才建立。俄罗斯没有科学院，没有内务部，没有警察，没有工会，也没有电视台。研究苏联问题的著名法国历史学家H.卡莱尔描述了苏联压制俄罗斯人的典型特征："苏联的图书馆里有关第二次世界大战的书籍比比皆是，如《卡拉卡尔帕克人在第二次世界大战中的贡献》、《乌兹别克人在第二次世界大战中》

等等。一个民族无论多么小，都会有一个本民族的机构来颂扬他们的荣耀和功绩，而惟独俄罗斯例外……俄罗斯人似乎根本就不存在。”

因此当俄罗斯变成一个独立国家时，叶利钦别无选择，只能接管那已声名狼藉的前苏联政府机构。俄罗斯议长鲁·哈斯布拉托夫抱怨道：“其他加盟共和国比俄罗斯联盟的独立性大得多。俄罗斯本身那可悲境地与无权状况是中央政府奉行特别政策的结果，这一政策使俄罗斯联盟共和国‘消融’在全苏的共产党组织、经济体制以及政府结构之中了。”

西方对国家政权如此软弱无法理解的第二个原因是人们已经习惯性地认为俄罗斯政治反正不可理解。丘吉尔曾说，俄罗斯政治“就像在毯子底下咬成一团的叭喇狗，毯子时不时掀开一下，好看看谁是得胜者”。丘吉尔对克里姆林宫的这番恰如其分的描述表达了人们对俄罗斯政治的一般看法。谁也不清楚他们之间谁得了势，谁失了宠。尽管无法弄清谁在当权，但可以肯定有人在掌握着权力。

因此在1991年至1993年期间，虽然没有人能说得清谁在当权，可局外人还是都认为总有某个人掌握着权力。俄罗斯政治家们自己也鼓励了这种看法，他们就像自然一样惧怕(权力)真空。猜测谁大权在握或宣称谁已当权成了国民津津乐道的话题。曾为苏联工业巨头们游说的阿·沃尔斯基于1992年7月言之凿凿地说：“权力属于那些拥有金钱和财产的人。目前不是政府、而是那些工业管理人员拥有这两者。”而事实上，就在当时，沃尔斯基却无法阻止他所不喜欢的有关俄罗斯工业私有化的政府计划；别的工业家对他自称为工业家领袖都不以为然。在1993年的大选中，沃尔斯基的政党连议会中的一个席位也未得到。

简而言之，当叶利钦成为独立的俄罗斯总统时，他在其他一些同样无权无势的政治集团那一片要求掌握权力的叫嚷声中所面临的是一个权力真空，也没有现成的行政机构可用。然而恐怕正是这种状况激励着他去实行激进的改革。他的政府不具备应有的权威通过诸如实行配给制或强制产粮地区上交粮食等手段以解决面包短缺危机。[①]

但这同时也意味着，新俄罗斯政府从一开始就不具备民主政治的两个基本特征：有效性与合法性。合法性要求要使人民相信现存政治机构是这个国家的最佳选择，这不仅仅是对那些拥护政府的人而言，更重要的是要使反对派也信服。叶利钦并不具备这一点。尽管他个人通过1991年选举被委以权威，但他的对手却越来越经常地否定他的执政权。早在1992年春，他们就开始把他和他的政府各部称为“俄罗斯的叛徒”、“第五纵队”以及“美国的代理人”。这已经远远不止是用于营造政治影响的夸张手法了。

更令人担心的是人们怀疑政府的有效性，即怀疑政府能否实现大多数居民的期望。正像经济改革开始后的几个月中一再证明的那样，政府的行政权力仅限于废除共产党时期的约束。通过废除共产党时期的价格限制来开始经济改革的决定就是一例。对政府来说十分不幸的是，这一举措大大降低了人民的生活水平，几乎超出了任何人的想象，使政府大失民心。不久就显而易见的是，警察、法院以及其他司法机构无法遏止犯罪浪潮，无一例外。而腐败官员则为犯罪推波助澜。因此国家机构无法行使其基本职能之一，即提供法律和秩序。

1991年末，俄罗斯的现状成为托克维尔所描绘的普遍丧失合法性的图景的一个最好例证。“有时在一个国家的历史上会出现这样一个时期：人们改变了旧有的习惯，公众的道德标准被摧毁了，宗教信仰动摇了，传统的魅力已不复存在……国民既丧失了对君主的那种本能的忠诚，也没有对共和国的那种带有理性的热忱……他们驻足于这两者之间，陷入迷惘与苦闷之中。”俄罗斯在共产党的未遂政变之后正处于这样一种状态，徘徊于民主与专制之间，共产主义信仰已被摧毁，公

①叶利钦只有一次试图宣布紧急状态，那是在车臣共和国刚刚宣布独立以后。议会否决了他的提议。他这次尝试的失败对今后有着深远的影响。——原注

众陷于信念混乱之中。

接下来的两年是争夺权力的斗争史，但这并不是从某人手中夺取权力，而是从无到有地建立强权地位的竞争，争取首先进入政治权力真空的竞争。

这一点被伪装成经济改革问题之争，伪装成总统与议会之间的权力之争。这些当然是实际问题，但在1991年至1994年间就这些问题的论争其实是一些假象。在经济问题上的争论并非集中在两种同样可取的经济政策上。政府中有部分人清楚地明白需要做些什么以及需要什么样的计划去实施。议会没有其他选择，只是一味拖延实行变革。真正的问题实际上在于是否能从根本上改革经济。政治领域的情况与此相似，议会与政府的争端并不仅仅围绕着该哪一方来领导以及该哪一方去实施。斗争的实质在于谁能长久在位以改变现状。使情况更为紧迫的是，这并不仅仅是议会与总统双方之间的斗争，同时还是涉及俄罗斯各地区问题的三方斗争。各个地区把他们的问题也加了进来，这不仅仅是中央和地方政府的关系问题，而且对俄罗斯能否作为一个完整国家存在提出疑问。

法律战争

权力真空所造成的最大问题是没有人去理睬国家法律和法令。在西方，人们理所当然地认为一条法律一旦通过，就会被执行或就应当被执行。可在俄罗斯不是这样。“我见不到来自莫斯科的法令，”一位官员在距莫斯科500英里的鞑靼斯坦共和国说道，“也许这些法令被送到了办公室并被登记归档放在了某处。我们确实已经忘了还有这类事情。我们只执行我们的总统(即鞑靼斯坦共和国的总统)发布的法令。”这种现象并非仅限于诸如鞑靼斯坦这类热衷于嘲笑克里姆林宫中央政府的那些离经叛道的共和国。1994年8月曾发生过一段有趣的插曲，当时一些反政府人士试图组织一次政府反对的全民公决，有人引用了司法部的一位公职人员的话，这位公职人员竟然建议俄罗斯人暂时抛开关于全民公决的法律条款，说政府在这一特定时刻不愿意想到存在着这条法律。具有讽刺意味的是，叶利钦在1990年正是用这条法律把总统制引入俄罗斯的。当切尔诺梅尔金于1992年末任总理时，他首先采取的一个行动就是向各部部长发布指示，要求他们切实执行政府指令。但这毫无作用。他曾于1994年抱怨说他向自己的部长发布了296条指令，但只有156条得以执行。

就法律上的这种混乱来说，其最主要的原因首先是有太多的人发布指令。俄罗斯不仅仅有议会颁布的法律，还有法令、指令和指示，这些法令、指令和指示通常都具有法律效力。根据旧宪法，可发布法令和指令的名单上包括总统和副总统、总理和任何一位副总理以及议会的四位最高领导人。除了全俄以及地方议会所通过的法律之外，官员们在执行时还要加上这些法令和指令。

这种体制制造出令人难以置信的决策混乱。1992年，总统发布了1 727项法令和811条指令。副总统发布了7条指令。在议会方面，人民代表大会发布了59条法令外加两条法律；最高苏维埃颁布了112条法律(附带85条法令)以及290条法令；70条法令来自少数民族院，41条出自共和国院；最高苏维埃主席发布了66条法令，而他的两位副主席发布了20条——来自中央的法律决策条款总共达3 290条。除此之外，每星期由地方权力机构发布的法律、指令和各项规定据计算达40 000条。1992年俄罗斯有大量的事情要做，但每天发布166条法律就十分荒唐了。

许多这类法律指令行文粗糙毫不足奇。1993年7月，总统执政班子首脑(叶利钦的总管)谢·菲拉托夫承认那些法令起草撰写得并不得体。1994年6月，叶利钦在解除政府秘书班子总管时抱怨说政府通过了“那么多糟糕的文件，要修改好就得用半年时间”。

问题还不仅仅在于这些行文混乱的法律和法令的数量太大，更糟糕的是所颁布的许多法令并未依据现有法律，而是一些随意拟就的决定。法律程序根本不存在。也正因为如此，我们将看到围绕着法律和法令是否合法的争端层出不穷。

即便所有的法令法律都相互一致毫无冲突，那些负责执行法律的人也不会轻松。就是政府本身也无法协调一致。切尔诺梅尔金在对内阁的一次讲话中说，1993年上半年有167个各部指令与总统或其他政府指令相矛盾。1994年11月，总统解除了总理第一助理的职务，指责说“在总统给政府的300条指示中，只有10%得到执行”。

在政府与议会的关系方面，情况简直是灾难性的。从外交政策上就可举例说明。议会于1993年撕毁了苏联垮台后所定条约中俄罗斯所承担的国际义务的条款，并宣布乌克兰的塞瓦斯托波尔港为俄罗斯领土。总统被迫宣布自己及其政府与俄罗斯议会的行为无关。俄罗斯政府采取了一个在国际关系事务中前所未见的举措，即支持联合国安理会关于谴责俄罗斯议会的决议。

最后，干脆还有一个能力问题。政府官员们力图一举完成所有工作，每天工作16小时，每星期工作7天。似乎没有人想过除彻底累垮之外该怎样把自己的工作做好。情况已经严重到了叶利钦(前职业排球教练)不得不命令他的部长们定期踢踢足球或打打网球以保持健康。

宪法：1977—1993年

在民主制度下，宪法被用来解决围绕着法律权限所引起的争端。经历了时间和实践的考验，宪法就成为衡量政权机构基本问题的尺度：如应由谁来掌权？他们应拥有哪些权力？在俄罗斯，宪法没有这类功能。

俄罗斯现行宪法可追溯到1977年俄罗斯成为一个独立国家之时。从字面上说，这部宪法使俄罗斯成为一个国家，其议会是至高无上的，这一点与英国相似，而非像有的国家那样总统与议会分享权力。前苏联宪法是以“一切权力归苏维埃”这一列宁的训诫为基础的。“苏维埃”

在俄语中的意思是"会议"；苏维埃是民选会议，存在于每一个城镇和地区。在这一阶梯结构的顶部端坐着最高苏维埃，这个主要立法机构从人民代表大会代表中选举产生，一年仅举行几次会议并且是唯一的可修改宪法的机构。在这一结构之上，叶利钦建立了总统制并于1991年在大选中获胜当选总统。就其条文来说，总统和政府都在议会管辖之下。

和美国总统比起来，俄罗斯总统并不负责日常政府管理工作。日常工作由总理负责。总统提名总理人选，而议会则必须批准他的提名。总统可以否决议会通过的法案，而他的否决由议会的简单多数票就可以被推翻(在美国推翻总统的否决需要2/3的多数票)。总统没有解散最高苏维埃的合法权力。这一限制对后来事情的发展有着重要影响。一句话，议会拥有最高权力。

人们可能会认为这很正常。而实际上这里却存在着一个问题。所有的民主国家，无论其体制有什么不同，都要求政府与议会之间实现某种平衡。政府应使这一体制高效运行；议会则使这一体制具有代表性并取得公众的支持。政府和议会都是必需的。如果政府压倒了议会，就会有出现独裁政治的危险；如果议会压倒了政府，那危险就是人们什么事情也办不成。就是在英国这样一个议会体制的样板国家，议会也未压倒政府。议会与政府相互影响、相互交织。

俄罗斯的情况并不是这样。就其表面意义来说，议会确实占着上风。俄罗斯的政治家们认识到这将是一个潜在的问题，于是采取了一种策略以避免出现僵局。1991年11月，议会赋予总统为期一年的实行紧急状态的权力以便推行经济改革。这使总统能够推行私有化政策、修改贸易法规以及独立作出许多其他决策。但一年之后，议会就可以剥夺他的这些权力。

只要没有相关的法律，总统的指令就是有效的。一旦议会通过了有关法律，那么这些法律就取代了总统的指令。这种状况使得所有那些涉及议会议题的指令都受影响。一个不喜欢某项总统指令的地方官员可以采取拖延战术，其理由就是议会即将通过有关法律，而这种现象经常发生。例如在1993年10月，一位新西伯利亚市的官员为他们的城市拒绝推行私有化政策辩解说“关于这个问题在莫斯科还没有定论”。即使议会并未就某项法律进行讨论，无论哪个官员，在面对一项他所不喜欢的总统指令时，都可以推迟执行并指望或早或晚会出现一项与此相矛盾的法律。这种情况还往往成为现实。简而言之，地方官员可以从来自莫斯科的决策中挑选那些他们喜欢的去执行而不去理睬另外一些。那些偏向政府的人执行指令而不理睬法律；而那些支持议会的人则不理睬指令。这一所谓的“法律战争”通过政府与议会之间的鹬蚌相争为增强地方权力提供了机会。

事情似乎还不仅此而已。宪法本身未能明确划分行政权和立法权，这成了政府与议会之间就权限问题所进行的无休止争论的根源。直到1994年，中央银行还向议会报告其执行金融政策的状况。由于政府与议会势不两立，这就使得中央银行能够执行一种经济政策而政府却又执行另一种更为严厉的政策。这也为1991—1993年之间所发生的经济灾难提供了催化剂。

政治家们需要力争的东西如此之多，因此也就难怪他们无法圆满解决争端了。但他们的失败却在改革初期给民主体制的流产火上浇油。在《稳定、变革以及民主原则》之中，耶鲁大学教授R.达尔说道，要使民主体制起作用，最基本的问题是政治家们要献身于民主进程。

他们的信念必须更坚定，更意识形态化并且比起一般选民来说更热忱地忠于政治游戏的法则。民众是民主航船上的压舱石，而政治家们则给这条航船指引方向。

随着时间的推移，达尔说道，两者之间开始发生相互作用。政治家们理解了选民们的意愿，而选民们也接受了可能出现的结局。所有的人都接受了已确定了的权利与责任制度。这就是在通常的民主体制下所出现的情况。但在俄罗斯，这种情况并未发生。职业政治家相互之间分歧太大，而且往往并不忠于民主理想。

危机中的表演者

1993年夏，当总统与议会的斗争处于白热化时，俄罗斯各种政治力量此消彼长如下：

首先是议会。宪法规定议会是政治权力中心。议会通过的法律高于一切。但它在公众心目中并没有那么大的权威。1990年至1993年间所发生的政治变革如此迅疾以至于议会的权威很快就丧失了，而最近当选上台的人则拥有最为合法的权力。俄罗斯于1990年初举行议会选举，这恐怕可以说成是另一个叶利钦时期的到来。自从他于1991年6月当选为俄罗斯总统而首次成为全俄罗斯的领袖以来，他的权威被一再肯定。1991年6月，他通过直选当选总统；1991年8月，那次未遂政变进一步加强了他的权力；1993年4月，他在一次就他作为总统的执政表现及其政策所进行的全民公决信任投票中获胜。叶利钦在台上，选民们心里就大致有了底：他所奉行的是改革政策。与此相对照，议会却不那么明确。1990年以前，议会是停滞和僵化的象征：代表们一年两次驯服地以几百票对零票通过共产党的决定。接着，在那急剧动荡的1991年8月，议会与那些垂死的旧政权的复辟力量相抗衡，成了民主抵抗力量的象征。1992年至1993年期间，议会又发生变化，那些对前景心怀疑虑的老政治家们一步步从那些支持总统的改革者手中夺走了立法程序的控制权。这种摇摆不定使公众开始怀疑到底议会站在哪一边。

其次是政府。政府也经历着不断的变化。各部部长频繁换人。从1992年1月经济改革开始到1994年底，俄罗斯换了3位总理、4位经济部长、5位金融部长并经历了6次大换班。政府机构也变动频繁。俄罗斯在1992年9月拥有137个部委，其中许多都是极小的单位。这一数字比前苏联时期的部委单位总数还多出50多个。就是前苏联时期的85个部委数也已经是异乎寻常地高了，而美国只有15个诸如国防部这样的“内阁机构”。不仅如此，对俄罗斯政府还必须进行双重划分，首先应分为改革派官员和守旧派官员，其次再按照其功能划分。政府各部中的大部分主要管理经济并向总理负责。但在俄罗斯被一并称为“四大部”的国防部、内务部、安全部以及外交部则在有关政策的重大问题上直接向总统汇报。

第三是被称为安全委员会的机构。它的职责涉及“俄罗斯的重大利益”，而什么都可以解释成涉及俄罗斯的重大利益。这个委员会有时可以否决政府决策。正是基于这个委员会而非外交部的建议，总统因两国就千岛群岛(日本称之为北方领土)领土争端问题而取消了1992年那次颇有争议的日本之行。

第四是总统在克里姆林宫的工作班子。这个班子就像中世纪封建君主周围的大臣那样控制着总统的信息来源，其本身就有很大的影响力。这个机构不断膨胀。从1991年到1995年，这个班子拥有的工作人员几乎像为政府工作的公务人员一样增加了一倍。

第五是中央银行。它通常向议会负责，并应将其政策和政府政策协调一致(有一个委员会来专门处理这项工作)。而实际上，中央银行往往实行一些与政府的宏观经济政策截然相反的金融政策。

第六，军队并非完全处于总统的控制之下。1992年夏，军队拒绝执行总统许诺过的从波罗的海国家撤军的计划。在摩尔多瓦，驻扎在那里的俄罗斯第14军的司令官实际上在实行自己的对外政策，并且以俄罗斯驻摩尔多瓦发言人的地位来攻击总统的对外政策。

第七，副总统亚·鲁茨科伊竟异乎寻常地公然反对总统。他公开侮辱政府的部长(称盖达尔和其他年轻的改革派为“穿粉红裤衩的毛头小子”)并最后煽动军事叛乱以推翻总统。

最后是俄罗斯总统本人，但这并不意味着总统最无足轻重。总统就像一个封建君主而非现代国家首脑那样斡旋于各个集团之间。

许多国家都出现总统与议会之间关系紧张的情况。并非所有国家都能对其军队实行完全彻底的控制，但几乎没有几个国家像俄罗斯在

1991年至1994年期间那样拥有那么多相互对立的权力中心，更没有哪个国家像俄罗斯当时那样多头决策而又几乎未实行三权分立。俄罗斯那多余的决策机构就其本身来说就会对政治稳定造成极大的障碍，而其结构上的封闭性也对政治稳定造成威胁。这两者相互影响、相互加强，使俄罗斯成为难以管理的国家。

妥协的尝试

因此毫不奇怪的是，在这些相互敌对的力量之间很难达成妥协。一些政治家们在为古老的事业而奋斗，或捍卫共产党的地位和声誉，或重建俄罗斯帝国。其他政治家则为新兴的事业而斗争，或铲除集团犯罪，或建立市场经济。由于有这么多的基本问题令人捉摸不定，因此要一下子解决它们是不可能的。这里俄罗斯的失误并非在于创建民主体制这一根本问题上，而是在于改革之初这个国家所面临的具体环境之中。

曾经出现过一些妥协的尝试。最顽固地与总统作对的议长哈斯布拉托夫辩解说议会曾赋予总统一年时间的实行紧急状态的权力以推行经济改革。议会于1993年中期表决通过了在1994年中期举行大选，比预定时间提前了一年。议会认为此举是向总统伸出了橄榄枝。

与此相似，总统也试图与议会合作。1992年春，他应议会的要求而任命了4名新部长，以此来回答议会对改革的批评。1992年夏，他又在经济政策上突然来了个180度的大转弯，在议会要求之下增加了对工业和农业的补贴。接着他冷眼旁观了18个月，没有采取任何有效的反击，而议会则在宪法所允许的范围内一项又一项地剥夺了他手中的权力。正如盖达尔在1992年春所说的那样："妥协通常比对峙要好。在俄罗斯的民主体制还很年轻、实际上还是个初生婴儿之时，也许最好还是不要一开始就发生行政与立法两大权力集团的激烈对抗。"然而，相互之间的冲突压倒了妥协的尝试。

公开的冲突：1992 年—1993 年 10 月

然而，矛盾如此根深蒂固，公开对抗似乎不可避免。从1992年春到1993年秋，危机体现在一系列政治角逐之中。议长哈斯布拉托夫几乎从一开始就毫不迟疑地发起了攻击。经济改革开始后仅10天，他就宣称这一政策失败了，并说事情已经到了该重振旗鼓的时候了。1992年夏，议会在听取了工业管理人员的抱怨之后迫使盖达尔放宽他的经济政策并接受3个和工业紧密相关的人任部长。其中之一就是维·切尔诺梅尔金，他不久就接替了盖达尔的总理职务。

1992年末恐怕是可以达成妥协的最后一个时机了。双方也确实进行了最后一次妥协的尝试。在12月1日至14日举行的第七次人民代表大会上，总统与议会确实做成了一笔交易：议会将搁置其削减总统权力的宪法修正案，而作为交换，总统将用切尔诺梅尔金来取代盖达尔。

不是这一妥协来得太晚，就是那位议长犯了一个事后证明是决定性的错误。新年伊始，哈斯布拉托夫就伙同议会领导人一起撕毁了协议。在第七次代表大会上他们曾拒绝继续授予总统实行紧急状态的权力，而现在则要剥夺他对那“四大部”部长的任命权。议会曾在12月举行的第七次代表大会上就这一变动进行过投票，但根据所达成的妥协将其搁置起来。从现在起，议会可以批准或否决总统对这四位部长的提名。第八次代表大会的召开标志着议会开始向总统本人开刀。

到目前为止，对改革持批评态度的议会人士所抨击的目标尚集中在政府的经济和外交政策上，特别是集中在盖达尔和科济列夫等几位有关的部长身上。现在他们把目光投向了叶利钦先生。他的权力一层又一层地被剥夺。他即将失去发布法令和任命各地行政首脑的权力了。为削弱他控制政府的权力，议会允许政府直接向议会提交法案，而不是像过去那样经由总统提交。叶利钦要求就由谁来管理俄罗斯——总统还是议会——这一问题进行全民公决，但第七次和第八次代表大会都拒绝了他举行全民公决的要求。

即使最接近叶利钦的那些顾问们也不清楚当第八次代表大会结束一周后，他会在3月20日的晚间电视节目中怎样回答议会在代表大会上对他的攻击。为了打破这种政治僵局以及议会的牵制，他决定越过反对派而直接诉诸广大选民(这并非第一次)。他宣布于4月25日举行总统信任投票，并补充说，到那时为止，他将运用总统发布法令的形式管理国家——议会被晾在了一边。

6天之后，叶利钦在匆忙召开的第九次代表大会上十分勉强地避免了被弹劾的命运。他尚拥有的大部分权力都被剥夺了。甚至可以认为，这是他在总统任职期间最为艰难的时期，甚至比八月叛乱还要艰险。这是因为在1993年春，虽然议会还拥有一些公众的支持，结局也尚未完全明朗，但一旦双方都开始诉诸武力而军队出动支持总统时，局势很快就明朗了。全民公决的结果出来了，它表明俄罗斯选民仍相信叶利钦：59%参加投票的选民说他们对叶利钦怀有信心，相比之下，只有39%的投票者说他们对总统感到失望。令人惊奇的是，有53%的人在改革的困苦面前仍表示支持总统的经济政策；有67%的人要求提前举行议会选举。由于议会拒不理睬这一结果并且拒绝举行改选，因此表面看来，这次全民公决什么事情也未解决。但事实上它保住了叶利钦的总统职位，也不曾再有第二次弹劾投票。叶利钦现在得以召集极为关键的立宪会议来制订一部新宪法。立宪会议于6月5日在莫斯科召开，形势对叶利钦极为有利。在关键的几个月里，全民公决使得议会无法直接采取行动来对付总统。

然而，议会采取了非直接的方式来反对他。7月24日，趁总统去休假地疗养不在莫斯科而财政部长又出国访问，议会的支持者、中央银行行长宣布从流通领域收回所有1993年以前发行的钞票。公众对此一片哗然，原因是这一措施一开始曾限制可兑换新卢布的旧卢布数量。卢布变成了政治斗争的弹药。议会于8月接受了一项预算提案，提案中提出的赤字高达政府预算的两倍。这将使俄罗斯陷入高速通货膨胀的境地。与此同时，议会开始讨论一项关于私有化计划的“修正案”，这将使在俄罗斯广大公众拥有个人资本的设想成为泡影。这一修正案允许现任经理人员对其公司企业拥有完全的控制权。

在1993年夏季的这段日子里，议长哈斯布拉托夫配合上述举措开始在议会高层清除反对派。他让他自己的人占满负责确定议会日程以及议事程序的主席团席位。这是一种老式的政治手腕：先神不知鬼不觉地占据进入权力大厦的前厅，接着就清除政治对手。当议会于9月复会时，那些支持总统的代表们已经没有办法影响议会事务了。

有证据表明，此时哈斯布拉托夫正策划一次反叶利钦的“立宪政变”，其目标是废除总统职位并使俄罗斯恢复1991年以前曾实行的(形式上)那种政府体制。对哈斯布拉托夫的这一指责不仅来自总统的支持者，也包括他自己阵营中的一位代表N.利亚波夫。利亚波夫说哈斯布拉托夫指示全国各地的地方议会终止所有总统代理人的权力。而另一位屡屡抨击叶利钦的资深议会议员Y.阿姆巴特苏莫夫则指责哈斯布拉托夫想当新的独裁者。

摊牌：1993年10月

议会的反击标志着最终的密集的较量的开始：所有妥协的伪装都已撕下，一切合作的尝试都已结束。7月，已和叶利钦决裂的副总统鲁茨科伊请求远东军区的部队支持他反对总统的政治斗争。与此同时，盖达尔和费奥多罗夫指责哈斯布拉托夫想通过呼吁全国各地抵制纳税来摧毁俄罗斯政府机构。在一次议会发言中，哈斯布拉托夫试图赢得军队、警察以及安全部队对议会的支持，许诺要给予他们数额不定的财政拨款。总统的支持者们试图采取退场行动来打断议会议事程序；而议会则以削减议事所需法定人数来回答。议会就一项可对那些未能执行议会法令的部长进行犯罪起诉的法案进行了辩论。议会两院议长之一提议将所有有关经济的决策权都从政府那里转移到议会手中。

在这种打击之下，政府动摇了。切尔诺梅尔金开始批评私有化计划和震荡疗法。O.洛波夫是工业集团的支持者，春天才被任命为第一副总理。他竟提出要放弃进一步的改革。议会预定于9月22日复会，有三项议程列在其议事日程上：批准实施已规划好的那项可导致高速通货膨胀的1993年预算；修订私有化计划；审议其他一系列法案，其中包括剥夺总统解除政府各部部长职务的权力、收回总统否决议会通过的法案的权力以及将未能有效执行议会法令视为犯罪等法案。对于叶利钦来说，这是致命的打击。于是他于9月22日解散了议会并要求举行新的选举。

对许多旁观者来说，这一举动是不可饶恕的。许多西方人认为解散议会会使民主进程倒退好几年，也许是几十年。在俄罗斯，一位自报刊检查制度结束后影响最大的新报纸的主编V.特列秋科夫问道："假如叶利钦可以解散一届议会，那么还有谁能阻止另一届议会被解散呢？"这种看法有道理吗？假如议会获胜，几乎可以肯定的是，改革进程也就结束了，因为议会反对改革。不过，尽管改革为创建民主体制做出了巨大贡献，但它基本上是一项经济政策而不是民主体制。假如议会获胜，总统的确将有名无实，但总统并不能说自己代表着俄罗斯民主制度。这同时也使那种认为俄罗斯拥有真正的两权分立的政权机构，即行政机构和立法机构的观念宣告结束。尽管这是令人遗憾的，但却并不一定是反民主的。

可为总统的行动辩解的真正理由是俄罗斯当时已无法管理。妥协已不可能。必须有一方在这场对抗中获胜。在这种形势下，选举是决定胜负的唯一民主的方式。法国于1958年曾面临相似的选择并采取了相同的解决方式。面对阿尔及利亚独立而引发内战的威胁，法国议会召回戴高乐，让他主持制订新宪法。他草拟的宪法大大增强了总统权力，因此受到议会的抨击。议会指责他试图重建君主制。这引发了总统与议会之间的一场激烈争端，事情最终以大选和就宪法而举行的全民公决投票得以解决。就俄罗斯的问题来说，叶利钦本人的结论与实际情况相去不远："从形式上看，总统违反了宪法，用反民主的手段解散了议会，但这全是为了创建民主制度并在这个国家建立法制。议会在捍卫宪法，但目的是推翻经合法程序选出的总统并建立完全苏维埃式的统治。"

还有证据表明，公众支持总统而反对议会。6个月前的全民公决表明了这一点。在双方对峙的高潮时期所做的民意调查也表明了这一点。调查结果呈现出一边倒的局面：在危机达到顶点的前夜，72%的人表示支持叶利钦总统，9%的人支持议会。公众的支持几乎从未动摇。炮轰议会事件一结束，在接受询问者中有68%的人表示支持叶利钦；6%的人支持议会。在问到谁应对这次流血事件负责时，每6人中就有5个谴责鲁茨科伊和哈斯布拉托夫，一个人谴责叶利钦。

叶利钦在他的回忆录中声称，他当时想给议会一个突然袭击并迫使议会顺从地屈服。假如他确实是这样想的，那么他并未成功。哈斯布拉托夫和鲁茨科伊听到了要解散议会的风声，于是召集紧急代表大会。大会宣布弹劾叶利钦总统并确认鲁茨科伊为总统。议会领导人、大多数议会代表和许多武装支持者占领了议会大厦。接着是为期两周的僵持局面。警察包围了议会大厦。东正教会领导人安排了会谈；供电中断，接着又恢复。高潮于10月3日下午到来。

鲁茨科伊出现在议会大厦阳台上，号召人们起义以推翻总统。随着供电被恢复，武装起义者们认为其对手的决心已动摇，于是聚集在莫斯科市中心；他们洗劫了市长办公室，接着又冲进了距克里姆林宫5英里之遥的电视台。在震惊与犹豫之余，叶利钦下令对此作出军事反应：10月4日上午，坦克开向白宫。大炮轰击了议会大厦上那巨大的塔楼，将其变成一座熏黑的骨架，而当时那位议长和副总统正躲在这座建筑物中。当议会领导人意识到他们所指望的武装起义并未发生时，抵抗也就瓦解了。5个小时之后，议会领导人个个灰头土脸、胡子拉碴地走出大厦投降了。叶利钦曾许诺要用武力来捍卫民主。他实践了自己诺言的前半部分。

结局：1993年12月

叶利钦所许诺言的后半部分在12月11日和12日两天举行的全国选举中变成了现实。但现在公众的情绪正在发生变化。日里诺夫斯基的那个既不自由也不民主的“自由民主党”赢得了22.9%的选票，比盖达尔领导的改革派政党“俄罗斯选择”所获选票高出7个百分点。老牌的共产党及其同盟军农业党共赢得了议会中近1/4的席位。这一结果对曾指望这次选举会证实改革派将在议会中占有最大份额的那些人来说是一个严酷的打击。4大主要改革派政党——俄罗斯选择，绰号为亚博卢或苹果的亚夫林斯基—博尔德列夫—卢金集团，俄罗斯统一和谐党(Party of Russisn Unity and Accord)，以及俄罗斯民主改革运动(Russian Movement for Democratic Reforms)——在下院中共赢得164个席位，而3个反对改革的主要政党则获得182席。新的下院比起原先的俄罗斯人民代表大会来说，政治极端分子的数量较多。叶利钦把这一结果看成是对震荡疗法以及激进改革的反抗，于是要求切尔诺梅尔金放慢改革的步伐。盖达尔辞去了第一副总理的职务，同时辞职的还有稳定金融状况的台柱鲍·费奥多罗夫(德国外长K.金克尔就此宣称俄罗斯的市场改革已经结束了)。许多人怀疑假如叶利钦事先知道这种选举结果的话，是否还会采取如此激烈的行动来对付原先的议会。坦克开上莫斯科街头，炮轰议会，然后是改革派的失败——事情发展到这一步似乎表明在俄罗斯创建民主制度遇到了严重的挫折。

然而，就在同一天，俄罗斯人投票通过了新宪法。这次投票具有更重要的意义。政府的人员构成可以变动，改革的步伐可以调整。但这次投票所涉及的却是基本的政治法则。宪法勉强得以通过(所公布结果是拥护票占58.4%，反对票占40.3%)。这为共产党垮台以来第一次出现相对的政治稳定奠定了基础。

尽管人们仍普遍担心出现动乱局面，但所有各方政治家们都已接受了新的游戏法则。虽然登台的许多演员还是原来那些人，但新的政治秩序已被证明要比原先的秩序稳定一些。这极其有力地证明了并不是意识形态的分歧或某种无法接受民主体制的内在原因使俄罗斯陷入混乱的无政府状态边缘，罪魁祸首是那混乱的游戏法则。

叶利钦的对手们不是由于被挫折感所压倒就是过于疲劳，或更可能的是他们想在1996年6月举行的总统选举中获胜，因此他们大都接受了新宪法。1994年春，叶利钦和这个国家所有主要政党的领导人签署了一项政治和约。与以往的妥协不同的是，他们并没有很快撕毁这一和约。签约人表示在两年内自己将不去寻求更改宪法或采取其他措施以打破总统与议会之间的权力平衡，也不会要求在1996年之前举行总统选举。他们将这一政治上的停战维持了下来。这是朝着政治稳定迈出的一步，但并不是政治稳定本身。同时也不是所有党派都服从有关宪法的这一协议，而不服从者中还包括签署了和约的人。例如，共产党就声称他们想大大削弱总统的权威并让议会掌握压倒一切的权力。这就可能就宪法问题引起新一轮争端。但这一次引起争端的可能性比起先前来说要小得多。在1992年至1993年期间，议会是唯一可以修改宪法的机构，议会频繁地把这种权力用于反对总统的斗争中：到1993年底，宪法已被修改了大约上千次，每个工作日都要通过一个以上的修正案。新宪法不仅规定了政治体制的基本法则，也使其难以更改。对这一联邦体制的任何变动现在都需要议会下院2/3的票数以及上院3/4的票数批准，还需总统以及全俄罗斯89个地区政府中有2/3的多数同意。简而言之，任何对宪法体制的修改变动都必须经过接近全体一致的同意才能通过。这似乎不大可能。

这样，自共产党垮台以来，俄罗斯政治的基本法则第一次稳定下来并且得到了广泛的支持，尽管并非是全体一致的支持。而且，1994年中期完成的私有化计划把3/4的俄罗斯工业转移到了私人手中。通过证券实现的私有化计划和现在的政治稳定合在一起，意味着俄罗斯已经减轻了一些自1991年以来压在肩上的三大历史重负的分量。俄罗斯在1991年时曾试图一举完成三大任务：创建市场经济，建立一个民主国家以及摆脱前苏联这样一个大帝国的重负。历史情况要求俄罗斯或多或少得一下子解决所有问题。如今，俄罗斯每向政治稳定走出一步，它也就把那历史遗留下来的令人生畏的负担减轻了一点。俄罗斯已经开始创建市场经济，保障所有者的利益以及私有财产权，这一切都是实行民主体制的基本因素。政府的支持者与反对者都开始意识到他们目前的政治体制是合乎现状的。我们在第十二章中将看到，甚至有迹象表明俄罗斯人正在接受帝国已经瓦解这一现实。当然，历史的创伤并未完全平复。但如果俄罗斯需要的是解决某些矛盾冲突而使其他一些问题易于处理，那么这一目标已经达到了。

评　价

俄罗斯的新政治秩序诞生于1991年夏到1993年秋之间的混乱与流血之中。那位曾宣誓忠于议会的人用法令和坦克解散了议会，使得这个国家步履蹒跚地迈向法制社会的进程毁于一旦。议会的行动也是如此，它肆无忌惮地把本身拥有的、唯一的修改宪法的权力变成了攻击总统的武器，而宪法本该用于确立政治体制的基本法则。那些叶利钦政策的反对派认为他摧毁了俄罗斯那脆弱的民主。就是他的支持者们也认为结果不尽理想。正像俄罗斯近期历史上常常出现的情况那样，他们的这种悲观情绪过于夸张。俄罗斯在继续艰难地前进，而它在1994年看到了自80年代以来前所未有的稳定的政治气候。

第十章
民主能继续存在吗?

政治形势概况·民主的不足之处·总统是否权力过大·反对独裁的防线薄弱·1994—1995年间的国家杜马与以前的人民代表大会的比较·政党怎么未能发挥作用·初始条件·俄罗斯人是否反对民主·民主主义者是否反对民主·政党为何未发展起来·是否存在军事威胁·严重倒退的可能性·民主能否持久·评价

在果戈理的短篇小说《外套》中,一个备受压迫的小职员,终日穿着一件破旧的外套,在办公室里成为大家的笑料。为此,他费了九牛二虎之力,攒了80卢布,买了一件带毛领的新外套。刚开始他喜不自胜。为了攒钱,他饿得半死,现在他又开始津津有味地进餐了。他的同事们特别赏脸,举行聚会以示庆贺。但这件外套给他带来的唯有痛苦。在参加聚会后回家的路上,当他穿过圣彼得堡一个阴暗的大广场时,遭窃贼袭击,他们从他身上扒走了那件外套。第二天,他只得又穿着他的旧外套去上班,受到同事们的羞辱。他请求一个不知名的重要人物帮他找到那些窃贼,那人又将他羞辱了一番。他因人们的嘲讽大伤自尊心,寻找他那件宝贵的外套时又处处受挫,最后竟一命呜呼。

最让人担心的是，俄罗斯民主会像果戈理的外套一样，只是现实俄罗斯表面上的东西，是一套不合时宜的华丽服饰，其代价很高，到最后带来的却是灾难。本章通过讨论下面三组问题剖析这些疑团。第一，政治形势概况如何？俄罗斯是一个民主国家吗？它遵循民主生活的一般原则吗？第二，为什么俄罗斯的政治生活中一些非民主的特征继续存在？是因为俄罗斯正退回到专制统治还是另有原因？第三，俄罗斯具备保持民主政体的基本条件吗(民间团体已成体系，具有可靠的民众支持)？

政治形势概况

建立稳固的民主制度需要几年，甚至几十年的时间。哈佛大学的R.帕特曼认为，几代意大利人不懈努力才建立了强有力的民主体制。俄罗斯显然不能在将来几年内通过这个考验，它现在尚没有通过普林斯顿的S.亨廷顿所提出的更严峻的考验。亨廷顿认为，只有政府更换两次以后，方可认为民主政体已比较稳固。所谓的政府更换两次是指，在最初的选举中掌权的政党或集团在下次换届选举中失利，将权力移交给选举获胜者，而那些获胜者又将权力和平地移交给后来的选举获胜者。

但是，即使在共产主义垮台的随后几年中，便可看到民主化的最初阶段正在进行之中。共产主义垮台以后，俄罗斯的政府体制是真正民主的，而非像有时说成的那样，只是一个幌子。耶鲁大学的达尔认为，民主统治有7个基本特征：由选举产生的政府、自由公正的选举、普遍选举权、对竞选公职没有限制、言论自由、有多种信息来源可供选择、结社自由。共产主义垮台以后，俄罗斯具备了上述所有特征。

一切重大政治决策由政府和议会中经民主选举产生的代表做出。1991年的总统选举首次给了俄罗斯人民选举领导人的机会，1993年和1995年进行了两次议会选举，国家宪法也在1993年由民众投票通过。

政府中已鲜有被秘密警察或其他未经选举的机构(如军队)控制的部门。有两起冲突是以武力解决的，即1993年10月议会与总统之间的冲突和1994年12月俄罗斯联邦与分裂出去的车臣共和国之间的冲突。无论在哪种情况下，军队都没有独立行动，而是在和谈失败以后，才由总统调动了军队。总的说来，军方领导人的态度很明确，他们不想卷入国内的政治冲突。官员应由选举产生，这一原则最大的例外或许便是维·切尔诺梅尔金，他在1992出任总理，那时他从未竞选过公职，并且在1993年的选举中还大张旗鼓地拒绝涉足竞选，声称自己不介入政党政治，但他最后还是被议会推选。1995年，他来了个大转弯，决定涉足越来越普遍的政治斗争，并成立了自己的政党。

选举是公正的、自由的，并且经常进行。在从1989年4月开始的4年中，俄罗斯共进行了9次全民公决，这是征询民众意见的最后办法。除了一次例外，这些选举都是自由公正的。即使是例外的那次(当然也是很重要的一次)，即1993年针对宪法进行的公民投票，也是歪曲了投票的法定意义，而非操纵投票结果。这些选举，既在全国范围内进行，选举议会和总统，又在地方范围内进行，选举州市的议会。每个人都有权投票，每个人都有权竞选公职，即使那些在1993年10月呼吁以武力推翻政府的人也不例外，由议会下令将他们从监狱中释放出来，允许他们再次参加竞选。

俄罗斯有完全的集会和言论自由。从总统往下的所有政治家都受到强烈的批评。唯有1993年10月，国家下令封闭报纸和杂志时，作为对言论自由的限制，规定煽动武装叛乱和种族仇恨的报纸和杂志以及能真正挑起事端的言行不在言论自由保护之列。尽管政府拥有一个强大的富有影响力的全国电视网，但它并没有对新闻界进行控制。1995年，全国有数以百计的无线电台、报纸和几十家私营电视台。

最后，俄罗斯人有结社自由，他们可以参加独立于政府的政党和利益集团。俄罗斯对这方面的限制也与西方大同小异，即取缔号召使用暴力的政治组织。例如，1991年9月，叶利钦取缔了共产党，因为该组织卷入了反对戈尔巴乔夫的阴谋政变；1993年11月，议会暴乱发生后，他取缔了介入那次屠杀的9个组织。除了两个例外，所有禁令后来都被取消，那些组织又恢复了正常的政治生活。

达尔认为，在人民普遍享有选举权的情况下经选举产生的政府、言论自由、有多种信息来源可供选择以及结社自由，这些特征使得政府能够对选民的要求做出反应。如果民主是指让人民自己决定想要怎样的政府，并给予他们机会选举这样的政府上台执政，那么到1994年俄罗斯就已经是民主国家了。

民主的不足之处

但是，俄罗斯仍然是一个极其特别的民主国家，其民主统治缺乏几项根本保障。所谓的“以正当程序进行的统治”尚未完全建立起来，这部分因为法律自身依然薄弱，部分因为在1992—1993年的宪法危机中组建的政府赋予总统和政府巨大的权力。其中反对独裁的力量薄弱且缺乏组织，尤以议会和政党制度最为突出。政党制度薄弱，民众对任何一位俄罗斯政治家的支持均不长久，这两者都说明平民百姓中缺乏对民主的有组织的支持。

总统是否权力过大？

民主统治的正当程序这个问题和总统与议会的力量对比关系尤为密切。正如第九章所指出的那样，俄罗斯建立了一种行政部门凌驾于法律部门之上的政治制度，通过这种方式解决了它的宪法危机。

莫斯科河上巨大的大理石建筑群——俄罗斯的白宫——象征着这种转变。1991年8月，它是抵御共产党人阴谋暴动的堡垒。在那里，叶利钦爬到一辆坦克上与共产主义分庭抗礼。同样是在那里，人群聚集在暮夏眩目的阳光下听他们选举的总统歌颂民主反对反动势力的胜利。然而1993年10月，它又变成了一个屠宰场，当坦克将议会大厦压成黑色的残骸时，200多人在那里丧生。6个月后，还是这同一座大厦，又被装饰得焕然一新，重新启用，用做政府的办公场所。现在它被20英尺高的带刺金属栅栏包围着，这标志着从由人民代表组成的政府到由部长、公务员组成的与人民隔绝的政府的转变。

共产主义垮台的最初几年中，俄罗斯政治生活的突出特点是，叶利钦确立了总统的独立而强有力的地位。他在1994年的新年致辞中说："俄罗斯一定要强大。要有一个强大的俄罗斯，你们需要一位强有力的总统。"这话听起来有点像路易十四的口吻：朕即国家。

共产党垮台以后，公共政策中最重要的问题——与议会的对抗及经济改革——都集中在总统的职权上。共产主义垮台后的第一年，叶利钦拥有紧急权力，凭政令统治莫斯科，其中有半年的时间，他是自己的总理。1993年末通过了新宪法，按照该宪法，总统至少在理论上拥有强大的权力(评论家称之为独裁的权力)，看来只有独裁者才能在克里姆林宫进行统治。"俄罗斯民主"似乎是一个矛盾用语。

1993年12月的宪法将强有力的总统和软弱的议会这种格局以法律形式固定下来。法国总统和美国总统在西方是强有力的行政部门与立法部门分庭抗礼的两个典型，但按照俄罗斯的宪法，俄罗斯总统拥有的权力比法国或美国总统更大，他将二者的优势集于一身。

总统是国家元首和三军总司令。他主持召开政府会议，实质是领导着政府工作，他可以对外宣战，并且只要将他的决定通知了议会，议会便不能否决。而在美国，是由国会正式对外宣战。俄罗斯总统直接领导外交部和国防部，而不必通过总理。

总统在制定外交和国防政策方面占有绝对优势，这一点与法国总统一样，而大于美国总统在这方面的权力。所谓的权力部门(国防、安全、内务、外交)都直接向他，而非向总理汇报工作。

在俄罗斯由总统提名总理人选，如果议会连续三次驳回其提名，他便可以解散议会(这当然有一定限制)。法国总统拥有与之相当的权力，而美国总统则不能解散国会。赋予俄罗斯总统解散议会的权力，旨在防止议会像在1992—1993年所做的那样独断专行，任命各部部长，与总统的政策背道而驰。像法国一样，在俄罗斯由总理负责任命部长，但实际上，总统可以自己改组政府。[①]他还可以不经议会同意便解散政府。他负责任命中央银行行长、总检察长、高级法院法官，但需经议会批准。他可以宣布进入紧急状态和发布戒严令，只需经议会上院批准即可。在所有这些情况下，议会只能批准总统的决定。但宪法没有明确规定，如果议会拒绝批准怎么办，宪法的这种模棱两可暗示了反对独裁主义防线的一个薄弱环节。

如果总统企图成为一个独裁者怎么办？唯一的办法是指控他叛国或严重犯罪。但至少要有1/3的下院议员愿意，才能对他提出指控，要获得2/3的多数才能使指控成立，即使那时，还必须由最高法院确认该指控才行。该程序的目的在于防止重演1992—1993年的冲突，那时议会接连威胁要弹劾总统违反了原来的宪法。按照新宪法，要弹劾总统不是不可能的，但很困难。在职期间，叶利钦没有过分使用其总统的巨大权力。1994年的政府改组是个例外，当时他越过总理，直接任命部长。实际上，他若运用手中的权力解散议会就可能导致严重的宪法危机，对于这种危机，他没有必胜的把握。所以在经济政策上，他一直采取与议会合作的态度，而议会则接连批准总统所反对的法律。

但叶利钦通过另一种方式行使他的权力，即将总统办公厅建成一个独立的与政府平行的机构。1995年，总统手下约有2 000专职工作人员，许多人的开支不在财政预算之内，因而实际上不必向议会说明。其中包括各种总统委员会和特别行动小组，负责与政府相应部门同样的工作。1995年关于政策的许多争论(例如剩余国有资产私有化问题)都变成了总统班子与相应的政府部门之间的争论。

---

①在1994年末改组政府的时候，叶利钦未与切尔诺梅尔金商量就选定了各部部长。——原注

总统权力大未必不利于民主。法国总统也有很大的权力，从理论上说，他可能实行独裁。譬如，按照法国宪法规定，在紧急情况下，总统一句话便可以废除议会。当然法国实际上是一个民主国家，因为社会各阶层防止独裁的制度都很健全。

反对独裁的防线薄弱

相比之下，俄罗斯反对独裁的力量微弱。其中，力量最强的数地方政府。新宪法使俄罗斯从一个高度集权国家变成一个联邦制国家，按照新的权力分配，地方政府——州或共和国政府——的权力大大加强，例如，由它们对私有化负主要责任。就促进民主而言，地方政府软弱无力。它们是原来的地方名流、共产党领导人及国有企业负责人的堡垒，这些人对民主极不情愿，其主要兴趣在于滥用手中的权力。但纯粹就与总统抗衡而言，地方政府力量强大。任何新的俄罗斯独裁者都将是一个中央集权主义者，因为他需要在全国确立他的统治，而地方名流可能抵制这种做法。

就促进民主统治而言，议会的作用举足轻重。俄罗斯议会的主要弱点在于它不能组建政府，政府由总理负责组建，而总理又是由总统负责任命的，议会的作用仅限于批准(或驳回)总理人选。尽管普通部长人选和其他行政职位如大使的任命均应与议会各委员会协商后才能确定，但议会无权驳回其中的任何一项。

但是，议会并非毫无权力可言。其上院被称为联邦委员会(Council of Federation)，颇像美国的参议院，各个行政区或共和国都有两名成员。它有权裁决中央与地方的关系，包括改变边界。它还可以审核由下院通过的法律，涉及金融和国防政策的法律——也是最重要的法律——需要提交它批准。

议会下院，称为国家杜马，负责批准总理人选。而且更重要的是，由它批准财政预算。这样俄罗斯便具有了其他民主国家的一个基本特征，即由议会控制政府开支。如果总统否决了杜马通过的法律，杜马可以凭2/3的多数使总统的否决失去效力(这一点同美国一样)。杜马有权对政府进行不信任投票。1995年恐怖分子在俄罗斯南部的一个小镇上关押了一些人质，当政府解救人质的努力受挫时，杜马便威胁要对政府进行不信任投票。第一次总统可以对投票采取不理睬的态度；如果杜马在3个月内再次进行不信任投票，那么总统必须做出抉择，或者解散政府，任命新总理；或者解散议会，进行新的选举。宪法中有两项条款确保杜马不被随意解散。在杜马任期的第一年，总统不能在它做出一次不信任投票之后就解散它(否则总统可以接连解散议会，直到议会使他满意为止)。当杜马正在酝酿提出某项指控或全国处于紧急状态时，不能将其解散。

1994—1995年间的国家杜马与以前的人民代表大会的比较

议会的组成及其有效行使职权的能力几乎与其权力同等重要。在这一点上，1993—1994年间的俄罗斯第一届议会与以前的人民代表大会相比有很大的进步。

原来的议会，即人民代表大会，兼职从政的人不断组成变来变去的各种短暂联合。大多数代表是国营公司或农庄的负责人，很少有人自认为是职业政治家，他们很少支持任何政党，只是按照自己的意愿投票。

在1992年12月的俄罗斯第七届人民代表大会中，总共1033名代表中有1/3声称自己不属于任何政党，其余大部分不愿表态。相反，他们结成若干帮派，同一帮派中的代表观点相近，但对怎样投票很少或根本没有限制。第七届人代会刚开始有14个帮派，在任期内又形成了4个，最后总共有18个帮派。这些帮派自然都很小。代表总数为1033名，而最大的帮派仅拥有158名代表，排在第二位的拥有80名代表。最大的帮派的人数占代表总数的15%，其余帮派中有14个拥有28至

64 名代表(占代表总数的 3%—6%)。到 1993 年 3 月第八届人代会时，有 4 个帮派已经解散了。

第一届议会则较富凝聚力。1993 年的选举对得票率做了规定：一个政党参加议员竞选的候选人的得票率必须超过5%才能在议会中获得席位。该规定使议会中的党派数减少到 11 个。现在，排名前 5 位的政党都占有 10% 或更多的席位。在原来的人代会中 5 个最大的帮派控制了 41% 的席位，而在现在的议会中，5 个最大的政党控制了 67% 的席位。1995 年 12 月的选举使议会进一步巩固。根据得票率必须超过 5% 的规定，只有 4 个政党的得票率足以使之进入议会。

许多人认为1993年的议会很难对付，因为它比原来的议会有更大的权限，并且吸引了更多的极端主义者，既有新纳粹主义者，又有鼓吹市场完全放开的自由主义者。但事实证明并非如此。

极端主义者被迫靠边站。在庆祝国家杜马诞生的第二天，即1月12日，当各党派的领导人开会协商时，新纳粹主义者日里诺夫斯基要求主持会议，许多议员走出会场以示抗议。结果日里诺夫斯基的政党未能控制议会的任何一个委员会。看起来，议会的其他成员同叶利钦一样，不愿与日里诺夫斯基同流合污。

议会与政府的矛盾能够演变成争论，而非武力冲突，与这也不无关系。议长伊·雷布金为此发挥了主要作用。1993 年底，当全副武装的卫兵将负隅顽抗的议员们押出被炮火熏黑了的议会大厦时，雷布金也是其中的一员。他以前是共产党的一名低级官员，在俄罗斯南部整天与拖拉机打交道，当过农民、农庄工人和拖拉机驾驶员，据称在改进农用机械方面发表过75篇文章。许多人担心他是一个新的强硬派不合作人物，结果恰恰相反。前任议长鲁·哈斯布拉托夫曾是一个民主主义者，最后成了强硬派；而雷布金作为一个强硬人物，却能与叶利钦以及改革者们搞好关系。幸亏他极力周旋，再没有发生 1992 年和 1993 年那样的关于政策的灾难性冲突。在 1994 年和 1995 年，议会只是修正了财政预算方案，而不是通过一个根本不同的方案。共产主义垮台之后的俄罗斯第一届议会比较有凝聚力，它能够独立于政府发挥自己的作用，不因宪法的规定而一味唯唯诺诺。这说明，即使在总统制政体中，议会仍可能发挥适当的作用。但无论如何，议会依然不能作为反对独裁的坚固防线。

如果其他平衡力量如法院和政党足够强大的话，议会能否抵制独裁尚不至如此事关重大。但其他的平衡力量并不强大。如上一章指出的那样，与共产主义时期相比，现在法院和刑事审判系统的力量要稍强一点。尽管1995年司法系统开始有所改进，议会最终批准成立了宪法法院，要实现司法独立，建立法律秩序，无疑尚需假以时日。政党制度的发展亦颇缓慢。在共产党放弃对政治权力的垄断的最初5年中，俄罗斯冒出了至少100个政党，其中只有一个政党(共产党)的党员人数达到了数千人。据估计，有38个政党拥有相同的纲领。

政党怎么未能发挥作用

按照西方的观点，俄罗斯的政党在几个方面尚称不上是正式的政党，他们在行使政治权力方面未能真正发挥作用，政府的组成没有反映出选举结果的优劣。在1993年的选举结束以后，尽管组成了多党联合政府，但议会中席位最多的两个政党只得到了两个部长。而在选举中名列第七的俄罗斯统一和谐党却拥有6个部长。1995年的选举中，共产党成为最大的政党。选举结束以后，叶利钦解除了两个最著名改革家的部长职务，但1996年初的政府也决没有充分体现选举结果。

政党在控制其党员方面努力甚微。直到1992年底，有的政党才要求其在议会中的党员为本党政策投赞成票。即使那时，也很少有政党注意这个问题，因为其实只有少数政党拥有统一的政策。俄罗斯的大部分政党最初是以讨论时事的俱乐部的形式出现的，其中一大部分现在仍停留在那个水平。

更糟糕的是，个人争名夺利妨碍了政党组织的发展。政治家将政党看做实现其个人野心的工具,而非寻求民众拥护其观点政策的途径。改革者们自相残杀,5个最著名的改革者成立了5个不同的政党,盖达尔组建了俄罗斯选择,费奥多罗夫组建了“前进,俄罗斯”运动(Forward Russia),圣彼得堡市长阿·索布恰克组建了俄罗斯民主改革运动,谢·沙赫赖组建了俄罗斯统一和谐党,格·亚夫林斯基组建了亚夫林斯基—博尔德列夫—卢金集团,通常称为亚博卢或苹果集团。将这些政党彼此区分开来的是私利冲突,而非思想信仰的不同。90年代的捷克总理V.克劳斯认为改革者的最大失误在于没有对组建政党以寻求民众支持给予足够的重视。

由原来的共产党分化出来的政党组织得相对好一些。议会中有两个这样的党,即共产党和农业党(Adrarian Party),前者主要代表领取养老金的人和旧官僚的利益,而后者则代表集体农庄和苏联时期的农工联合企业的利益。像在任何其他前共产主义国家一样,共产党因为人民对于改革的失望而获得支持,但俄罗斯共产党对民众的吸引力要弱于波兰和匈牙利共产党(二者都在共产主义垮台后的第二次选举中获胜)。它的改革不如那两个党彻底,并且残留着更多的对苏联时期的怀旧情绪(戈尔巴乔夫时期的改革者大多离开了该党,留下来的都是些强硬派)。它还比匈牙利或波兰社会主义者更多地依赖其底层的支持者。在议会之外,已出现了几个分裂出去的共产主义政党向它挑战。

中间派政党是1993年选举中最大的失败者。3个相互竞争的政党中,只有俄罗斯民主党跨过了5%这个门槛,在议会中占据了一席之地。它也是唯一一个郑重对待竞选纲领的政党。但它组建一个统一团结的政党的努力没有成功。该党由于个人争名夺利而于1995年土崩瓦解。在议会中起主要作用的不是有组织的政党,而是一些无党派人士,尤其是那些局部利益集团的代表们,如来自石油和天然气工业的商人、大型私营公司的负责人、银行家和地方官僚,所有这些人都是在地方提名的基础上赢得了议会中的席位。

看来不论何时一个俄罗斯政党的两三个成员凑到一起,就会有一个拂袖而去，另建立一个政党。在整个俄罗斯政治史上，这种现象司空见惯，以致俄语中专门有一个词来描绘它，叫做 kru-govshchina (小圈子习气)。

总之，俄罗斯的政治制度将拥有巨大权力的总统与民主形式的政府结合起来，地方名流的利益集团享有相当的权力，他们反对组建政党。所有这一切产生了一种各具实力的民主均势。一方面，俄罗斯有自由公正的选举，总统、议会和宪法各司其职，有独立的宪法法院确保俄罗斯的立法者依法行事，人民享有言论和集会自由；另一方面，因为总统可以左右议会，以适当程序进行的统治尚不稳固，还不能将议会看做防止总统滥用权力的一条有效防线，政党的力量依然薄弱。

俄罗斯未能在共产主义崩溃以后立即建立健全稳固的民主制度，这并不稀奇。正如第九章所论证的那样，就许多方面而言，从苏联的废墟中建立一个独立的俄罗斯是一次真正的革命，很难想象任何伟大的革命能立刻建立一个稳固的政治制度。甚至美国最初的宪法，即1781年的《联邦条例》，也是一个失败的产物，8年以后不得不以现在的宪法取而代之。法国革命初期和布尔什维克革命初期经常发生骚乱，后来只得以独裁专制来恢复秩序。

将叶利钦的俄罗斯与革命后的美国和法国相比较，在下面一个关键方面俄罗斯更像美国：经过最初的动荡后，它建立了一个相对稳固的政府。在宪法实行的最初两年中(1994年和1995年)，俄罗斯的政局比从20世纪80年代末共产党开始崩溃以来的任何时候都要平稳。

但是，不能认为这种制度会始终稳固。譬如，各政党看来不可能一直处于萌芽状态，它们更可能或者彻底瓦解或者更好地组织起来。

更重要的是，这种稳固很大程度上归功于叶利钦个人。他像一个中世纪的君主一样，压下这个派别，扶起那个派别，使联合政府中的不同集团力量相对平衡。虽然建立了强有力的总统制，他并没有利用总统的巨大权力进一步打破法律规定的权力平衡。但不能保证别的总统不会这样去做。

那么，俄罗斯究竟会向哪个方向发展？是趋向健全稳固的民主，使反对独裁的法律保障更有力？还是走另一条道路，进一步加强总统的权力，使之不受议会约束？

初始条件

我们只能讨论可能性，但其出发点必须是俄罗斯人自己所持的基本态度。就定义而言，健全的民主制度取决于民众，没有他们的支持，便不可能建立这样的制度。

对俄罗斯民主长远发展的最大忧虑，或许便是俄罗斯人自己似乎并不完全钟情于民主。1993年12月，尽管日里诺夫斯基公开宣扬纳粹主义观点，还有22.9%的选民对其政党投了赞成票，这比第二名的得票率高7个百分点，远远高出希特勒在1930年德国大选中的得票率。日里诺夫斯基吹嘘说："我要建立独裁统治。"在1995年12月的议会选举中，共产党成为最大的独立政治派别，而该党曾在70多年的时间里拒绝在前苏联实行民主。突然之间，似乎应验了19世纪俄罗斯最伟大的文学评论家别林斯基的预言："获得了解放的俄罗斯人不会去控制议会，而是赶到酒店痛饮一番，砸碎窗户，绞死那些贵族。"

俄罗斯人明显厌恶民主，这一点又为后来的证据所证实。1994年8月俄罗斯舆论研究中心(Russian Public Opinion Re search Center)进行了一次民意测验，结果发现只有一半人认为俄罗斯需要民主，而有1/4的人认为俄罗斯不需要民主。看起来，俄罗斯人对于民主究竟是什么尚无统一认识。在接受测验的人中，只有19%的人认为当时俄罗斯的制度是民主的，有超过半数的人认为俄罗斯的领导人不是民主主义者。政治家这个职业就遭人鄙视。在11月进行的另一次民意测验中，当问到他们信任哪些政治家时，47%的人回答一个也不信任。尽管根据其余民意测验结果，人民对于民主和个别政治家的拥护程度要高一些，但这些结果说明人们对于民主进程持有抱怨甚至敌视的态度。

亚·列别德，一位1995年夏天从政的将军这样描述全体选民："他们像绵羊一样，他们将追随任何能够保护他们的人，不管他对他们如何粗暴。"

还有一种更强大的力量在起作用，那就是淡漠。1994年的民意测验表明，只有不到5%的人说对政治感兴趣，40%的人回答说没有兴趣，其余的人则拿不定主意。这与1989—1991年的情况相比是巨大的转变。在反对共产主义的示威游行如火如荼的时候，75万人涌进莫斯科最大的广场，高呼"叶利钦，叶利钦！"到了1995年，叶利钦几乎失去了所有的支持者，其余的人也不例外。当时的民意测验发现，没有人能获得公众10%以上的支持率，最受公众欢迎的是改革家格·亚夫林斯基，其支持率介于9%到11%之间，列别德的支持率约为8%，叶利钦的支持率不到5%。

如何解释普通俄罗斯人的冷漠态度？公众信任的丧失是否表明俄罗斯拒绝接受其羽翼未丰的民主制度？投票者倾向于日里诺夫斯基是因为他们想要独裁统治吗？

看来最后一个问题的答案是否定的。议会选举结束以后，俄罗斯舆论研究中心询问日里诺夫斯基的支持者，他们为何投票赞成他。他们的回答令人吃惊。支持日里诺夫斯基的人大多数是年轻的产业工人，他们的工资一般高于平均水平，他们并未因改革而蒙受损失，他们这样投票似乎是为了抗议前几年滥用权力的现象。他们之中的大多数人称他们之所以投日里诺夫斯基的票，是因为他看来像最可能对犯罪采取断然行动的人(他当然会这样做：他保证见到犯罪分子便将其枪毙)。很显然，他的支持者们对他的独裁野心并不特别担心，但是，看来他们也不愿意要纳粹主义或者废除市场改革。

如果支持日里诺夫斯基不一定意味着俄罗斯人拒绝接受民主，那么如何解释他们对于民主的淡漠呢？最令人信服的答案或许是，共产主义垮台以后，俄罗斯人正因"各自为政现象"而受害。法国在大革命以后，美国在19世纪30年代初期由A.杰克逊放宽了选举权之后，都发生过同样的现象。托克维尔曾对该现象进行了分析。

托克维尔写道:“在民主社会初期,人们通常最愿意单独生活。民主革命使之彼此排斥,在平等的状态下仍抱着因以前的不平等而产生的仇恨。”他认为,原因是“以前处于社会顶层的人不能立即忘却其昔日的荣耀,而以前处于社会底层的人又不能毫无顾忌地享受他们新获得的独立。他们远远地站着,害怕与欣喜兼而有之”。

托克维尔的描述十分符合俄罗斯的情况。先前处于社会顶层的是原来的共产党员,他们是从前的社会名流。他们将新的统治者,即叶利钦的领导班子看做压迫者,用所能想到的各种办法咒骂总统及其部长们。相反,“隐隐的不安”,“害怕与欣喜”则反映了新的当权者——叶利钦的支持者们——的态度,他们在共产主义垮台以后,不愿彼此支持,团结一致。

俄罗斯人是否反对民主?

民主缺乏强有力的支持,这会造成多大影响?人们自然认为这关系重大;只有得到广泛的支持,民主才能稳固;而要得到广泛的支持,则要求民众对民主究竟意味着什么形成统一的认识。

但令人惊奇的是,来自那些稳固的民主国家的证据并没有证实上述看法。实际上,只有就最基本的问题才能达成广泛的一致。接受调查者普遍认为,民主是政府的最佳形式,但当谈到民主的实际含义时,就没有统一的看法了。

在现代政治科学的一篇最有影响的文章中,J.W.普罗斯罗和C.M.格里格对稳固的民主需要就政治的基本原则达成共识这一假定进行了检验,结果发现它证据不足。

他们挑选了美国的两个城镇——密西根的安阿伯和佛罗里达的塔拉哈西——进行调查,他们分别就民主作为抽象的原则及它实际应如何运作向接受调查者提了一系列问题,几乎每个人都同意“民主是政府的最佳形式”及“国家官员应以多数票当选”。但人们同样认为,“如果一个共产党员合法地当选为市长,人们不应允许他就职。”人们还认为,“当为决定由税收资助的事业进行全市投票时,只应让纳税者参加投票。”看起来,拥护民主是一码事,而把构成民主行为定义为什么又是另一码事。

但没有一个人认为安阿伯和塔拉哈西不存在民主。看来,即使许多人并不坚持民主的每一个方面,它仍然能够运作。这反过来又让人对民主依赖于广泛的支持这一观点产生了怀疑。实际上,结论一定是,民主制度实则是依赖别的东西发挥其日常作用的,例如依赖政治家的行为方式。当然,人们必须总体上忠于民主原则,不论这种忠诚如何模糊。

俄罗斯人与其他民族相比,究竟怎么样?事实表明,他们不如美国人那样全身心地钟情于民主,但其内心还是拥护民主的。20世纪80年代末期,为争取自由选举,在俄罗斯的各大城市发生了大规模的游行示威,参加者不仅仅是热衷于政治的社会名流,还有上百万的平民百姓。大量的政党应运而生,这似乎与俄罗斯人对于民主的淡漠并不一致。尽管1989—1994年间进行选举的次数超乎寻常,参加投票的比例依然很高。即使在这4年之中进行第九次选举时,参加投票的选民比例仍超过了50%,这与美国大选时的情况大致相同。

在此期间,尽管改革遇到了种种困难,俄罗斯人对改革的支持始终如一。1991年6月,叶利钦,这位以改革著名的候选人,赢得了57.3%的选票。在1993年4月的一次全国投票中,58.7%的投票者称他们对叶利钦担任总统有信心,53%的人赞成他的社会经济政策。接着,在1993年12月,有56.6%的人对新的“改革”宪法投了赞成票。1991年6月以后的30个月中,俄罗斯迭经创伤变故,选民对于改革的支持却毫不动摇。当然,改革与民主不是一回事,但在俄罗斯改革确实意味着以多元化的制度代替原来的独裁制度,这似乎至少为防止权力的天平向独裁统治过度倾斜增加了一个砝码。

民意测验曾经显示,只有半数俄罗斯人认为他们的国家需要民主,而只有不到半数的人认为他们拥有民主，但全体选民以实际行动对上述结果做了修正。这表明杯子是半满的，而非半空的。总的说来，公众态度的有关事实表明，尽管俄罗斯人未对民主提供足够热情的支持，他们还是倾向于赞成改革路线，哪怕这条路线还颇为含混。要维持民主政权，究竟需要多大程度的公众支持？根据其他国家的经验，俄罗斯人对于民主的支持尚嫌微弱，不过已经大致充分。

民主主义者是否反对民主？

托克维尔所说的民主革命以后产生的极端个人主义，既令普通市民身受其害，同样也有助于说明某些俄罗斯政治家的反民主行为，以及解释俄罗斯的政党最初为何未能发展起来。

从前的民主主义者一下子转向了独裁国家主义，这表明至少有一部分俄罗斯政治家并非坚定地忠于民主。1993年10月，亚·鲁茨科伊站在白宫的阳台上号召武装反对政府。然而，仅仅两年多以前，他还在总统竞选中与叶利钦一起奔走呼号；在1991年那次失败的暴动期间，他还与叶利钦并肩作战，组织俄罗斯议会对抗克格勃。鲁·哈斯布拉托夫和其他若干人都步其后尘。共产主义历经四代人，共产主义垮台初期许多政治家对民主并不热心，这不足为奇。但是，看到那些起初宣扬民主原则的政治家后来却背弃了这些原则，会让人联想到，一些一流政治家尚未真正做好迎接民主的准备。

对于权力，俄罗斯的政治家似乎普遍持有一种与其西方同仁不同的态度。西方政治家一般从妥协、权衡和建立联盟的角度来看待民主进程中的争斗，要达到任何目的都离不开这些手段。譬如，一个政党同时控制总统、参议院和众议院的情况在美国是很少见的，处理政府事务需要在党派之间进行合作。在欧洲大陆的许多国家也是如此，很少有一个政党能获得绝对多数，要组建任何形式的政府都需要建立一个联盟。政治就是从事可能性的艺术。

相反，一些俄罗斯人似乎是从权力、胜利和失败的角度来看待民主进程的。对他们来说，政治是一种成则为王败则为寇的游戏。反对叶利钦在1991—1995年间的经济政策的人被特别称做“不妥协的反对派”。1994年初，对议会的攻击刚刚过去了几个月，俄罗斯广播电台和英国广播公司为了制作关于民主的一个系列节目，采访了400位俄罗斯政治家和150多位议员。在1个小时的采访过程中，许多人提到权力的次数超过24次，其中一些人甚至重复这个字眼达100次之多。一位有影响的议员谢·斯坦克维奇在谈到议会与总统之间的斗争时说：“我们丢不掉俄罗斯人的本性，我们首先得知道谁大权在握。”

如何解释这种行为？毫无疑问，部分原因是因为俄罗斯的国家主义具有相当的诱惑力，但另一部分原因则与民主在俄罗斯是全新的事物有关。在《美国政治的共识和思想体系》一书中，H.麦克洛斯基指出，刚刚涉足民主政治的人或组织的行为一般异于那些有经验的人或组织。他以美国在20世纪60年代和70年代的事例说明了这一点。出于反对越南战争和参加公民权利运动的需要，许多积极分子第一次置身政界，一时之间出现了许多团体，如黑豹和其他反战组织，他们毫不妥协地坚持自己的要求，很难容忍他人的观点。

在20世纪90年代初，对于民主如何运作，俄罗斯人都没有直接经验，而只是对别国的情况有些了解而已。不仅如此，1991—1992年间的许多政界显要根本不是政治家。譬如，在叶利钦的首届内阁中，许多成员是来自莫斯科经济政治学院及其圣彼得堡分校的学者，议会中的许多代表是工厂管理者和国营农场主席。

考虑到这些情况，应当说俄罗斯的政治家相当擅长于妥协与适应的艺术。1991年后的最初5年中，俄罗斯的政府是包括激进的青年专家、旧式苏联官僚和介于二者之间的形形色色势力的联盟。尽管四周遍布严重的政治骚乱，如此广泛的联盟还团结在一起，这真不同寻常。他们之所以能够做到这一点，是因为实际上改革者在必要的时候会接受官僚们的要求，而官僚们经常听任改革者制定主要的经济战略。所以，尽管当初盖达尔坚持留任，以完成私有化计划，但面对官僚们的要求，他终于在1992年春天做了让步。私有化的负责人丘拜斯对工厂管理者和工人做了许多让步，以求得对整个私有化计划的支持。他甚至允许莫斯科市长在首都执行一个不同的计划，以确保他的计划能在其余地区实施。

另一方面，1993年，尽管旧官僚反对紧缩银根，作为一名旧官僚，总理切尔诺梅尔金还是接受了改革者的要求。在所有的人中，叶利钦是最出色的折中主义者，他善于平衡相互竞争的各种力量，保持那种脆弱的联盟。多亏了他的努力，尽管政府的经济政策日益不受欢迎，但政府始终能够避免与公众形成对抗。

政党为何未发展起来？

虽然政界名流的“各自为政现象”没有扼杀妥协的艺术，但它确实有助于解释为何未能建立一个稳定的政党制度。

有一点应当注意，政党并非民主的同义词。实际上，没有政党，民主依然可能存在，在民主制度的初期尤其如此。

美国的缔造者们大多不赞成政党，不屑一顾地把政党视同为帮派。麦迪逊在《联邦党文集》第十篇中指出，帮派滋长腐败，妨碍民众根据问题本身的是非曲直做出判断。美国宪法中没有关于政党的条款。直到19世纪30年代，才建立了稳固的两党制。但美国在其独立之后的最初半个世纪中却是世界上最民主的国家之一。法国则是一个现代的例子。在法国，政党从来不是持久的组织。20世纪80年代和90年代称雄政坛的政党都是新近成立的：社会党创建于1971年，保卫共和联盟创建于1976年，法国民主联盟创建于1978年。虽然其方式各个不同，它们都是其创建者(F.密特朗、J.希拉克和V.G.德斯坦)的工具。法国的各党派总是在不断地分裂和重建，但法国却是一个民主国家。

这样就让人对下列论点产生了怀疑：俄罗斯无休止的政治纷争和

政党泛滥表明，俄罗斯缺乏使民主运作的持之以恒的努力和社会凝聚力。其他国家的情况也能说明这一点。“各自为政现象”不仅发生在俄罗斯，它是所有前共产主义国家政治的共同特点。在整个东欧和前苏联，由包括各个社会团体(甚至还有秘密警察，如在罗马尼亚)的联盟推翻了共产主义，如此广泛的联盟即使在最佳的环境中也不可能长期存在，何况经济改革初期并没有最佳的环境。各国的这些联盟领导群众游行示威，驱逐了共产党，成立了第一届政府，然后他们便破裂了。人们目睹了主要的反对派组织的瓦解：波兰的团结工会，立陶宛的萨尤季斯(民族运动)，捷克斯洛伐克的“公共论坛”。民主俄罗斯也不例外，这场具有广泛社会基础的反共运动曾在1991年的大选中帮助叶利钦组织了竞选活动，后来却也瓦解了。在各国共产主义的废墟上冒出的政党数目之多，前所未有。在1991年10月的波兰选举中，参加角逐的有67个政党；1992年9月的罗马尼亚选举中，参加竞选的政党多达74个。实际上，第二次世界大战以后，在两大阵营形成之前，当西德致力于从纳粹的废墟中建立一个民主国家时，其国内的政党数目也迅速增加。

通过与其他国家的对比可以看出，尽管俄罗斯的政党制度发展尚不充分，会造成政治混乱，但这未必证明社会不能保持稳定。波兰和罗马尼亚倒没有分裂成70来个集团，乃至于急需有人将其从无政府状态中拯救出来，但政党的泛滥确实在第一届议会中造成混乱。共产主义垮台以后，波兰的第一届议会中共有29个政党，其中没有一个政党占有的席位超过14%，仅1992年一年，波兰就换了三届政府。这当然是一个极端的例子，不过，的确只有一个东欧国家(阿尔巴尼亚)有一个政党在议会中占有的席位超过半数。在所有这些国家中，通常由三四个政党组成很不稳固的政党联盟。

这给人造成这样一种印象：政局如此不稳，以致民主自身也岌岌可危。但事实并非如此。在波兰和其他东欧国家，民主正不断巩固。尽管俄罗斯在形成目标一贯的政党方面落后于东欧国家，其政党数目多于邻国，但俄罗斯的民主也在不断巩固。

政党未能发展起来的某些原因是暂时性的。共产党使得人们对“党”这个字眼反应强烈，使党的纪律与政治清洗成为同义词。

因为有议会制度，才需要有政党。但是，1990年3月俄罗斯的首次人民代表大会选举是在共产党放弃权力垄断刚刚6个月时进行的，还来不及创建政党。接着便是总统与议会的斗争，这使得党派竞争处于次要地位。只有在1993年的选举以后，形势才开始发生变化。

此外，叶利钦像戴高乐将军一样，不愿介入党派纷争，以便有尽可能多的活动余地。1990年他宣称，只要他还担任俄罗斯的领导人，他就不会参加任何政党。1992年，他拒绝了创建一个“总统党”以帮助对付议会的种种努力，并谢绝参加俄罗斯选择定于年底召开的成立大会。许多观察家认为，俄罗斯选择在广大选民中宣传叶利钦的改革政策，而叶利钦拒绝支持该党，这在很大程度上导致了该党在选举投票中的失利。这种评论可能是正确的，但叶利钦拒绝介入政党纷争，却使他能做一些更重要的事情：保持联合政府的团结，使一个业已分裂的社会不再继续分裂。

有证据表明，俄罗斯的政治形势正在逐步改观。到1995年，基于不同社会集团的政党已具雏形。譬如，共产党代表的是旧官僚和靠社会福利生活的人，特别是那些领取养老金的人。前者自改革以来日子便不好过，而后者的境况则更糟糕。农业党代表国营和集体农庄的利益。这种向明确的利益集团政治的转变，在切尔诺梅尔金这位叶利钦的第二任总理的身上表现得淋漓尽致。他拒绝参与1993年的选举，并声称自己作为总理，只是一位与政治无关的专家。1995年，他更弦易辙，创建了自己的政党，起了个奇怪的名字叫做“我们的家园——俄罗斯”，尝试建立一个代表俄罗斯新兴大企业经营者利益的政党。切尔诺梅尔金以前经营的天然气垄断公司“燃气总公司”便是这样的一个大企业。这个新生的政党被银行家们称为“燃气总公司家园”，该党有较强的经济实力，且比较稳固，在1995年的选举中排名第三。

该党的长远发展依然堪忧，代表企业主中心阶层的其他努力都遭到了失败，但切尔诺梅尔金决定涉足政治纷争，依然标志着一个重大的转变。在根据1993年的宪法建立起来的政治机构中，他是投身政党政治的最著名的一位成员。

到1995年，俄罗斯的政党政治开始接近18世纪英国的利益集团政治。鲜有真正的政党，到处是腐败和精明的讨价还价，但是政治机构中那些举足轻重的人物已经开始利用政党来巩固自己的利益和主张。这并非健全的政党政治的民主，但我们至少可以看出支持多党民主的地基已经成形了。

是否存在军事威胁？

相反，要看出对极端独裁主义的支持何在，倒更困难些。

诚然，如果民主政府遭到足以威胁政治制度的某些强大集团(如军队、警察或安全部门)的公开反对，它便不能保持稳固。

诚然，俄罗斯军队具有强大的实力，而且军队充斥着不满情绪。俄罗斯的军队是世界上最庞大的军队之一。1994年，国家财政预算的25%用于军队，但仍有成千上万的军官住在帐篷里，普通士兵的津贴更是少得可怜，军需官们抱怨说，他们甚至没有足够的钱购买食品。

然而，军队的传统是坚决反对介入政治纷争。在俄罗斯，军队始终由文职官员牢牢控制。在共产主义制度下，所有的军官都必须是共产党员，军队中建立了党小组，由忠诚分子组成，专门监视军队里的动向。在20世纪30年代，斯大林能在一系列的清洗中屠杀大批军官。

实际上，即使有政府的命令，俄罗斯军队也不愿介入国内政局。米·沙波什尼科夫将军，一位二战英雄，1943年曾因在第聂伯河上架桥而荣获金星奖章，在1962年因不服从政治局的命令，没有向南部城市新切尔卡斯克的罢工工人开枪，而毁掉了自己的前程。他这样做是为了维护军人置身于政治之外这一俄罗斯军队引以为自豪的传统。

但是，这个传统却差点葬送了叶利钦。在其第二本自传中，他描述了1993年10月3日晚上，当支持议会的力量企图控制莫斯科时，军队的反应如何。他写道："我看到，尽管国防部长一再许诺，军队出于某种原因还是不能尽快行动起来，保卫莫斯科，制止叛乱分子。我们所有的人——我、国防部长、政府和我们的社会——都坚持军队置身于政治之外。但是现在，当号召军队保卫社会免遭暴匪、法西斯分子和犯罪分子的洗劫时，军队的行动为何如此迟缓？它为什么如此不服从命令？"

答案似乎是，与20世纪70年代的拉丁美洲不同，俄罗斯军队并不认为自己是国家的监护者。将军们可能对他们的待遇牢骚满腹，但他们并不认为自己比政治家们更善于治理国家。

随着军队士气的低落，他们接管国家的可能性更加渺茫。1995年俄罗斯军队在车臣充满伤亡累累的笨拙行动表明，除非付出极大的代价，否则军队甚至无法控制俄罗斯联邦的一小部分地区。从该事件来看，特别是考虑到军队在车臣遭遇的那一点点地方武装的抵抗，由军队接管整个国家将更危险。这个教训不可能被很快淡忘，任何将来的政变领导人都必须想到，任何以武力诉诸中央政府的企图都将遭到全国各地区的抵制。正如哈佛大学的历史学家R.派普斯所说，"将来的独裁统治只局限于两个城市(莫斯科和圣彼得堡)，该国的其余地区将我行我素。"要记住，俄罗斯军队的士兵大多是应征入伍的，士兵看来根本不可能赞同军队可以拯救国家的观点。民意测验结果表明，只有不到1/3的青年人认为服兵役是一种光荣的义务。

有一件事可以改变这种情况：如果俄罗斯正处于战争时期，军队便可因此而被卷入政治。所以，这一点非常重要：俄罗斯当前的改革与此前所有致力于现代化的努力的最大区别之一在于，俄罗斯现在处于和平时期。以前所有改革方案实行的时候，因为存在战争的威胁或正处于战争之中，政治的基本任务之一就是保持一支强大的军队。看来，俄罗斯现在第一次可以大致不受军队的威胁。

严重倒退的可能性

尽管如此，俄罗斯的近期前景依然十分模糊，因为其政治形势变幻莫测，并且还因为，到了1995年，人民生活水平开始有所恢复。托克维尔有一句名言："当罪恶看来不可避免时，人们可以耐心忍受；一旦逃脱罪恶成为可能，罪恶便变得让人难以容忍。"

1995年12月的议会选举是俄罗斯经济改革开始以后的第二次选举。在东欧的其他国家，在共产主义崩溃以后的第二次选举中，改组以后的共产党都表现出了强大的力量。俄罗斯共产党并未进行改组，但他们在1995年的选举中仍成为最大的党，赢得了1/3的选票，为该党领导人根·久加诺夫竞选总统提供了有力的支持。在1993年的选举中，对民主的最大威胁来自民族主义右派，现在看来威胁却来自共产党左派(他们也是野心勃勃的民族主义者)。久加诺夫自称为温和派，声称共产党承认私有财产，欢迎国外投资者，只想"在自愿的基础上"建立一个新苏联。然而，该党的其他成员却在谈论一个秘密的最高纲领，比其最低竞选宣言范围要广得多。支持久加诺夫的50来个独立团体就共产党人为什么而奋斗争论不休，彼此不和。如果现行政策得以完全实施的话，共产党与俄罗斯新兴社会名流之间更可能发生冲突。这些社会名流实力强大，即使共产党想无视他们的存在，也不可能得逞，但任何类似的企图都将造成灾难性的后果。这些社会名流的影响，将会限制共产党对苏联瓦解之后的政治经济安排所可能造成的破坏。

在这样的环境中，少数政党拥有的民众支持率大致相当，它们将继续你争我夺，以联合政府的形式统治国家。

但是，也不排除这种可能：政党纷争僵持不下，却为一位有望迅速稳定大局的民粹派人物铺平道路。这是一种波拿巴现象，一位强有力的改革派或共产党领导人，依靠民众的支持上台执政，恢复社会秩序，而不在意民主制度。这样一个人可能利用总统的职位执行更强硬的外交政策，可能寻求对经济施加更加官僚式的控制。毫无疑问，那将在相当长的一段时间内打破俄罗斯的政治平衡。

然而，留给波拿巴主义者的可趁之机越来越少。俄罗斯的国家机器依然相当软弱，民众的支持变来变去，军队希望置身于政治之外。很难设想某个民粹派领袖有足够的力量来重新实行计划经济，将条块分割的经济重新加到国家头上。这样的事情将会遭到俄罗斯新兴实业阶层的强烈反对。这样充其量只能建立一个广泛寻租的、几乎无疑是腐败的制度。他也不可能把俄罗斯重新变成一个高度集权的国家，这样会遭到地方的抵制。

这样一个人也不可能坐稳总统宝座。因为国家的力量依然相当软弱，于是他需要公众对他的支持。腐败的寻租经济制度将对经济造成破坏，使少数富有者从中渔利，而使公众对其丧失信心。从车臣要求独立而对其进行武力攻击所引起的反感来看，采取强硬军事外交政策的后果也将如此。某个波拿巴可能窃取俄罗斯的政权。他能否长期把持政权则是另外一回事。

民主能否持久？

俄罗斯民主的远景如何？即使俄罗斯将来建立了独裁统治，民主仍将具有众多社会经济方面的支持。俄罗斯民主的远景要好于其近期前景。这里谈一谈对于民主的根本支持所在。俄罗斯的社会类型正适合于民主制度的繁荣昌盛。一般说来，如果一个国家比较富有，其社会结构比较复杂，不存在严重的种族隔阂，人民受教育程度较高，国家都市化程度较高，国内俱乐部和非正式协会比较发达，已形成了一个市民社会，那么这个国家便更可能建立和发展民主制度。而俄罗斯具备了上述所有特征。

富裕程度。富裕程度和民主关系密切。除了几个突出的例外，世界上最富有的国家均为民主国家，而绝大多数最贫穷的国家则不是民主国家。如果画一张示意图，将世界上的国家按自由、部分自由和不自由进行分类，这张图将会与按富裕、中等收入和贫穷国家进行分类的示意图极其相似。从经验推断，富裕国家一般是民主国家。

1959年，美国一位教授S.M.利普塞特第一个去考察这种经验推断是否有事实根据，结果发现证据确凿。在对欧洲和美洲的49个国家进行分类之后，他得出结论：在较为民主的国家，平均富裕程度、工业化和都市化程度及公民受教育的程度都高得多。后来根据更丰富的资料进行了更为严谨的研究，结果也证实了这个结论。

上述结论没有涉及富裕程度与民主之间的因果关系。富裕可以促进民主，因此，随着人民逐渐富裕起来，他们要求选举自由、言论自由和其他权利。前苏联发生的变化便属于这种类型。或者，二者的因果关系也可以倒过来：民主可以促进财富积累，因为它限制了富有的统治者窃取和浪费国家钱财，或因为它可以促进社会的稳定，有助于更好地进行经济决策。不论二者孰为因孰为果，对于俄罗斯能否保持民主这一问题，重要的是富裕程度和民主之间确实存在相辅相成的关系。1993年俄罗斯的人均收入为2340美元，比英美这样发达的民主国家要贫穷一些，但比泰国和马来西亚这样处于高速发展时期的亚洲民主国家要富裕一些。如果富裕程度对于民主至关重要(看来是这样)，俄罗斯现在的富裕程度已够使它成为一个民主国家。

多元化。富裕有助于国家的民主，其主要原因在于，越富有的国家，其社会结构越复杂。在一个自给自足的村庄里，大多数人只关心庄稼的收成和农场的牲畜，或者种植加工粮食，或者为农夫制造农具。在这个与外界隔绝的世界里，只有几种职业，人们无需互相依靠。现代的工业化或后工业化世界则复杂得多，其中存在多种不同的经济利益，存在竞争，存在公开交流，存在形形色色的职业，它是经济上的五彩市民社会。

在这种类型的社会中，任何单个社会集团都很难把权力集中在自己手中，长期抓住不放。相反，权力从中央下放到个人或团体，而个人和团体都拥有平等的机会和权利——“人人都具有某些与生俱来的平等权利”。

1991年的俄罗斯经济远比1917年时繁荣和复杂，那时列宁接管的是一种农业经济；也比20世纪30年代斯大林开始其过激的工业化进程时复杂。1992年以后，经济改革结束了中央计划人为造成的过于简单的社会经济，经济生活的各个方面不再服从于一个包罗万象的五年计划，社会变得更加复杂了。

城市和教育。俄罗斯在另外两个方面——城市和教育——体现了一个生机勃勃的现代化社会的特征。在过去半个世纪中，俄罗斯人源源不断地从乡村涌向城市，这种迁移像许多发展中国家一样富有戏剧性。1939年，2/3的人口生活在农村(与摩洛哥现在的比例相同)，靠土地谋生。现在3/4的俄罗斯人生活在城市。俄罗斯已经具备了西方发达国家的许多人口特征：99%的人口有读写能力(这个比例超过了英国)，96%的人读过中学。

教育是产生民主的复杂多元化社会的必备特征。通过对5个国家的研究得出了如下结论：教育对人们的政治态度有重大影响，人们受的教育越多，他们参与政治活动的可能性越大，寻求影响政府的信心越足。就教育而言，俄罗斯具备民主发展所需的一切条件。

市民社会。托克维尔认为，美国民主成功的最重要的原因是人民的习惯，它使得美国人民成为美洲唯一一个能够拥护民主政府的民族。他特别提到了市民社会的蓬勃发展；美国有“扶轮国际”[①]的地方分社、保龄球协会、教会等各种社会团体。他认为，市民社会的繁荣可以对国家权力产生一种制约和平衡作用。这意味着政治多元化，单个社会

①Rotery Clubs，一个中产阶级的著名国际性社团。——译者注

团体不能像苏共那样代表每个人的利益。因此，必须多个政党共存，以代表全体人民的政治观点。

1986—1995年间，俄罗斯市民社会的发展空前繁荣，这首先是因为实行了政治开放政策。后来共产党放弃了权力垄断，这又促进了市民社会的发展。70年来，共产党不仅压得与之竞争的政党无立锥之地，任何形式的独立政治组织，甚至男孩子们的俱乐部也无法存身。相反，共产党自己则建立了若干社团，如少年先锋队和共产主义青年团。少年先锋队是苏联的少年童子军组织，实际上8至13岁的少年都应加入该组织。当退出少年先锋队以后，便应加入共产主义青年团了。为了到马克西姆·高尔基村参观和到帕米尔高原游览观光，共产党还成立了专门的俱乐部。事无巨细，都逃不过共产党的眼睛。人们曾希望，共产党一旦放弃政权，也许就什么事情都可以做了。

人们果然如愿以偿。共产党下台，使社会生机勃发。实际上，成千上万的独立团体应运而生，如哥萨克军团、作家协会及生态保护运动。例如，生态保护运动便关注过贝加尔湖的污染问题，这是由于一家家具厂将漂白剂倾倒在湖里造成的。①各式各样的党团与成千上万的其他组织一道促进了市民社会的复兴。俄美大学为将所有这些民间团体进行分类，出了整整10卷书。政治开放的结果使俄罗斯人再次置身于独立的社团和协会的世界之外。

俄罗斯的社团重现生机，这一方面是哺育民主的不可或缺的温床，另一方面也是使社团的发展混乱无序的极端个人化思潮的表现。

种族团结。与俄罗斯民主的前途息息相关的最后一个重要的社会特征是其种族组成。如果国家的一部分人认为其生活方式正受到另一部分人的威胁，民主的前景便为之黯淡了。所以，凭经验推断，一个

①贝加尔湖是一自然奇观，它储存了世界1/5的淡水供应，是世界上唯一封闭的淡水资源。——原注

国家的民族或文化集团的区别越明显，它们之间抵触越多，要使民主保持稳固便越困难。

乍看起来，民族冲突确实是一个让人忧虑的问题，因为俄罗斯是一个多民族的国家，而非单一民族国家：有2 700万人分属于几十个民族，生活在俄罗斯的20个“共和国”内，这些“共和国”是具有各自的宪法和法律的自治州。

但是，问题并非俄罗斯是否是一个单民族国家——这个问题的答案显然是否定的。真正的问题是，它能否控制其种族矛盾以便民主得以继续存在(就像在比利时、美国和印度一样，它们均非单民族国家)?现在的证据表明，答案是肯定的。尽管俄罗斯并非单民族国家，它仍是一个相对均一的社会。1989年，俄罗斯族人占了人口总数的83%，俄语是俄罗斯人通用的语言，各地要么只有一个教会(俄罗斯东正教)，要么没有教会，但不存在两个或更多的教会。

下一章将论述，在1991—1995年间，俄罗斯在建立适当形式的联邦制度、缓解民族紧张局面方面取得了进展，尽管进展缓慢。现在的俄罗斯比任何时候更加团结。它或许不是民族国家，但它比过去更接近于民族国家，与好几个欧洲国家的情形相近。

评　价

仅仅因为俄罗斯比较富有，都市化程度较高，人民受教育的程度较高，种族之间比较团结，便认为俄罗斯将来一定还是民主国家，这是错误的。在20世纪30年代，德国和意大利都具备上述条件。因为1995年俄罗斯的政局只是在半成形的民主和权力过分膨胀的总统之间保持一种相对稳定的平衡，所以民主仍有可能偏离正轨，被一个蛊惑人心的政客篡夺政权。但是，如果他丧失了选民的支持，便不可能稳坐总统宝座。选民的态度、政治家的行为以及逐步发展起来的政党都表明，民主不会倒退为独裁，因为它已深入人心。到1996年，俄罗斯保持民主的可能性比以前更大了。

第十一章

俄罗斯会分裂吗?

俄罗斯与苏联的相似之处 · 俄罗斯与苏联的不同之处 · 联邦条约 · 入侵车臣 · 改革的赢家和输家 · 下诺夫哥罗德州的改革 · 勃列日涅夫式的天堂乌里扬诺夫斯克 · 中央如何才能帮助那些改革进展缓慢的地区 · 评价

要了解俄罗斯的改革情况，必须知道俄罗斯幅员辽阔，整个俄罗斯不仅仅是莫斯科和圣彼得堡,就像美国不仅仅是纽约和华盛顿一样。但许多人仍认为莫斯科的政治、权谋、时尚及其所关注的焦点大致代表了整个国家相应方面的情况。在苏联时期，克里姆林宫的政治无所不包，这种情况是可以理解的，但现在已经时过境迁。

1991年以后，在改革的最初几年中，最重要的结果之一便是权力的天平明显由中央向地方倾斜。这种权力转移有时杂乱无章，经常毫无计划，总是让人理不出头绪。但权力正确定无疑地由中央下放到地方，这具有极其重要的意义。综观整个历史，不论沙皇还是人民委员坐镇克里姆林宫，俄罗斯都在莫斯科的牢牢控制之中。地方贵族需要说服中央，适应中央的要求，其权力便受到限制，它们实际上没有自治权。这是俄罗斯以前的改革失败的主要原因之一。一切由上层决定，而未能赢得基层官员的支持。本来期望基层官员将改革付诸实施，但他们却经常对克里姆林宫的指示置之不理，或者蓄意破坏。这一次情况不同了，地方官员可以酌情处置。一些人的态度比中央还要激进。另一些人尽心竭力。人人都参与其中。

1995年，俄罗斯公共开支中约有一半记在地方政府的名下，用于各种社会福利计划(包括学校、福利、住房)的钱有80%是由地方政府花费的。在1993—1994年的仅仅18个月中，由地方政府负责将100000家小型国营公司及除了最大的企业外的所有16000家大中型企业变卖为私人资产。它们负责数以百万的住宅群、医院和幼儿园，这些在计划经济条件下原本由专门的公司负责，但此类公司在私有化以后被私营商号取代。仅举一个例子。在叶卡捷林堡有一家生产资料公司叫做乌拉尔重型机器制造公司，它实际上管辖一个地区，负责该地区所有的公寓、学校甚至公交系统，它的新老板将44000套公寓的所有权转让给一家控股公司。1995年，乌拉尔重型机器制造公司负担了95%的维护费，当地政府负担了5%。但是，该公司计划在今后5年内每年将其所负担的维护费削减20%，所以到2000年维护费将全部由当地政府和居民负担。这种处置办法在俄罗斯比比皆是。由当地政府决定是否出售1995年所拥有的公共土地。总之，它们负责实施私有化，几乎一夜之间产生了4000万股民，这一改革极大地改变了俄罗斯人的生活。因为地方政府负责福利开支和出售土地，所以经济改革第二阶段的成败主要取决于它们。经济改革第二阶段主要是巩固最初取得的成果。盖达尔这位激进改革的主要建筑师说得好:“整个决策过程重新做了调整，国家不再完全由莫斯科控制。”

“调整”一词或许不甚确切。像俄罗斯的大部分事情一样，中央向地方的权力转移乱成一团，随心所欲，毫无计划可言。这种权力转移最初是由机会主义引发的。随着中央政府的瓦解，地方上的政治家们趁机为自己攫取权力。在所谓的法律之争中，议会和政府各自通过了相互抵触的法律，使地方政府可以趁机挑三拣四，执行那些它们喜欢的法律，而对那些它们不喜欢的法律则置之不理。中央政府的高压统治失灵，部分地区伺机将其所征收的税款扣留得更多，并要求享有更大的自治权，甚至完全独立。中央和地方的关系如此混乱，以致许多观察家怀疑俄罗斯能否作为一个国家继续存在。观察家们指出，正是加盟共和国中的民族主义者和种族要求导致了苏联的分裂，它们拒绝向中央政府交纳税款，使之财源枯竭，从而挫败了戈尔巴乔夫改革苏联体制的努力。现在俄罗斯正受到其所辖民族区域的威胁，它们同样以其征收税赋的权力为武器反对中央政府。本章开始将讨论：俄罗斯是否会重蹈苏联的覆辙？或者，叶利钦比戈尔巴乔夫更好地处理了分裂问题吗？然后讨论下列问题：俄罗斯新的联邦制度运作情况如何？哪些地区从改革中获利，哪些地区因此而蒙受损失？地方是问题的一部分还是解决问题的办法的一部分？如何解决地方问题？

俄罗斯与苏联的相似之处

许多人认为俄罗斯会像此前的苏联一样，注定要分裂，这种看法不足为奇。二者有许多相似之处。苏联是一个帝国，而非一个国家；俄罗斯更像那个帝国的残骸，而不像一个民族国家。苏联以俄罗斯为核心，由15个加盟共和国组成，每个共和国都有一个主要的民族；俄罗斯以俄罗斯为核心，包括十几个所谓的共和国，每个共和国都有一个名义上的民族，如在鞑靼斯坦是鞑靼人等。1989年的人口普查表明，俄罗斯有126个不同的民族。在前苏联和俄罗斯，都有一些地区要求加快改革步伐，其速度超出了中央政府所乐意允许的范围，但另一些地区则希望中央放慢改革进度。在前苏联和俄罗斯，都出现了一些野心勃勃的政治家，他们向总统的权威挑战，分别在两起关键事件中——1991年8月的苏联政变和1993年俄罗斯议会的解散——发挥了重要作用。关于税收的争论对这两起事件都至关重要。

在1988年11月至1990年7月期间，苏联的各共和国接连发表主权宣言，声称共和国的法律高于苏联的法律，其中有4个共和国宣布独立。主权问题也同样影响了俄罗斯的政局。1990年，叶利钦为了在其反对戈尔巴乔夫的斗争中赢得广泛的支持，访问了俄罗斯第二大共和国鞑靼斯坦，他告诉他的听众："我认为鞑靼人民有权决定自己需要何种形式的自治。"1992年，鞑靼人决定他们需要最大程度的自治。他们通过了一部宪法，规定鞑靼斯坦是一个主权国家，其法律高于俄罗斯的法律。针对叶利钦的宪法进行的公民投票在那里被宣布无效，因为人们对此缺乏兴趣：只有14%的鞑靼选民费心投了票。在这同一次投票中，与之接壤的巴什基尔斯坦穆斯林共和国的选民有53%反对俄罗斯宪法，该国议会即刻通过了一部宪法，像鞑靼宪法一样，该宪法也声称共和国的法律高于俄罗斯的法律。1993年这两个共和国向中央政府交纳的税款微不足道。另外两个共和国——高加索的车臣和远东的雅库特——也是如此。夹在俄罗斯和蒙古之间的图瓦共和国，在1993年12月的公民投票中只有不到1/3的人赞成俄罗斯宪法，而大多数的人则赞成本国宪法允许当地议会在该共和国内取缔俄罗斯的法律。1991年10月，俄罗斯的一个共和国，位于高加索地区的车臣真的宣布独立。车臣是在沙俄帝国向南扩张的过程中，与格鲁吉亚、亚美尼亚和阿塞拜疆一起被征服的。在1992—1993年间，俄罗斯看来真的要分裂了。

俄罗斯与苏联的不同之处

俄罗斯与苏联的不同点要大于其相同点，其不同之处主要有5点：

第一，尽管进行了几十年的宣传，苏联始终没有培养出列宁所说的一种新人，以苏联意识取代旧的民族意识。在最后几年的政治开放中，苏联意识彻底瓦解了，旧的民族意识得以重新确立。俄罗斯意识却从未丧失。俄罗斯不同于苏联，它有一个中心地带，即乌拉尔山脉以西的俄罗斯欧洲疆土的绝大部分、西伯利亚的绝大部分及远东地区，这个中心地带基本上没有受种族冲突的影响。俄罗斯联邦中82%的人口是俄罗斯族人。诚然，该中心地带的地方政府与中央政府之间也存在矛盾。斯维尔德洛夫斯克(叶利钦的出生地)的州长谈到要建立一个“乌拉尔共和国”,新西伯利亚和符拉迪沃斯托克(海参崴)的地方领导人曾想建立一个西伯利亚共和国和远东共和国。但是，地方政府和中央政府的争议集中在经济上，如税率、对地方工业的补贴及对资源的控制。在中心地带没有发生民族问题。相比之下，苏联则没有一个类似的中心地带。如果将15个加盟共和国排除在外，戈尔巴乔夫则成了光杆司令。而即使把俄罗斯的21个共和国排除在外，叶利钦仍然控制着国家的大部分领土，在俄罗斯联邦总共14 800万人口中，这部分地区的人口占了12 300万。

俄罗斯与苏联的第二点不同在于，除俄罗斯外，苏联的加盟共和国原来大部分是民族国家。波罗的海诸国、摩尔多瓦和乌克兰都曾是独立的国家，其边界与现在大致相同。到1991年，它们或多或少地联合起来，反对戈尔巴乔夫。相反，俄罗斯的共和国既不像民族国家，也没有联合反对中央政府。尽管鞑靼人喜欢自称为伟大的鞑靼帝国的后裔，其祖先可以追溯到成吉思汗的继承者，实际上只有图瓦一个共和国在1917年至1944年间曾经是独立的国家。俄罗斯的共和国主要是斯大林分而治之政策的产物，它们的名称——譬如鞑靼斯坦和雅库特——听起来让人觉得似乎在这些共和国中以之为国名的种族占人口绝大多数。这容易让人误解。在北部广袤的干草原和冻土地带上，科米共和国和雅库特共和国是以两支伊努伊特[①]民族命名的，但俄罗斯族人占了那里人口的一半以上。在位于俄罗斯和蒙古之间的3个共和国中，俄罗斯族人占了60%—70%。在所有20个如此命名的共和国中，有9个共和国中的俄罗斯族人占了人口总数的一半或一半以上；在另外8个共和国中俄罗斯族人占了30%或更多。在22个共和国中，只有

①Inuit，即爱斯基摩人。——译者注

6个共和国以之为名的民族的人口多于俄罗斯族人。

俄罗斯各共和国的要求千差万别。这些共和国主要可分为三类。那些最像原来的民族国家后来被苏联兼并的共和国有8个，这些共和国可以称做种族矛盾的热点地区。在这些共和国中，俄罗斯族人都是少数民族，分别占人口总数的9%—40%。所有这些共和国都很穷，平均收入只有俄罗斯的1/3至1/2。除两个共和国外，这些共和国都在高加索地区，位于黑海和里海之间。在以之为名的民族人数多于俄罗斯族的6个共和国中，有4个属于上述共和国。其中问题最多的是车臣。可以预料，该地区将实行独立。俄罗斯国家主义者也不太支持将这些国家全部保留在联邦内。即使亚·索尔仁尼琴这样一位根深蒂固的国家主义者也说应当允许南部的车臣脱离俄罗斯。日里诺夫斯基将这整个地区称为“俄罗斯身上的脓肿”。但是，除一个共和国外，在所有这些高加索共和国内，要求独立的呼声都很微弱。这个例外便是车臣，它在南部的共和国中有些与众不同。它是唯一一个既比较大(有100多万人口)，种族组成又相对均一的国家。高加索地区的其他种族都认为车臣人与别的种族不同，他们更好战，更固执。在一定程度上，他们的邻居印古什人也是如此。车臣领导人退出俄罗斯联邦的决心远远大于其他共和国的领导者，他们与莫斯科当权者对抗得更厉害。

第二类包括资源丰富的较大的共和国——北部的科米和卡累利阿(紧靠芬兰)以及远东的雅库特。它们的收入中等偏上，共和国内大部分是俄罗斯族人，它们所提出的几乎都是经济要求。它们以种族差别作为筹码，与莫斯科讨价还价，以便莫斯科能在税收上做出让步，并提供援助。这些国家退出联邦的可能性不大。1993年叶利钦命令解散议会进行新的选举时，雅库特总统甚至是唯一一个支持叶利钦这样做的共和国领导人。在这些共和国中，俄罗斯族人占人口大多数，这使得俄罗斯的共和国和俄罗斯的关系不同于苏联的加盟共和国和苏联的关系。雅库特不是立陶宛，它甚至不同于拉脱维亚，后者中的俄罗斯族人只占人口总数的30%。俄罗斯的共和国，就人口而言，常常有50%

以上的人口是俄罗斯族；就感情而言只有不到一半的人口是民族主义者，这有力地抵制了非俄罗斯族的少数民族反对俄罗斯的分离主义行动。对俄罗斯国家完整的最大威胁来自第三类共和国，即那些位于伏尔加河流域的穆斯林共和国。譬如，巴什基尔斯坦和鞑靼斯坦这两个人口最多的共和国便属于第三类，它们的人口都超过350万。它们拥有石油资源，连结西伯利亚和俄罗斯欧洲部分的铁路从其境内穿过。俄罗斯的1800万穆斯林中，大多数人的故乡位于这两个共和国。要满足它们的要求极其困难。1992年，鞑靼斯坦拒绝签署一项有关中央和地方权限的条约。1993年它一直声称自己是主权国家，只是事出偶然才自愿加入了俄罗斯(因此可以随时退出)。巴什基尔斯坦倒是在条约上签了字，不过它是在签署了一项秘密条款，获得了特殊税率及经济上的其他让步后才签字的。但是，尽管完全独立并非不可能，可这对它们来说将比俄罗斯满足它们的要求更困难。占其人口总数40%—60%的俄罗斯族人反对独立。这些国家都是内陆国家，在国防和交通方面都要依靠俄罗斯。

俄罗斯和苏联的第三点重要区别与税收有关，这一不同之处也有助于制止分离主义行动。苏联的加盟共和国征收并控制所有税款，能够断绝苏联政府的财源，它们要求自己决定税率和是否免税。俄罗斯的共和国也负责征收税款，然后上交中央政府，但是它们几乎没有独立征税的能力。按照1992年1月的税法，所有的税实际上都由中央政府确定，然后分配给某一级政府。增值税归中央，个人和公司收入所得税归地方。所以，地方收入占联邦税收的份额是固定的。德国的税收制度与之类似，地方政府几乎无权决定自己的征税基准和税率。和美国不一样，俄罗斯完全没有州收入税和营业税。按理说莫斯科应该比俄罗斯的大部分地区拥有更大的权力，建立自己的征税基准，但即便是莫斯科，其90%的收入也来自由联邦政府确定的税收，这便限制了莫斯科的财政独立和地方政府的财政实力。除了已经提到的4个共和国外(鞑靼斯坦、巴什基尔斯坦、车臣、雅库特)，俄罗斯的其他共和国和行政区都继续受这种收入分配制度的约束。

第四点不同与潜在的种族或政治差别没有直接关系，但与这些差别发生作用的背景有关。在苏联，经济崩溃和政治混乱为其分裂过程推波助澜。苏联当局不愿认真对待经济改革，这促使地方的改革者们脱离联盟，独立发展自己的经济。苏联的经济急转直下，很快便不再有人支持继续留在联盟内。1989年底，戈尔巴乔夫赶到立陶宛，企图劝阻寻求独立的人们，他警告说：如果你们脱离联盟，你们将陷入绝境。”人群中有人反击道：“我们已经陷于绝境。”1994—1995年间，俄罗斯的政治经济则逐步趋于稳定，促进了国家的结合。经济衰退开始走出低谷，卢布价值稳定，有办法保持政局的稳定，所有这些削弱了各地区退出联邦的动机。

联邦条约

俄罗斯与苏联之间最后或许也是最大的差别在于，叶利钦和戈尔巴乔夫处理权力下放问题的方式不同。主要因为俄罗斯的分裂主义问题比苏联小，所以叶利钦能够比戈尔巴乔夫更早地处理这个问题，他对待地方的态度也能更灵活一些，因而他取得了更大的成功。

俄罗斯解决中央和地方争论的努力开始于1992年3月。叶利钦说服了18个共和国在一项被称做联邦条约的协议上签字。该条约大致划分了中央和地方政府的权限，条约的内容后来被写进了宪法。

联邦条约证明了在叶利钦的俄罗斯和戈尔巴乔夫的苏联所能做到的事情之间存在巨大的差别。叶利钦能够尽早优先考虑权力重新分配的问题，并且在1992年1月经济改革真正开始的3个月内，设法说服各共和国签署一项协议。相反，直到戈尔巴乔夫接管共产党4年以后，波罗的海诸国第一个要求对苏联的权力分配进行重大变动一年多以后，苏联政府才开始磋商类似的协议(称做联盟条约)，这种磋商拖拖拉拉又进行了两年，而苏联的共和国已从要求自治变为要求彻底独立。戈尔巴乔夫似乎没有尽快认识到民族主义给苏联造成的危险。但是，无论如何他也决不可能重新分配苏联的权力：来自顽固的共产主义者的反对实在太强烈了。他的联盟条约从未付诸实施。该条约计划于1991年8月20日签署，8月19日的暴动的目的就是为了阻止条约的签署。如果说这次政变在别的方面一无所获，但仅就这一点而言，它却达到了预期的目的。

叶利钦的联邦条约对国家权力进行了广泛而粗略的分配。中央政府负责国防、金融、长途交通运输、基础科学等等，地方主要负责各种社会福利事业，特别是负责私有化。由中央和地方共同负责开发自然资源。该条约刚开始便遇到了障碍，鞑靼斯坦拒绝在条约上签字。

旧议会的失败使事情出现了转机，这直接间接地帮了叶利钦的忙。他不仅不再腹背受敌，而且也不必担心地方政府利用总统与议会的矛盾获取更多的权力。在议会和叶利钦的斗争中，许多地方支持议会，宣布叶利钦解散议会的命令违背了宪法。结果议会失败了，所有地方议会都取消了类似声明。因为联邦条约已被纳入新宪法，新宪法在1993年12月由俄罗斯各地的选民投票通过，所以联邦条约这样也算赢得了民众的授权。1994年2月，经过3年谈判，俄罗斯和鞑靼斯坦最终签定一个条约，使鞑靼人重新和其余俄罗斯人协调一致。鞑靼斯坦保留了它的宪法，但是该条约称它与俄罗斯是“结合”，而不是“联合”。该条约除掉了任何提及鞑靼斯坦主权或鞑靼斯坦遵守国际法的字眼。鞑靼斯坦共和国总统明·沙伊米耶夫说，鞑靼斯坦无意脱离俄罗斯联邦，它实际上想保持俄罗斯的完整。俄罗斯联邦看来大局已定。

入侵车臣

正当俄罗斯逐步建成一个更稳固的联邦时，发生了一件似乎产生威胁的事情：入侵车臣。就许多方面而言，车臣是个特殊的例子。其邻国人民认为车臣人固执好战，车臣领导人执着地追求独立，使谈判极其困难。领导车臣独立运动的是焦·杜达耶夫，他是前苏联空军的一名上校，在1991年8月反对戈尔巴乔夫的政变失败以后，他带头推翻了当地共产党的统治，随后宣布独立。他所建立的政权不符合正常的行为标准。他从当地俄罗斯军事基地抢夺武器，武装其拥护者，他的政府插手了诈骗俄罗斯中央银行的几起臭名昭著的案件，同时还参与了向俄罗斯偷运毒品和武器的案件。

这并不意味着他的政府的独立要求缺乏民众支持。车臣人想要的自治权比他们已有的要多得多，比联邦条约(他们拒绝签署该条约)所能给予的也要多。这一点几乎肯定无疑。如果当时杜达耶夫将独立问题交付全体选民投票表决，他们可能会赞成独立。但他从没这样做。相反，1994年年中，当地议会就此组织公民投票时，杜达耶夫解散了议会，并用武力驱散了举行示威支持公民投票的人群，有几个示威者被打死了。俄罗斯政府借题发挥，将杜达耶夫的政府描述成反对合法秩序的一群暴匪。1994年10月，俄罗斯政府曾在一次秘密行动中为当地反对派提供武器和兵力，企图煽动反对杜达耶夫的叛乱，结果很不光彩地失败了。

3个月后，1994年12月，俄罗斯向车臣派遣了30 000士兵(大部分是刚招募的新兵)，并在除夕发起了进攻。这是自第二次世界大战期间斯大林大规模的放逐行动(车臣人也深受其害)以来对任何小种族集团所进行的为期最长最血腥的攻击。这种赤裸裸的野蛮攻击显得很不合适：车臣首都格罗兹尼变成了一片废墟，该共和国的100万人口中有1/3沦为难民。这次攻击不仅在西方而且在俄罗斯本国也引起了普遍的谴责。

这次入侵使西方再次担心俄罗斯会分裂。在俄罗斯国内，穆斯林共和国的领导人谴责了这场“手足相残的战争”。在高加索地区的共和国里，到处是车臣难民。因为莫斯科没有对他们进行紧急援助，看来这些国家似乎可能响应杜达耶夫的呼吁，打一场反对俄罗斯的神圣战争。它们似乎甚至可能效法车臣，通过自己的独立宣言。

结果没有发生此类事情，没有出现类似的独立宣言。在决定支持这一方或另一方之前，各个地区都在观望谁能获胜(这在俄罗斯是一种常见的反应)。没有人去支持车臣，即使高加索地区也不例外。俄罗斯强大的武力使人们能够清醒地面对现实。

俄军占领了已被炮火焚毁的格罗兹尼，又为叶利钦提供了完善半建成的联邦制度的良机。他抓住这次机会，于2月份在克里姆林宫召开会议，根据新的改革需要制定了相应的法律。结果出台了一部关于地方自治的法律，这部法律主要是处理一些技术性问题，如地方议会的规模。该法律自身不足以建立一种可行的联邦制度，它所体现的比它实际所能做的更重要：叶利钦仍努力使地方政府能够有效运作，而非像人们所想象的那样，在车臣事件以后以武力重建一个中央集权式的俄罗斯。

尽管发生了车臣事件，共产主义垮台以后，俄罗斯的联邦制与以前的体制相比仍是重大的进步。在沙皇和共产党统治时期，俄罗斯一直是中央集权国家，而新制度对权力的天平进行了调整。俄罗斯以前的改革之所以失败，是因为这些改革都是根据上层的命令进行的，未能赢得地方官员的支持。新制度使地方官员积极参与改革，改革的成败与他们有着利害关系。长期以来，中央政府日渐衰微，没有其他方面的帮助就不能将像俄罗斯这样的大国维系在一起，在这种情况下，权力下放便成为唯一可能的办法。

但是，新制度还远没有达到完美。首先，没有明确划分中央和地方的责任，譬如，如何共同开发自然资源？谁实际负责发放石油勘探许可证？尚需制定许多法律法规解决这些问题，建立切实可行的联邦制度。但是，直到1995年，议会甚至尚未开始讨论这些法律。议会上院的助理发言人R.阿勃杜拉季波夫来自高加索地区，是一个“少数民族问题”专家，他抱怨说，议会对他就这个问题提出的法律草案仅仅讨论了15分钟，就认为该法律并不急迫而把它束之高阁。

新联邦赋予地方政府的创收权力与其新的开销负担不相称。为了削减预算赤字，中央政府将大量的开销转嫁给地方，绝大部分社会福利政策、补贴方案、投资资金的筹措(甚至包括对高速公路、军营和机场的投资)都转由地方政府承担，同时却不能保证其有必要的收入以供支出。从理论上说，税收分享制度足以提供这种保证，但是地方的两项主要税款(个人和公司收入所得税)波动很大，没有正式的转让制度来填补地方收入的空缺。而且，税法没有很好地贯彻执行，因此，税务制度远没有像法律表明的那样责权分明，透明度高，而是各方讨价还价，乱成一团。

最后，俄罗斯全盘继承了苏联时期俄罗斯共和国的行政结构，将国家划分为89个基本行政单位(即中央政府下面的第一级单位)。这些行政单位分属不同的6类，不同类之间所拥有的正式权力大同小异。这些行政单位的边界当时是任意划定的，其目的是为了实行中央集权的独裁统治，而非民主联邦制。共产主义垮台以后，俄罗斯的89个地方政府继续保留下来，这意味着俄罗斯联邦有89个组成部分。这实在太多了。尽管没有明确快捷的准则来确定这样的行政单位究竟多少比较合适，但通过与其他联邦制度比较可以看出，俄罗斯现有基本行政单位的数目远多于联邦制国家的正常需要。美国的人口接近俄罗斯的两倍，但它拥有的州的数目仅约为俄罗斯的基本行政单位数目的一半，而其联邦制度仍可正常运作。德国人口约为俄罗斯的1/2，它只有16个州。这些州有时需要联合起来反对中央政府，或干脆在它们之间就将要执行何种政策达成一致意见。州的数目如此之多，要这样做就困难多了。州的数目过多还意味着，当一个地区的经济实力增长时，它或许不能向中央政府提出其新的要求，它的声音将会被其他州所淹没。

改革的赢家和输家

俄罗斯横跨7个时区，幅员辽阔而富于变化。单就这一点说，不同地区之间就必然存在巨大的差异。在最富裕的地区(莫斯科、圣彼得堡和雅库特)，人均收入约是那些最贫穷地区(高加索地区的共和国)的4倍。按照西方的标准，其差别很大，但按照发展中国家的标准，其差别较小(中国和印度最富裕地区的富裕程度约为最贫穷地区的10倍)。经济上的差异似乎不足以威胁俄罗斯的统一。

然而，地区间的经济差异可能随着时间的推移而加大，因为经济改革对不同地区的影响不同。在原来的苏联体制下，鼓励重工业生产，人为压低了钢材和其他工业原材料的价格。对能源的价格控制最为突出：苏联国内的石油价格只有国际油价的1/3。铜的价格是国际市场价格的1/2，废钢材的价格只有国际市场价格的1/7。其次是食品，其价格也被人为压低，猪肉的价格只有国际市场价格的1/7，面包也很便宜。相比之下，耐用消费品价格极其昂贵，买一辆一般的汽车的费用约是西方的2倍，录像机的价格约比西方高3倍，个人电脑的价格是西方的65倍。看来，即使没有人能买得起消费品，那些制定计划的人也不会太介意。

价格放开打破了原来这种价格体制。生产优先商品的公司一下子丧失了其有利地位，那些原来价格被压低的商品则价格猛涨。由于原来的计划者们心思缜密，过于倾向将相似的公司集中在一个地方，这意味着现在不是某些公司突然亏损或赢利，而是整个地区同时亏损或赢利。生产能源、成品钢材及从事食品加工的地区因改革而获利良多，其中包括西伯利亚西部生产石油的地区。消费品生产厂家密集的地区则因此而蒙受损失。有些地区专门从事波兰改革的设计师L.巴尔采罗维奇所说的“纯社会主义生产”，即只有在中央计划体制下才可想象的那类事情——各种军用物资数目惊人，钢材无穷无尽(按比例来说，苏联的钢产量是美国的7倍)，油井的数目庞大得令人难以置信(乌拉尔重型机器制造公司20世纪80年代中期生产的巨大的陆地井架比整个非共产主义世界的总和还要多)。此外，古拉格(斯大林时期的劳改营)的经济作为一类特殊的“纯社会主义生产”，几乎被俄罗斯全盘继承过来。20世纪90年代中期，在北极圈内及其附近，仍有几百万人在极其恶劣的条件下生活工作，挖掘乌拉尔山脉北端埋藏的煤炭，或在诺里尔斯克这座世界最大的镍城中炼镍。这类地方，规模如此之大，在西方决不可能存在。在将来的岁月里，如果可能的话，人们将会离开那里，这意味着将发生大规模的人口迁移，整座整座的城市空无人烟。

必须通过政府补贴使某些这样的城市继续存在下去，任由其在一夜之间全部崩溃将对社会造成太大的冲击。改革能否应付这些变化，将比以往更多地依赖于地方。随着时间推移，改革的中心由中央转移到地方。圣彼得堡周边地区的议会议长A.别利亚科夫说："以前中央政府要更重要一些，由它从宏观经济着眼，制定战略和计划。随着改革的发展，俄罗斯的命运将取决于地方政府。"现在的问题是，改革如何在地方扎根？谁是赢家？谁是输家？

下诺夫哥罗德州的改革

伏尔加河畔的两个城市形象地说明了谁是赢家，谁是输家。它们都是大城市，各约100万人口，比较发达，是多种工业的基地，伏尔加河畔肥沃的农田环绕四周。

成为俄罗斯改革试点的城市是下诺夫哥罗德，是俄罗斯的第三大城市，是在19世纪靠伏尔加河水上交通致富的一系列货栈之一。下诺哥戈罗德在俄语中的意思是下游的新城市，它号称俄国革命以前最大的贸易市场。伟大的科学家和持不同政见者安·萨哈罗夫曾被放逐到该市，所以它在西方以其苏联时期的名字高尔基市而闻名。下诺夫哥罗德州有140万人口，其中绝大部分住在下诺夫哥罗德市。

不同寻常的是，1991年经济改革开始时，下诺夫哥罗德处于两个30岁出头的改革者强有力的领导之下，他们是州长鲍·涅姆佐夫和市长德·别德尼亚科夫。这两个人是俄罗斯地方改革的先驱者。1992年末，涅姆佐夫声称："打破垄断、形成金融市场及私有化，这每一件事情都百分之百地取决于地方政府。联邦政府只决定卢布汇率，支撑克格勃和军队。”

1992年4月，该市在俄罗斯现代史上首次公开拍卖国有资产。主持这一幸事的拍卖人是从前的一个马经纪，他衣着华丽，带着一个大大的蝴蝶领结，神情庄重。在3个月的时间里，该市84%的饭店、40%的商店及38%的其他服务设施完成了私有化。在6个月内，当地的公共汽车和货运卡车垄断集团被分解成20个公司，并全部被拍卖，该市从而成为俄罗斯第一个将中型国营公司分解拍卖的城市。下诺夫哥罗德的成功部分在于它得到了正确的指导：这些拍卖是由世界银行的一个分支国际金融公司组织的，这是俄国革命以来西方代理机构首次介入俄罗斯的内部事务。

涅姆佐夫还征询过格·亚夫林斯基的意见。亚夫林斯基是他的朋友，是一位与盖达尔不相上下的改革总负责人。他和亚夫林斯基一起策划首次发行地方市政公债，开办地方土地银行，允许农民以土地为抵押换取贷款(在制定该方案时，抵押土地仍是非法行为)。从1992年到1995年3月，通过三次发行市政公债，下诺夫戈罗德筹集资金650亿卢布。下诺夫哥罗德是俄罗斯唯一制定了集体农场分解制度的行政区，在其进行试验的3年中，有90个集体农场完成了私有化。

该市是重工业中心，有许多无法继续生存的军工企业(米格喷气机就在那里生产，它是俄罗斯六大军工生产中心之一)，这些企业需要转入民品生产。为了帮助军工企业，该市特别成立了“转轨”银行。市政府与联邦政府经过磋商，达成一项特别协议，允许该市将当地军工企业上交的利税和增值税保留1/2，以便为“转轨”银行积累资金。

但是，涅姆佐夫最伟大的成就或许在于他有所不为。国际金融公司的T.多兰评价道：“下诺夫哥罗德试验的关键是地方政府乐意站在一边，让市场自己运转。”这为该市吸引了外资。该市有一家名叫伏尔加的造纸厂，它生产俄罗斯1/3的白报纸。1995年3月，这个厂获得了1.5亿美元的外资。一家德国贸易公司赫尔利茨国际贸易公司在国际金融公司和西方一家投资银行瑞士信贷银行第一波士顿有限公司的帮助下，购买了控制股，在伏尔加造纸厂进行私有化时，该公司已获得了26%的股份。结果该造纸厂90%由外国人拥有，4 800个工人的奖金提高为以前的3倍。赫尔利茨公司声称，如果下诺夫哥罗德地方政府不如此富有改革精神，它是不会对该厂投资的。

勃列日涅夫式的天堂乌里扬诺夫斯克

乌里扬诺夫斯克与下诺夫哥罗德的情况恰恰相反。像下诺夫哥罗德一样，乌里扬诺夫斯克也位于伏尔加河畔，在下诺夫哥罗德下游约500英里的地方。这个州与下诺夫戈罗德一样大，也是一个小州，有140万人口，其中72%生活在乌里扬诺夫斯克市。

但是，与其他大多数地方不同，当地政府始终牢记着它最著名的儿子列宁(其真名是乌里扬诺夫)。该市的元老们拒绝改革。在两年的时间里，他们仍保持着一种原始的价格控制和必需食品配给制度。1993年秋，该市居民每月可分得1.5公斤肉，2公斤糖，400克黄油和15个鸡蛋，所有这些食品的价格都远低于市场价格。该市并非唯一这样做的城市。当时有40%的城市控制面包价格，26%的城市控制牛奶价格，11%的城市控制糖的价格。但是，乌里扬诺夫斯克比大多数城市走得更远。地方当局自觉地致力于自给自足，向当地国营农场、食品加工厂和燃料公司投资。除了部分共和国以外，乌里扬诺夫斯克是俄罗斯私有化程度最低的地区。叶利钦说得很形象：这座城市“生活在发达社会主义大海中的一个岛屿上”。

有一段时间，乌里扬诺夫斯克的市民似乎得到了好处，他们的生活比下诺夫哥罗德要容易些，因为尽管工资基本相同，但其食品开销更小。

1994年底情况发生了变化。那时乌里扬诺夫斯克的财力已消耗殆尽，被迫放弃若干分配制度。涅姆佐夫先生在1995年2月宣称：“乌里扬诺夫斯克的经济仍在衰退，而我们的经济现在正在增长。”这是一条好消息：只要时间允许，地方改革便会奏效。

另一条好消息是，任何地方都可能进行改革。一个地区所继承的工厂能否因价格放开而受益，这并不重要。是否实行改革似乎主要取决于人们的意愿，这有些令人吃惊。人们可能预测改革的步伐会由一些基本因素决定，例如，地区利益将起决定作用，一个地区的经济将根据它从物价变化中受益抑或受害而支持或反对改革。

然而，事实并非如此。1992年，伯明翰大学的P.汉森教授考察了77个地区的私有化情况，得出了如下结论："就统计结果而言，在众多可能的影响因素中，只有地方领导人政策定位的区别以及非俄罗斯族人所占的人口比例对改革有重要影响。一些可能的影响因素，如地方就业对军事工业的依赖程度及城市人口所占的比例看来并不重要，改革也不会大幅度降低地区工业的依赖指数。"换言之，非俄罗斯族人众多的地区一般改革步伐较慢。此外，唯一重要的影响因素是地方当局的态度。下诺夫哥罗德军工企业众多，正是人们所料想的应该最迟实行改革的地区。结果恰恰相反，它却是最早实行改革的地区之一。地区之间的巨大差别似乎对改革并无阻碍，人才是决定因素。

但是，有太多的事情要依赖于涅姆佐夫这样的人。如果市长和州长们下定决心，他们可以实行改革政策。改革的第二个也是更为棘手的阶段关键在于说服那些并非坚定地忠于改革的地方领导人实行改革。考虑到俄罗斯绝大部分地方领导人是在苏联时期提拔起来的，他们是苏联官僚主义的典型产物，这种不忠于改革的人占多数。

这里便存在着矛盾。从政治上说，权力下放是解决办法的一部分，可以解决俄罗斯权力过于集中、中央政府年久益衰以及以前来自上层的改革均告失败等问题；但从经济上说，权力下放却是问题的一部分。问题是原来的共产党中坚分子反对改革。总的说来，绝大多数政治家并不热衷于经济改革。私有化削弱了他们对以前所控制的地方工厂的支配权力，财政改革使之支出增加而税收不足。另外，他们通常比中央政府更腐败。这一切意味着将权力赋予地方容易使得改革进展缓慢。

中央如何才能帮助那些改革进展缓慢的地区?

中央政府的任务是改革联邦制度，解决经济上的问题，并且在这样做的时候不可威胁到权力下放所取得的政治成就。从理论上说，这是可以做到的,因为联邦制度缺乏效力的责任部分在于中央政府自身。

最大的问题在于对税收分享的安排。中央和地方之间秘密的随意的讨价还价常常打破了这些安排，而那种讨价还价毫无公正和效率可言。根据鞑靼斯坦与联邦政府达成的一项秘密协议，每个鞑靼人每年所交的税只有下诺夫哥罗德居民的1/10。涅姆佐夫抱怨说:“以这种制度作为中央和地方关系的基础是不明智的。”

中央提供一揽子拨款资助地方的福利开销，而全然不顾地方政府是在有效地利用还是在浪费这些资金。涅姆佐夫说:“你要做成一件事，便需要更多的东西。但你很难向叶利钦先生解释这一原则，他到下面去的时候，只知道慷慨施舍。”1995年，俄罗斯各地呈现了一种奇怪的景象：一些地方政府紧锣密鼓地推进它们的改革，而其余地区则尽可能地敷衍搪塞。中央政府只顾在自己的范围内进行改革，而未能改变地方政府的体制。1995年，地方政府体制改革仍是俄罗斯改革计划尚未完成的最大任务之一。

评　价

如果中央政府能够改进联邦制度,对于巩固它的权威将大有裨益。尽管如本章所述，共产主义垮台以后，地方政府在俄罗斯改革的发展过程中发挥了很大作用，但仍不如中央政府重要。20世纪90年代初期俄罗斯政府正在完成的任务，在某些方面类似于美国联邦政府在20世纪30年代所完成的任务。联邦政府处理当时的重大问题，而地方政府对此则无力过问。新政揭开了美国20世纪30至60年代权力转移的序幕，标志着各州的主导地位日渐衰落，而联邦政府的影响与日俱增。

从长远来看，这将有助于俄罗斯的完整统一，消除改革后地区差别越来越大的最初影响。尽管地区差别不可能胜过语言、种族和文化的凝聚力量，但是就短期来看，它却能使人将俄罗斯看做许多地区的组合，而非统一的国家。一些地区的经济滑坡，例如，最北部和东北部分地区，气候极其寒冷，地质条件恶劣，这些地区的经济以斯大林的劳改营为基础。保守派力量增强也可能阻碍部分地区（如俄罗斯的玉米产区，库班或伏尔加河畔的某些城市，如乌里扬诺夫斯克)进行改革。

成功将与这些失败相伴而来：主要的产油区秋明在改革开始时还是一个以轻工业为主的死气沉沉的小镇，但现在它有可能成为像休斯顿一样的新兴石油城市。圣彼得堡凭借其港口、巨大的科技优势及旅游业理应兴旺发达。卡累利阿紧靠芬兰，可能获得芬兰的投资。下诺夫哥罗德富于改革精神的行政管理可以说明如何抵消解除工业化所产生的影响。

俄罗斯的改革充其量可能成为杂色什锦，各地步调不一。俄罗斯疆域广阔，难免出现这种情况；另一方面，俄罗斯广袤无垠，也可以容忍这种情况存在。让成功的地区繁荣发展，而在同时，即使不能纠正至少也可以接受其余地区的改革失利，这将比试图让整个庞大的俄罗斯联邦采取统一的改革步调要容易一些。

第十二章
俄罗斯会重建帝国吗?

苏联的崩溃是否不同于俄罗斯帝国的崩溃 · 那些新独立的国家能否存活 · 重建帝国的经济压力 · 俄罗斯的心理问题 · 会因境外的俄罗斯人而发生冲突吗 · 俄罗斯充当老大哥 · 对其邻近国家态度并不强硬 · 卢布区的终结 · 俄罗斯的维和行动是否出师有名 · 有没有国家会重新加入俄罗斯 · 评价

叶利钦在其1993年的国情咨文中说:"俄罗斯决不会成为一个帝国。"当时俄罗斯的疆域几乎减少到其17世纪末的水平。失去了西部的乌克兰和白俄罗斯,其疆域已不能到达中欧地区(在极盛时期,俄罗斯的疆域一直延伸到现在的德国);失去了摩尔多瓦,其疆域从欧洲向西南和巴尔干半岛诸国回退(俄罗斯曾与匈牙利及罗马尼亚为邻);失去了波罗的海诸国,其斯堪的那维亚的疆土已不复存在;失去了中亚细亚,其19世纪和20世纪初向东扩张的领土荡然无存。

苏联帝国的崩溃具有巨大的历史意义,它结束了冷战时期的力量平衡,这种力量平衡在1945年以后持续了近半个世纪。对欧洲来说,它改变了一种历时更长的力量平衡。从1815年的维也纳会议以来,欧洲东面一直与一个巨大的俄罗斯帝国相邻。如果俄罗斯今后永远不再是一个帝国,那么不仅美国人没有了一个让人担心的超级大国的竞争,而且欧洲人也要重新思考其大陆是以德国为界，以波兰为界，还是把俄罗斯也包括进来。

但是，俄罗斯会永不再是一个帝国吗？在苏联崩溃以后的4年中，俄罗斯对前苏联的4个加盟共和国进行了军事干涉，在旧帝国的许多地区重新建立了军事基地，并同意与其西部邻国白俄罗斯建立一个货币和关税联盟。在许多西方人看来，俄罗斯似乎正致力于在其“邻近国家”[①]重新建立至高无上的影响。本章将分析俄罗斯的行动是否真的表明它正努力重建失去的帝国，抑或它的行动证明了另一回事：针对帝国后事安排进行极其困难的协商。为了寻找答案，我们应该考虑下列5个问题：苏联为何崩溃？新独立的国家真能存活吗？会因境外的俄罗斯人而发生冲突吗？俄罗斯的维和行动出师有名吗？有国家会重新加入俄罗斯吗？

苏联的崩溃是否不同于俄罗斯帝国的崩溃？

苏联是20世纪的最后一个庞大的帝国。它与大多数帝国的不同之处在于，其疆土是连续的，而不像英国和法国那样，是一个海外帝国。在苏联的外衣之下，由一个政党和一种意识形态将其维系在一起，这一点也不同于所有的帝国。它也是唯一一个崩溃之后又重新建立的帝国。

1917年的革命发生两个月之后，现代乌克兰的9个省宣布成立独立的乌克兰人民共和国；哥萨克人在俄罗斯西南部成立了两个类似的独立国家；格鲁吉亚于1918年5月26日建立了世界上唯一一个孟什维克国家；两天以后，阿塞拜疆宣布独立；5月30日，亚美尼亚如法炮制。在中亚细亚，全土耳其斯坦穆斯林议会(All-Turkestanian Muslim Congress)于1917年11月底在浩罕宣布中亚细亚南部实行自治，要

①特指独联体成员国——译者注

求莫斯科予以承认。在西部，波兰、芬兰(当时是俄罗斯帝国的一部分)和3个波罗的海国家全都获得了独立，而比萨拉比亚(现在的摩尔多瓦)则被罗马尼亚兼并。

除了最后一组国家，其余国家的独立均不过昙花一现。穆斯林议会的要求得到承认，作为回敬，布尔什维克将浩罕夷为平地。红军于1918年2月占领了该市，在3天之内屠杀了60%的居民。苏联的力量很快扩展到中亚细亚，在很大程度上还包括两个鞑靼部族、希瓦和布哈拉。它们在俄罗斯帝国中原本享有一定程度的独立。对于其余独立国家的处理也同样迅速。红军征服阿塞拜疆两个月后，于1920年6月11日重新占领了基辅。同年11月，亚美尼亚失陷。1921年2月，格鲁吉亚被攻占。到1924年9月布哈拉的独立寿终正寝时，年轻的苏联几乎彻底恢复了崩溃的俄罗斯帝国，前后历时6年。

俄罗斯帝国的崩溃与苏联的崩溃有一些表面上的相似之处。首先，两个帝国都部分因为别的事情而非各省的反叛削弱了中央政府而导致解体。在1917年，是第一次世界大战的损耗动摇了中央政府的根基；在1991年，则是共产主义在经济上的失败所致。独立国家的建立部分原因是因为帝国边缘国家的一种机会主义反应。其次，宣布独立的国家都较脆弱，不稳固，其中都存在反对新政府的强大集团：在1917年是各省布尔什维克的拥护者，而1991年则是新国家中的一些俄罗斯族人。再次，在俄罗斯内部都有一些集团不甘心丧失帝国，而一心想重建帝国。

但是，尽管两个帝国的解体存在相似之处，其差别却更重要。最明显的是，在1991年，俄罗斯政府内无人反对帝国的丧失。布尔什维克从思想意识上特别反对民族主义。列宁认为阶级，而非国家，是基本的社会单位。他们希望最好发起一场世界范围内的革命，如果实在不行，便建立一个共产主义苏维埃联盟。相反，1991年叶利钦及俄罗斯政府的思想观念使之倾向于接受帝国的解体。帝国是由独裁者建立并统治的，而新的俄罗斯统治者想实行民主统治，这就要求他们承认在乌克兰和其余地方支持独立的公民投票。而他们要坚持经济改革，也需要这样做：其余绝大部分国家至少最初不像俄罗斯那样钟情于经济改革。同时，因为苏联的经济是一个高度统一的整体，别的国家可能毁掉俄罗斯的改革(如用卢布发放信贷)，这就意味着只有在独立的俄罗斯内才可能进行经济改革。因此新的俄罗斯政府承认了其余新独立的国家，承认其边界不可侵犯。这就给了这些国家几年关键的时间，借以开始建立较强大的政府。

这便引出了第二点不同：俄罗斯1991年的邻邦们并不像1917那样极其脆弱，这一点在其中最大最重要的国家乌克兰表现得尤为突出。当年乌克兰刚刚获得独立时，其政府曾经3次被武力颠覆，德国、波兰、法国及布尔什维克的军队连同乌克兰自己的武装力量在这个新生国家里争战。而苏联解体后，乌克兰获得独立的最初几年尽管困难，但条件不像1917年前后那样严酷。在各个国家，新政府都能向国际货币基金组织和世界银行这样的国际机构寻求物质帮助和指导，它们至少在经济上并不孤立。诚然，这些新国家并不稳固，它们的脆弱使俄罗斯面临许多问题。但是，至少其中最大的国家实际上没有处于无政府状态，这些国家内部也没有为争夺权力而烽烟四起。

1917年和1991年的帝国解体的第三点不同在于，民族主义在苏联解体中比在俄罗斯帝国解体中发挥了远为重要的作用。1988年亚美尼亚发生了苏联几十年来规模最大的群众示威，民族主义者要求归还纳戈尔诺—卡拉巴赫，那是位于阿塞拜疆境内由亚美尼亚人民居住的一块孤立的领土。1991年在乌克兰，从基辅到沃尔夫之间有300万群众举行示威，支持乌克兰独立。这与一年以前在立陶宛、拉脱维亚和爱沙尼亚的首都发生的群众示威同出一辙。

事实上，民众和部分共和国政府对于民族主义的反应彼此混杂在一起。在1991年3月的一次公民投票中，70%以上的苏联选民支持联盟宪法，虽说联盟只是作为一个松散的联邦而存在。现在的独立国家的绝大多数领导人(波罗的海诸国和乌克兰除外)准备签署联盟条约，该条约勾勒出了这样一种权力下放制度的基本轮廓。叶利钦当时一直支持一个非中央集权的苏联，直到他上台以后才开始宣扬纯粹的俄罗斯政策，如单独的货币和俄罗斯军队。然而，经济改革的需要加上其余国家民族主义的力量实际上有可能使松散的联邦很不稳固。因此，总的说来，民族主义在苏联解体中的作用比在沙皇帝国解体中的作用更重要。

最后，与1917年相比，还有别的事情促进了苏联的解体：在中央计划体制下物价扭曲。在原来的经济体制下，在苏联内部按固定的物价进行贸易，无论绝对而言还是相对而言，其物价与国际市场的价格相去甚远。一些商品的价格被人为压低，特别是石油、原材料和食品；而其余商品，如耐用消费品则比较昂贵。作为石油、钢、煤等原材料的最大生产国，俄罗斯比其他任何加盟共和国受害更多，因为它生产的商品价格被人为压低，而它从别处购买的商品价格则被人为抬高。1988年，俄罗斯与苏联其余地区的贸易赤字为310亿卢布。据苏联的统计学家计算，如果不是按照苏联的物价，而按国际市场的价格进行同样的贸易，俄罗斯将获得330亿卢布的贸易盈余。显然，如果当真按照国际价格进行贸易活动，贸易模式将发生巨大变化。然而，俄罗斯实际上是在补贴苏联其余地区。1990年，叶利钦宣称，这些补贴一年高达700亿卢布。俄罗斯花费这么大的代价维持一个帝国，在经济上却几乎得不到回报。

俄罗斯帝国与苏联帝国的崩溃之间的比较使人想到，在1991年发挥作用的各种力量影响深远。最后一个庞大的帝国解体了，俄罗斯突然之间面临着处理其后事的种种问题。即使一个海外帝国解体，帝国政权要应付这些问题也相当困难。当年法国在印度支那半岛和阿尔及利亚各进行了一场战争，这才接受了失去其海外领地的现实。但那两场战争导致了第四共和国的垮台，在法国造成了战后最大的危机。荷兰因印度尼西亚的独立而与之开仗，结果以失败告终。尽管大不列颠帝国的大部分领地(肯尼亚、亚丁湾和美国除外)没有经过战争便获得了独立，但该帝国的丧失带来的伤痛不减分毫。用D.艾奇逊的话说，“英国丧失了一个帝国，却仍没找到自己的位置。”疆土连续的陆上帝国解体时，造成的创伤甚至更大。奥斯曼帝国解体以后，其每一领地都发生过内战。

苏联不仅仅是一个陆上帝国，它还是一个正式统一的国家，这意味着要摆脱苏联帝国的影响可能极其困难。因此，乍看起来，俄罗斯在其邻近国家的许多问题可能纯粹是由帝国后事安排的困难而非由新帝国主义造成的。这些问题分为三部分：第一，有一些属于客观问题，与新独立的国家不稳固有关；第二是与失去帝国而又未找到自己合适位置有关的心理问题；第三，俄罗斯面临着生活在其邻近国家的俄罗斯人的问题。

那些新独立的国家能否存活？

像在前南斯拉夫一样，在苏联的部分地区，共产主义的崩溃使长期被压制的种族矛盾死灰复燃。塔吉克斯坦和格鲁吉亚两个国家陷于内战烽火。在塔吉克斯坦，战争在两个敌对种族之间进行，挥舞红旗的共产党人和挥舞绿旗的伊斯兰教徒之间的分歧进一步激化了种族矛盾。在格鲁吉亚，一个小种族集团在该国西部一个叫做阿布哈兹的地区武装对抗国家政府，格鲁吉亚上次宣布独立时他们也有过这样的举动。叛军凭借精良的装备和俄罗斯的支持，占领了阿布哈兹，建立了一个分离主义政府。格鲁吉亚总统、前苏联外长爱·谢瓦尔德纳泽在阿布哈兹首府苏呼米陷落前几小时才逃脱叛军的包围，幸免一死。格鲁吉亚还发生过一次反对其首任总统兹·加姆萨胡尔季阿的军事政变，其追随者与谢瓦尔德纳泽的追随者之间发生了战争。阿塞拜疆经历过一次军事政变，更换过两届政府，并且与其邻国亚美尼亚就纳戈尔诺—卡拉巴赫问题点燃的战火经久不熄。像在格鲁吉亚一样，摩尔多瓦一个分离主义集团(这次是俄罗斯人)在德涅斯特河右岸成立了一个反叛政府。总的说来，在1991—1995年间，前苏联的加盟共和国共更换过14届政府，其中5次是靠暴力实现的。

在苏联瓦解以后的最初几年中，俄罗斯处于世界上最不稳固的一些国家的包围之中，警号四起，不仅有一触即发的高加索地区，也有乌克兰和白俄罗斯及其西部的斯拉夫邻邦。布置在乌克兰的核武器，按照核不扩散条约的规定，应当运到俄罗斯以便拆卸，双方就这个问题争论不休。双方还因黑海舰队的分割问题发生争执。黑海舰队驻扎在乌克兰的塞瓦斯托波尔，但归俄罗斯所有，俄罗斯议会甚至声言拥有塞瓦斯托波尔的所有权。双方都面临着克里米亚问题。该半岛的大多数居民是俄罗斯人，曾经是俄罗斯加盟共和国的一部分，1954年“作为俄罗斯人民对乌克兰人民无限信任和诚挚热爱的新的鲜明例证”被赫鲁晓夫划归乌克兰。1994年，克里米亚居民选举尤·梅什科夫为总统，他的政党号召克里米亚从乌克兰独立出来，以便重新加入俄罗斯。在同一天，白俄罗斯全体选民推举亚·卢卡申科为总统，他也坚持与俄罗斯重新统一的政治纲领。这些都与反俄罗斯的对抗恰恰相反，但也同样背离了俄罗斯处于稳固、协作的邻邦之中这种理想情况。

重建帝国的经济压力

困扰帝国后事安排的其他问题与苏联崩溃的经济代价有关。正如我们看到的那样，对俄罗斯来说，维持苏联的花费很大。具有讽刺意味的是，苏联崩溃也需很大花费，至少就眼前来说是这样。

苏联既是一个国家也是一个市场，一个加盟共和国的工厂为另一个加盟共和国的工厂提供原料。譬如，要制造香烟，过滤嘴来自亚美尼亚，纸来自拉脱维亚，烟草来自格鲁吉亚。苏联瓦解时，加盟共和国之间的贸易联系受到严重破坏，1990年到1994年间加盟共和国之间的贸易急转直下。这直接损害了俄罗斯的利益，因为其余加盟共和国无力继续购买俄罗斯的石油(俄罗斯是其最大的，经常是唯一的燃料供应国)。俄罗斯企业家联合会主席阿·沃尔斯基声称，1992年俄罗斯产值的降低有40%是由苏联贸易的崩溃引起的。哈萨克斯坦总统在1992年则声称在所有加盟共和国所减少的产值总额中，其中2/3是由贸易不景气造成的。为了防止其邻国的经济进一步恶化，俄罗斯对其余国家进行补贴。1992年俄罗斯将其国内生产总值的11.7%用于补贴前苏联加盟共和国，这是一个巨大的数字，尤其对自己的产值也在快速下降的国家来说，更是非同小可。

经济暴跌影响着第二组问题，这些问题困扰着俄罗斯对帝国后事的安排：俄罗斯人自己的态度。

俄罗斯的心理问题

苏联解体后的经济崩溃直接影响了两大利益集团：那些分厂遍布前苏联的大工厂的主席及红军中的将军们。他们合起来构成了所谓的特权阶层的一大部分。

莫斯科的智囊机构欧洲研究所的一位成员D.弗曼写道："前苏联的特权阶层是个人关系和宗派的巨大网络。两个前共产党地方党委书记或两个工厂管理者即使处于不同的国家，仍会继续保持正常的关系。"他们将继续按原来的方式行事，即仍进行交易，买进售出他们力所能及的东西，利用他们的关系开拓自己的仕途。作为原来统一的苏联经济的首领，他们发现苏联瓦解后的经济分化让人难以接受。

特权阶层包括原来红军中的将领们。像旧的工业界精英一样，许多高级军官对苏联的崩溃不满，他们尤其憎恶瓜分红军。邻近国家政局不稳影响了俄罗斯的将军们，他们一方面奉命努力守卫新国家的边境，另一方面又很快被要求向那些动荡的邻邦派遣维和部队。

这两大集团的不满使俄罗斯的帝国后事安排问题进一步复杂，即使没有这两大集团，由于牵涉到心理问题，那些后事安排问题已经相当复杂了。

像大多数帝国的公民一样，俄罗斯人难以理解帝国的丧失，他们的困难比大多数帝国的公民更严重，因为几个世纪以来他们便和其邻国人民生活在一个国家里，而且苏联崩溃得如此之快，俄罗斯共和国没有时间习惯这种想法。

在苏联瓦解以前，一位著名的哲学家亚·齐普科便指出："许多俄罗斯人不仅忘记了他们是俄罗斯人，而且也忘记了他们是斯拉夫人，忘记了共同的命运把他们与乌克兰人和白俄罗斯人联结在一起。"后来，一位重要的改革家费奥多罗夫这样说："我的许多朋友发现，很难把乌克兰人和白俄罗斯人看做一个真正的独立国家的公民。对他们来说，这种独立是虚假的。"俄罗斯人的这种态度，乌克兰人知道得一清二楚。乌克兰外长助理A.马卡连科说："我有许多朋友在莫斯科身居高位。三杯伏特加酒下肚，他们总是问我同一个问题：你们为何需要这种独立？"所以，除了政治动荡和经济萧条外，还存在对于帝国后事安排的心理障碍。

会因境外的俄罗斯人而发生冲突吗？

俄罗斯面临的第三个问题是生活在邻近国家的俄罗斯人的问题。乌克兰约有1 100万俄罗斯人，其中大部分居住在该国已经实现工业化的东部地区。拉脱维亚的俄罗斯人占其总人口的1/3，而在其首都里加，俄罗斯人则占一半以上。在动荡不安的高加索地区，俄罗斯人相对少一些，但在中亚细亚，俄罗斯人则成为一个姿态鲜明的少数民族：大多数管理者和熟练工业工人是俄罗斯人，他们被派到苏联最贫穷的地区建设工业基地。莫斯科前市长助理A.斯坦克维奇说："我们撇下了至少2 500万同胞，他们在俄罗斯都有亲属。这些家庭纽带意味着他们周围的风吹草动会立即在俄罗斯引起强烈的反应。"

1992年，爱沙尼亚试图迅速建立爱沙尼亚自己的法律，实行了1938年的一部法律，即苏联红军入侵以前所实行的国籍法。只有那时已经是爱沙尼亚公民的人或其直系后代才拥有爱沙尼亚国籍，享有公民权利，其余的人必须提出申请，这至少需要一年的时间，并且要参加一个语言考试。爱沙尼亚在1992年9月进行了一次选举，只有公民才能投票。那时，苏联时期定居在爱沙尼亚的俄罗斯人尚无人获得爱沙尼亚国籍，所以没有一人能参加投票。结果在共产主义垮台以后的首次选举中，42%的爱沙尼亚居民(大部分是俄罗斯人)被剥夺了选举权。对境外的俄罗斯人而言，爱沙尼亚并非最麻烦的问题。东部的乌克兰是俄罗斯人最多的国家，但它也不是最棘手的问题。这两个国家中的俄罗斯人在经过最初的争吵以后，开始适应新的政权。然而，在摩尔多瓦，俄罗斯人反叛该国政府，在前苏军驻地的俄罗斯军队的帮助下，成立了一个分离主义政府。更让人焦虑的是(至少是潜在的焦虑)哈萨克斯坦这个中亚巨人。该国的哈萨克人和俄罗斯人几乎平分秋色：哈萨克人占人口的40%，俄罗斯人占38%(其余人口属于100个别的种族集团)。俄罗斯人高度集中在该国的北部与俄罗斯交界的地区。北哈萨克斯坦州90%的人口是俄罗斯人，该国北半部(其中包括第二大城市卡拉干达)的每个州中，2/3以上的人口是俄罗斯人。这个问题难以处理。在其独立的最初几年中，要求实行强硬的“亲哈萨克人的哈萨克斯坦”政策的呼声越来越高。哈萨克斯坦总统努·纳扎尔巴耶夫通常尽力使种族之间的紧张局面趋于缓和，即使他也故意用无礼言辞暗暗地向俄罗斯人发出警告，他说：“有关保护生活在哈萨克斯坦的俄罗斯人的任何言论，都让人想起希特勒时期，他最初也是从保护苏台德地区的德国人这个问题开始的。”如果他奉行强硬的亲哈萨克人反俄罗斯人的政策，他将会激起该国这部分地区(索尔仁尼琴称之为“南西伯利亚”)的俄罗斯人的强烈反抗。

总之，苏联瓦解使俄罗斯面临三个问题：其邻邦政局不稳，经济困难；它自己的人民不愿接受失去帝国这一现实；生活在邻近国家的俄罗斯人的问题。巨大的困难将始终存在，问题是俄罗斯对这些问题做何反应。它将保持平静，抛开这些问题，想办法通过协商解决帝国的后事？还是以这些问题为借口重建帝国？

俄罗斯充当老大哥

在1993年和1994年，人们最担心的事情看来要发生了。这可谓俄罗斯政策炫耀武力的阶段，即侵略和扩张时期。这个时期主要由军队左右，其特点是，对邻近国家进行军事干涉，以激烈行动保护境外的俄罗斯人，在国内的政治纷争中，存在着重建一个大俄罗斯的要求。

为对此加以考察，我们需要回顾一下独联体的发展过程。独联体是1991年12月匆匆忙忙成立的，目的是为了讨论苏联解体的有关问题。俄罗斯外长安·科济列夫曾声言："俄罗斯外交的首要任务是成立独联体。"几个中亚国家，特别是哈萨克斯坦，希望有一个强大的独联体。而乌克兰则希望有一个松散的独联体，它担心独联体会成为俄罗斯控制别国的工具。因担心乌克兰退出独联体，俄罗斯对是否实行强有力的领导犹豫不决。独联体来来回回召开了无数次会议，结果要么一无所获，要么虽达成了协议却从未付诸实施。到1993年春天，前苏联各加盟共和国的关系实际上陷入僵局，独联体前途未卜。

但那年夏天，俄罗斯开始实行强硬政策，来得非常突然。这个过程始于中亚细亚。在那里，塔吉克斯坦的前共产党政府与阿富汗支持的穆斯林反叛者打内战，政府便请俄军帮忙。所有中亚细亚国家的政府都欢迎俄罗斯介入。对它们来说，俄罗斯是当地原来的共产党政府反对穆斯林叛逆的保护神。俄罗斯国防部长助理安·科科申将俄罗斯对中亚细亚的态度比做法国对其前非洲殖民地的态度，二者在商业上和军事上都很相近。俄罗斯国防部长认为当地默许俄罗斯介入塔吉克斯坦证实了军方的观点，即俄罗斯最适合防御的南部边界是塔吉克斯坦与阿富汗之间的奥克苏斯河，而非哈萨克斯坦与俄罗斯之间的大草原。

5月15日，中亚细亚诸国加上俄罗斯和亚美尼亚，签署了一个共同防卫条约。鉴于俄罗斯与其他国家在国家大小和军事力量上的差异悬殊，这样一个条约当然只能意味着俄罗斯将按照自己的条件来保卫那些小国。8月24日，这些国家同意由各国外长和国防部长组成一个联合安全理事会。

甚至非独联体成员国也开始向俄罗斯靠拢。格鲁吉亚是反对俄罗斯态度最强烈的前苏联加盟共和国之一。1991年，它选举兹·加姆萨胡尔季阿为首任总统。加姆萨胡尔季阿从前是个政治犯，他坚信他的国家面临着两大灾难：共产主义和俄罗斯。他的政策起初引发了内战，接着又导致俄罗斯在阿布哈兹进行干涉。他的继任者爱·谢瓦尔德纳泽(戈尔巴乔夫的外交部长)对俄罗斯做了广泛的让步，希望能带来和平。1993年8月，他同意俄罗斯维和部队控制阿布哈兹。1994年2月，他和叶利钦(那时已被谑称为外高加索的沙皇)签署了一个条约，同意俄罗斯在格鲁吉亚建立军事基地，允许俄罗斯在格鲁吉亚与土耳其的边境上驻扎军队，并委托俄罗斯训练和装备格鲁吉亚军队。该条约实际上又将这个前苏联加盟共和国送入了俄罗斯的轨道。

阿塞拜疆也没加入独联体，因为该国议会拒绝批准总统加入独联体的决定。该国也动荡不安，在与亚美尼亚为了纳戈尔诺—卡拉巴赫进行的战争中接连遭受军事上的挫折，很快导致苏联瓦解后的首届政府在人选中失利。继任的是一个民族主义者的政府，它使该国更加远离独联体，而谋求与土耳其加强联系。接着，进一步的军事失利引发了反对政府的军事政变，一位早在1985年便被免职的阿塞拜疆前领导人盖·阿利耶夫又重新执政，此人在勃列日涅夫掌权时期是阿塞拜疆的共产党党委书记。许多阿塞拜疆人声称，那次政变和阿利耶夫上台都是俄罗斯军队一手操纵的。如果这样的话，那么这是俄罗斯第三次插手反对一位民选的民族主义者，以确保由一位准备将其国家带回到莫斯科轨道的前共产党人取而代之。第一次是在塔吉克斯坦，然后是在格鲁吉亚，现在又是在阿塞拜疆。阿利耶夫立即宣布，他的国家将出席在莫斯科举行的下一次独联体首脑会议。

到了1993年初秋之前，局面已与春天完全不同。6个非俄罗斯族人的国家与俄罗斯签定了防卫条约。其中5个国家力求与俄罗斯建立一个新货币区，并允诺在货币、财政、银行和外汇方面与它协调一致。两个非独联体成员国——格鲁吉亚和阿塞拜疆——要求加入独联体。在前苏联15个加盟共和国中，看来只有波罗的海3个国家——立陶宛、拉脱维亚和爱沙尼亚——与独联体划清了界限。而且俄罗斯外长甚至别有用心地提醒这3个国家“不要忘记某些地缘政治现实”，即俄罗斯是庞大的，并且有强大的军队。这有点像观看一群套装玩具娃娃，它们在苏联解体时四分五裂，但除了最小的3个以外，其余的全都跳回到俄罗斯母亲的怀里，重新组合起来。

到12月，除了波罗的海3国和摩尔多瓦，前苏联所有的加盟共和国都在联合安全条约上签了字，这样，签约国的国防和军事政策实际上便听命于俄罗斯。与此同时，摩尔多瓦也被迫加入独联体。该国议会8月未能批准该国加入独联体，随后它被告知除非它在1993年11月以前重新确认其独联体成员国资格，否则它将面临惩罚性关税。

到1994年初，除了波罗的海3国，前苏联的所有加盟共和国都在俄罗斯的威逼利诱下，允许俄罗斯一定程度地干涉其国家事务，而在1992年没有一个国家认为这可以接受。例如，在俄罗斯进行干预之前，摩尔多瓦和格鲁吉亚都既不希望加入独联体，也不同意在其国内建立俄罗斯的军事基地。但在俄罗斯干预之后，两国对这两个问题都表示同意。看来，重建一个大俄罗斯的准备工作正在进行之中。

对其邻近国家态度并不强硬

在1994年出现了变化的迹象，武力干涉阶段开始终结，让位于高压联邦主义。新政策仍然突出俄罗斯的力量，不过其侧重点和方法不同。现在俄罗斯开始强调经济压力而非军事干预，强调贸易而非使邻近国家社会动荡，强调操纵当地反对派力量而非直接将武力和意愿强加于邻近国家。俄罗斯曾试图实现经济一体化，以建立一个俄罗斯卢布区，但没有成功。生存空间主义(为我割让出一块“生存空间”)被一种门罗主义(别在我家后院闹事)所取代。

几乎所有俄罗斯军队都在8月大致按计划撤离了波罗的海诸国。[①]在摩尔多瓦，俄罗斯解散了其当地驻军，这支军队曾一直在支持跨德涅斯特左岸地区的叛乱者。克里米亚总统梅什科夫在其当选一个月后，便于1992年2月访问莫斯科，意在寻求莫斯科支持其将克里米亚半岛与俄罗斯重新统一的政策，但莫斯科的高级官员都拒绝见他。叶利钦和切尔诺梅尔金也拒绝会见他，并且切尔诺梅尔金重申俄罗斯无权对克里米亚提出要求。当塞瓦斯托波尔市(克里米亚最大的港口)议会宣布该市从法律上说是俄罗斯的一部分时，俄罗斯政府和议会置之不理，声称他们无心为了自己的利益而加深别人的痛苦。

军队曾是最有影响的政策制定者，但在1994年，商业和经济利益崭露头角。在阿塞拜疆，一家俄罗斯石油公司卢克石油公司不顾俄罗斯外交部的反对，参加了阿塞拜疆政府和一个西方领导的企业集团的一项“世纪性交易”，那是投资50亿美元在里海钻探石油的合同。1994年10月，当乌克兰新任总统列·库奇马开始危险重重的彻底经济改革时，俄罗斯(乌克兰最大的债权国)提供了大量的贸易信贷，帮助其改革回复正轨，确保其不会因为需要购买进口商品而使经济改革脱轨。

卢布区的终结

更重要的是，俄罗斯的改革者挫败了将前苏联的财政纳入一个卢布区的企图，如果那样的话，俄罗斯的行政统治将扩展到整个区域。卢布区在1993年4月至1994年7月期间分4个阶段瓦解了。

---

①留下了一些兵员守卫拉脱维亚的一个火箭工厂，另外在爱沙尼亚留下了一个情报收集站。——原注

1993年初，包括俄罗斯在内，有10个前苏联加盟共和国仍在使用旧苏联卢布。在俄罗斯中央银行的协助下，其余9个国家能够印制货币用以从俄罗斯进口商品，这样便将通货膨胀的若干后果传回到俄罗斯。1993年4月，当时的财政部长费奥多罗夫与银行及其在议会中的同盟者经过一番较量，终于将这种造成通货膨胀的信贷从俄罗斯驱除出去。此后，尽管其余加盟共和国仍继续使用卢布，但它们不能随心所欲地印钞票了。

7月24日星期六上午，俄罗斯中央银行突然宣布，1993年以前发行的所有钞票到7月26日将不再流通，只允许俄罗斯人以原来的钞票兑换新钞票。因为对钞票兑换有所限制，所以这一决定在俄罗斯非常不得人心，但受冲击最大的是其余9个加盟共和国，这一决定迫使它们要么将自己的货币政策交由俄罗斯控制，要么发行自己的货币。其中4个国家——阿塞拜疆、格鲁吉亚、摩尔多瓦和土库曼斯坦——选择了后一条道路。因为对这种转变毫无准备，这些国家当即出现了恶性通货膨胀。其余国家继续使用卢布，但是现在，因为俄罗斯决定只为它们提供1993年以前的卢布，所以它们面临着严重的现金短缺。这样到8月初，共有6个共和国仍在使用卢布，其中只有俄罗斯使用新卢布。

9月7日，这6个国家——俄罗斯、亚美尼亚、白俄罗斯、哈萨克斯坦、塔吉克斯坦和乌兹别克斯坦——试图重新建立所谓的“新型卢布区”。它们签署了一项协议，旨在重建统一的货币流通区，并同意采取一致的货币、财政、银行和关税政策。

乍看起来，这与欧盟试图发行单一货币有点类似。然而，执行欧盟计划的国家比前苏联的任何加盟共和国都要稳固得多，执行欧盟的计划受更严格的条件控制，并且欧盟多年以来一直在酝酿这个计划，预期发行一种坚挺的新共同货币。而在苏联解体后重建卢布区则截然不同。6个加盟共和国的协议声称，俄罗斯将控制卢布供应，而其余国家“将在俄罗斯同意的限制范围内发行信贷”。费奥多罗夫指出，如果将这一条款付诸实施，其余国家就会以俄罗斯为代价印制钞票，卢布将进一步贬值。这个协议实际上失败了，因为它依赖于对经济协作过于热切而模糊的的承诺，并指望在几个月甚至数周内实现经济协作。改革者们坚持要求其余国家在使用卢布之前必须符合严格的标准，但没有一个国家能符合这些标准。1993年秋，又有3个国家(哈萨克斯坦、乌兹别克斯坦和亚美尼亚)退出卢布区，发行了它们自己的货币。

这样只剩下了塔吉克斯坦和白俄罗斯两个国家。塔吉克斯坦情况比较特殊，俄罗斯出于人道主义和安全原因而向它提供新卢布。倒是白俄罗斯看着卢布区寿终正寝。1995年1月5日，俄罗斯总理切尔诺梅尔金和白俄罗斯总理维·凯比奇联合发表声明，声称两个国家将使用由俄罗斯发行的一种共同货币，但白俄罗斯可以发行信贷。俄罗斯的改革者们再次反对这个货币联盟，理由是它将花费俄罗斯数百万的资金。这一次还有其他理由：该声明违背了宪法。因为按照宪法规定，只有俄罗斯中央银行才能发行卢布，并且该声明设想不经议会同意便建立货币联盟。俄罗斯议会对这两点都持反对意见。在白俄罗斯，其中央银行称对丧失主权表示遗憾。双方为重新商定有关安排，经过众多努力终于在1996年4月拿出了一个平淡无奇模棱两可的经济联盟协议，该协议承诺很多，而其签约国却很少受这些承诺的约束。

俄罗斯的维和行动是否出师有名？

所有这些是否意味着俄罗斯当真洗心革面？从经济上说，确实如此。到1995年，卢布区已告失败，从而俄罗斯也就无法对前苏联各国的经济专行独断或施行行政控制了。

但是，谈到俄罗斯在其邻近国家的政治和军事干预，许多西方人认为并没有真正发生变化。他们说，目前发生的一切都是俄罗斯人得到了他们想要的东西。俄罗斯维和部队仍然滞留在摩尔多瓦、格鲁吉亚和阿塞拜疆，克里米亚问题尚未解决，俄罗斯在继续对阿塞拜疆施用暴力。科济列夫说过，俄罗斯想在前苏联的加盟共和国建立30个军事基地。在1991—1995年间，它向着这个目标取得了相当大的进展。

然而，维和行动促进了俄罗斯的利益这一事实本身并不能证明，维和行动只是恢复俄罗斯统治的借口。1994年美国插手海地，法国插手卢旺达，这些行动促进了美、法两国的利益，但这并不意味着这些行动(扶持海地民选总统重新执政及制止卢旺达的种族屠杀)是不适当的。俄罗斯能做出类似的声明吗？为了回答这个问题，值得从三个方面进行测试。

第一，那些冲突是否已严重到不能进行和谈的程度？绝大部分是这样的。俄罗斯三次主要的军事行动分别发生在塔吉克斯坦、摩尔多瓦和格鲁吉亚。塔吉克斯坦当时进行全面内战。在摩尔多瓦，德涅斯特河东岸的俄罗斯族人依靠暴力控制了自己的地区，并成立了他们自己的政府。即使在格鲁吉亚，冲突似乎也难以驾驭：自1989年以来双方一直在断断续续地打仗，阿布哈兹从未承认格鲁吉亚的主权。

第二，俄罗斯的介入是否增加了解决冲突的可能性？在摩尔多瓦和塔吉克斯坦，答案是肯定的。在俄罗斯干预之前，两个国家的战争都异常惨烈，不可能迅速得以解决，但在俄罗斯强制下实现停火，至少使和平成为可能。在塔吉克斯坦，种族冲突的潜在原因仍未解决。但在摩尔多瓦，以亚·列别德为司令官的俄罗斯军队到达后，在三天之内制止了战争，局面大大改观。反叛的俄罗斯族人主要担心摩尔多瓦的政治家们试图将该国与罗马尼亚重新统一(该国曾是罗马尼亚的一部分)。但是赞成这一主张的政党民族阵线(the National Front)在1994年的议会选举中表现不佳，这使谈判成为可能。1995年，叛乱地区做出了重大经济让步，采用摩尔多瓦的货币作为自己的货币。双方还签署了一项协议，不使用武力解决他们之间的争端。然而在阿布哈兹，俄罗斯的干预使得冲突比其不干涉时更难解决。诚然，双方之间的战争本来也许就避免不了，但俄罗斯为阿布哈兹提供战斗机和情报，帮助他们取得军事胜利，使得他们更不愿寻求和平解决。

第三，这些干预是否在促进俄罗斯利益的同时也促进了当地利益？按照国际外交标准，这或许是最重要的测试。在俄罗斯执行炫耀武力的外交政策时期，人们很担心俄罗斯会令其邻近国家动荡不安，然后利用维和力量扶植傀儡政权。1993年在阿塞拜疆发生的似乎正是此类事情。当时的民选总统，一个叫做阿·艾尔奇别伊的持不同政见者和前土耳其语教授，被当地的反叛者赶下了台。据一些人讲，反叛者得到了俄罗斯的帮助。但是，其继任者盖·阿利耶夫后来又经选举得到了确认。阿塞拜疆人的意愿是否遭到轻慢，这一点并不明确。在俄军士兵所干预的三个地方，都有一些地方名流支持俄罗斯，同时也有一些名流不支持。在摩尔多瓦，俄军得到了当地俄罗斯族人的支持，却遭到摩尔多瓦政府的谴责。在格鲁吉亚，尽管俄罗斯支持阿布哈兹的叛乱者反对爱·谢瓦尔德纳泽，但他也从中受益，因为俄罗斯军队帮助他平息了另外一次叛乱，那次叛乱是前任总统兹·加姆萨胡尔季阿的支持者们组织的。这位前任总统是在1993年从总统的位置上被赶下来的。谢瓦尔德纳泽在格鲁吉亚的电视中一再重复："我相信俄罗斯。"在塔吉克斯坦，当地政府最初试图安排一次选举，但不允许反对派提出候选人，俄罗斯后来说服当地政府在1994年进行一次总统竞选。

在塔吉克斯坦，俄罗斯确实通过了这些关于军事干涉的测试，虽然它并没有解决那里的种族战争。在摩尔多瓦，虽然摩尔多瓦政府最初反对俄罗斯的行动，但俄罗斯的干预有助于冲突的和平解决。在格鲁吉亚，虽然俄罗斯的干预使解决政府与阿布哈兹争端的前景更加渺茫，但俄罗斯的确得到了该国总统的支持。换句话说，这是一种混合模式。鉴于某些混乱和处置不当在所难免，这种混合说明俄罗斯并非致力于重建帝国。它至少对帝国后事安排和帝国主义的野心同样重视。它所遇到的困难，归根结底，是因为苏联解体以后的问题实在太多造成的。

有没有国家会重新加入俄罗斯?

苏联解体后，在各加盟共和国独立的最初几年中，发生了两个重大变化，减少了重建帝国的可能性。

第一个变化是俄罗斯的邻近国家在经济和政治方面都开始好转。1994年卢布区瓦解之后，它们大多数的经济降到了最低水平，然后便开始逐步好转，通货膨胀开始下降，生产开始增长。这十分重要，因为许多事情取决于这些前苏联加盟共和国自身的稳固。它们越稳固，俄罗斯企图干涉其事务的可能性越小，俄罗斯干涉其事务的代价也越高。它们越脆弱越不稳固，俄罗斯越可能对其指手划脚。

新诞生的国家慢慢建立起更稳固的制度，赢得了民众的支持。在当地人民的支持下，名副其实的政治逐渐发展起来，从而外界也把它们看做是合法的真正的国家。

最重要的是从乌克兰来看这种变化。美国对外政策专家和学者Z.布热津斯基指出:“乌克兰是俄罗斯是否愿意承认帝国终结的唯一最重要的检验；没有了乌克兰，俄罗斯便不再是一个帝国。这一点怎么强调也不为过。”除非包括小俄罗斯(乌克兰有时被这样称呼)在内，否则便没有什么大俄罗斯。俄罗斯将像现代的拜占庭帝国一样，失去了其最宝贵的西部诸省，而注定要屈服于来自东部的更为蓬勃的力量。

1994年乌克兰新总统的当选及其对经济改革的支持使得乌克兰可能逃脱它在1993年所面临的因恶性通货膨胀而瓦解的命运。这种瓦解是俄罗斯插手乌克兰的最稳妥的办法。相反，尽管库奇马来自俄罗斯人聚居的东部地区，乌克兰西部的民族主义者也支持其自由市场改革，这便开始消除乌克兰民族主义者集中的西部农业区与俄罗斯族人聚居的东部工业区之间的裂痕。乌克兰在经过两年犹豫之后，于1994年12月在核不扩散条约上签了字，消除了它与俄罗斯之间发生摩擦的另一个原因。通过成为无核国，乌克兰消除了与西方改善关系的主要障碍，开通了获得援助和指导的道路。到1995年，两国之间的主要分歧只剩下克里米亚问题。解决克里米亚半岛问题取决于双方的忍耐力。1995年这种忍耐力经受了首次考验。当时由于克里米亚内部明争暗斗，乌克兰命令克里米亚政府暂停行使职权，俄罗斯并没因此而惊慌。俄罗斯自己在车臣的逻辑提醒它，克里米亚不应脱离乌克兰。然而，不能指望双方的行动会一直保持冷静。

到1995年，其余新国家中有一些尚未达到乌克兰的国家建设阶段。哈萨克斯坦因其国内俄罗斯人和哈萨克人关系紧张，还面临着潜在的一触即发的考验。白俄罗斯的政治似乎犯了精神分裂症：一方面，该国选举了一位主张与俄罗斯重新统一的总统；另一方面，执行该政策的所有努力(如货币联盟)都遭到顽强的反对。白俄罗斯的语言与俄罗斯最接近，该国的民族主义观念也最淡。在20世纪90年代，白俄罗斯受主张独裁主义的总统与共产党控制的议会之间冲突的影响，国内政局极度不稳。这两个国家之间的密切联系加上白俄罗斯的国内冲突，使白俄罗斯成为最可能重新加入俄罗斯的国家。但是，即使在那里，所有事情也都取决于白俄罗斯自己，正如费奥多罗夫所说："对我们来说，激起白俄罗斯民族主义的最简单方法便是重新接管那个地方。"

到1995年，俄罗斯开始分别对待前苏联的各个加盟共和国，而不再将其作为一个所谓的"邻近国家"来看待。克里米亚的双边问题左右着它和乌克兰的关系，其次核武器问题也对两国关系有重大影响。在它与波罗的海诸国的关系中，起决定作用的是波罗的海诸国想加入北约和欧盟，它们与斯堪的那维亚的密切联系对双方的关系影响也很大。在高加索地区主要是输油管路问题，特别是输送里海石油的管路是否将穿过俄罗斯。

第二个变化发生在俄罗斯国内。俄罗斯对待其前殖民地的态度似乎正发生重大变化，公众对俄罗斯入侵车臣的强烈反对说明了这一点。车臣实际上是俄罗斯联邦的一部分，但是有85%以上的俄罗斯人反对入侵车臣。1995年8月，由俄罗斯舆论研究中心进行的民意测验表明，为了俄罗斯人的利益而在其邻近地区动用武力也同样遭到绝大多数人的反对。问到如果发生了争端且未能协商解决时，他们是否支持派遣军队，83%的人回答说不支持。看来，民族主义只是社会精英关心的问题，普通百姓并不热心。

叶利钦的民族事务顾问、社会学家E.佩因曾用1993和1994两年的时间研究俄罗斯人对其模糊的国籍的态度。他发现，当问到他们认为其真正的祖国是哪里时，80%以上的俄罗斯人1993年回答说“苏联”，但在1994年底，对于这同一问题，超过80%的人的回答已具体到斯拉夫地区：俄罗斯、乌克兰、白俄罗斯和北部的哈萨克斯坦。在接受测验的人中，80%以上的人说他们不想和中亚人生活在同一个国家，3/4以上的人将外高加索诸国排除在外。

评　价

当然，它还不是俄罗斯，但它向着俄罗斯迈进了一步。这一步反映在赞成恢复帝国的院外政治活动的变化上。1992年和1993年，反对派经常以境外的2 500万俄罗斯人的问题来指责政府，但在1995年，只有一个严肃的政治家公开主张重建苏联，这个人便是共产党领导人根·久加诺夫。相反，议会的反对意见集中在国内问题上：犯罪、腐败和私有化。

诚然，议会中仍然存在帝国主义者。1996年3月，共产党人设法通过了一项决议，重申前苏联的“合法性”，宣布废除独联体。但是前苏联有关加盟共和国(除了白俄罗斯)和俄罗斯议会上院都声明该决议无效。共产党人震惊之余，便宣布该决议并非一定要执行。同时，俄罗斯内还有一种明确赞成“孤立主义”的意见，即促进俄罗斯国内俄罗斯人的利益。这是盖达尔和其余人的政策，他们反对卢布区，理由是囫囵吞下白俄罗斯和乌克兰未经改革的经济对俄罗斯来说需要付出毁灭性的代价。

研究者们越深入研究民众的情感，他们便越发现人们开始认为俄罗斯，只有俄罗斯，才是他们的家。当问到他们是否乐意看到俄罗斯为了与各斯拉夫共和国统一而劳民伤财时，绝大多数人回答说不乐意。残存的泛斯拉夫主义感情正日渐淡漠。在1990年，俄罗斯主权宣言开始是向戈尔巴乔夫发难的一种政治策略，在1995年它却逐渐成为现实。佩因最后总结道："我确信俄罗斯人最终会将俄罗斯当做他们的祖国。"

第十三章
俄罗斯与西方：是友是敌？

俄罗斯的政策发生了多大变化 · 科济列夫的态度发生了180度(的大转弯)吗 · 机遇之窗出现了什么问题 · 西方为何不信任俄罗斯 · 俄罗斯为何不信任西方 · 俄罗斯的重心不在西方 · 俄罗斯和西方的共同之处 · 评价

冷战的结束，使得建立世界新秩序、重新划分世界格局成为可能。世界各国不再分成两大敌对军事阵营。俄罗斯人具有与西方相同的民主、自由市场和尊重人权等基本社会准则，俄罗斯政府致力于邻近国家的稳定及其与西方的合作，而抛弃了其帝国主义主张。各国从超级大国意识形态的冲突中解脱出来，现在将依据它们之间的共同点而非不同点来处理国家事务。或者说，事情似乎如此。

但是，种种热望均破灭了。在1992年至1995年期间，俄罗斯和西方卷入了东欧和前苏联一系列的纷争中。它们就北约扩大、在前南斯拉夫的政策及俄罗斯在其邻近国家的行为方面争执不休。希望为何破灭？大好时机被白白错过了吗？俄罗斯和西方现在注定要对抗吗？

俄罗斯的政策发生了多大变化？

俄罗斯的变化是对失望的最一般的解释。乍看起来，这个解释颇有道理：俄罗斯1995年的外交政策迥然不同于1991年。

俄罗斯的政策起初对西方特别友好。苏联瓦解前，俄罗斯领导阶层便拥护一些最开明的运动——波罗的海诸国独立、削减军备以及苏军撤出古巴。苏联刚刚解体，俄罗斯总统及外长就明确提出了强烈的亲西方外交政策，要求在俄罗斯与西方之间建立“战略伙伴关系”。

叶利钦指出，俄罗斯已经加入到西方国家中来(他说是重新加入)，俄罗斯与西方的历史冲突已经结束。他继续执行戈尔巴乔夫的核政策，签署了两个新裁军条约，继而参与磋商华盛顿宪章，该宪章旨在确立欧洲和太平洋地区的维和能力。曾使东欧和中欧听命于苏联的华沙条约已经灰飞烟灭。俄罗斯加入了主要的国际经济机构——国际货币基金组织和世界银行，并申请加入世界贸易组织。它甚至允诺加入和平伙伴计划，以待加入西方的防御营垒——北约。

在苏联尚未解体时，俄罗斯外长安·科济列夫便发誓尊重苏联其余新独立的加盟共和国的权利和边界，并且指出维护境外的俄罗斯人权利的最佳途径便是以身作则，在俄罗斯国内尊重人权。甚至到1993年他仍在强调“俄罗斯及其东欧邻近国家正全力完成同一个战略任务，即在高度发达的民主国家中确立一个应得的位置。勃列日涅夫主义(共产主义革命不可逆转)时代已经过去了”。然而，那时一些十分奇怪的事情已经初露端倪。

科济列夫的态度发生了180度(的大转弯)吗？

1992年12月14日，在欧洲安全与合作会议(欧安会)的一次大会上，科济列夫走上讲台，对他几十个外国同行发表了演说。他是这样说的：

“第一，在坚持加入欧洲的同时，我们十分清楚，我们的传统在很大程度上(如果不是根本上)倾向于亚洲，这决定了我们与西方再次接近的限度。我们看到，尽管北约和西欧的目标发生了某些演变，但其基本政策依然未变，例如它们加强其在波罗的海诸国和前苏联地区的军事存在以及加强对波斯尼亚和南斯拉夫内政的干涉等计划并未改变。显然，正是这些政策决定了对南斯拉夫的共和国实行制裁。我们要求取消这些制裁，否则我们保留单方面采取必要措施保护我们的利益的权利，特别是当这些制裁使我们蒙受经济损失时。塞尔维亚在其与现政府的斗争中，可以依靠伟大的俄罗斯的支持。

第二，不能认为欧安会的标准完全适用于前苏联。它实质是一个后帝国主义地区，俄罗斯必须通过一切可行的手段(包括军事和经济手段)保护自己的利益。我们将坚决要求前苏联加盟共和国立即加入一个新的联邦或邦联，在这一点上我们决不含糊。

第三，如果有人不认真对待这些利益，认为俄罗斯将重蹈苏联覆辙，那他们应当记住，他们面对的这个国家有能力捍卫自己及其友邦。我们乐意参与建设欧安会，但我们将十分警惕那些会导致干涉内政的想法，这一点各国应当理解。”

然后他走下了讲台，而那些高贵的听众则目瞪口呆。“从根本上倾向于亚洲……我们保留单方面采取必要措施保护我们的利益的权利……前苏联的领土……实质上是一个后帝国主义地区，俄罗斯必须通过一切可行的手段……保护自己的利益。我们将坚决要求前苏联加盟共和国立即加入一个新的联邦或邦联。”自从冷战时期代表苏联外交政策的“否决先生”安·葛罗米柯以后，还没听到莫斯科的外长说这样的话。这就是那位被认为开明的科济列夫，他那个时候正在反击民族主义者的围攻，为继续其在莫斯科的政治生涯而奋斗。

几小时以后，科济列夫重新登上讲台。他解释说，那番讲话所反映的既非俄罗斯官方政策，亦非他个人的观点，而是形象地描述了持强硬路线者在莫斯科执政可能发生的情况。众外长听了，有的迷惑不解，有的心中一块石头落了地，有的则感到生气。德国外长K.金克尔责备了科济列夫。他说，这种行为不是一种严肃地执行外交政策的方式。

科济列夫冲口说出那番话时，前南斯拉夫的战争吉凶未卜，各国就如何处理这场战争争执不下。俄罗斯人感到他们被美国和欧洲排除在解决该冲突的和平努力之外，科济列夫实际上是在请求别的国家征询俄罗斯对波斯尼亚问题的意见。西方的外长们误会了科济列夫表达这种意愿的方式，这样一来，似乎倒证实了俄罗斯的感觉，即西方没有认真对待它，并且没有理解它对北约和苏联后事安排的关注。但西方的态度也可以理解。对西方人来说，科济列夫的发言几乎不能被简单地看做一个玩笑，许多人认为他所描述的对抗政策并不仅仅是一种可能：它似乎正在进行之中。冷战结束后，西方和俄罗斯处在混乱、误解和变幻无常之中，上述插曲便是这种情况的缩影。

一年以后，1994年2月，科济列夫返回斯堪的那维亚。这一次他在哥本哈根直截了当地阐述了俄罗斯的政策。他告诉丹麦外交政策协会："我们对北约并不反感。但北约坚持要为中欧国家提供安全保证，并最终接受其为同盟成员，对于这样做的效果的讨论使我们迷惑不解。这些国家如何受到威胁？谁威胁它们？"

俄罗斯与西方打交道的态度突然强硬了许多。现在前南地区再次面临危机，俄罗斯采取了单方面行动。北约威胁要轰炸围困波斯尼亚首都萨拉热窝的波斯尼亚塞族军队，在最后通牒到期之前，俄罗斯从中调解，实现了停火，塞族军队同意撤回其炮兵，俄罗斯军队作为维和部队开到萨拉热窝。这是俄罗斯外交中有趣的决定性的时刻。西方对俄罗斯历史上的盟友塞尔维亚人进行威胁，而俄罗斯制止了这次威胁；西方试图在前南地区单独行动，而俄罗斯向西方表明它不能无视俄罗斯的力量。但是，与此同时，西方达到了它的目的——塞族在联合国的监督下撤走了重武器及其军队。俄罗斯这样做，执行了西方的政策，也达到了自己的目的(在国外显示俄罗斯的力量)。正如科济列夫派往波斯尼亚的代表V.丘尔金所说："西方应当从当前的波斯尼亚危机中吸取一个教训，应该把俄罗斯作为一个平等的伙伴来对待，而不能采取某些西方国家的那种做法。"

那时俄罗斯对待前苏联加盟共和国的态度也更加强硬。1993 年 9 月 28 日，科济列夫在联合国大会上说："没有一个国家能够取代我们在苏联解体后的这块特定空间里的维和努力。"这一年夏天，俄罗斯一直在胁迫其邻近国家，以便能在它们的国土上建立军事基地。在稍后一次报纸采访中，科济列夫把从周围的前苏联加盟共和国撤军称为"毫无道理地损失了俄罗斯的影响"。又过了一年，西方坚持提出北约扩大建议，虽然俄罗斯还一直没有时间对这一建议加以研究。科济列夫被触怒了，声称俄罗斯将不执行它与西方的和平伙伴计划。他说："将来我们的外交政策将继续保护俄罗斯的重大利益，即使它与西方的利益发生冲突也在所不惜。"为了防止有人对此尚不清楚，他重申："俄罗斯不会唯西方的马首是瞻。"

这一切无疑标志着一种转变。俄罗斯的外交政策先前是亲西方的，并主要在磋商关于西方外援的问题。在大约一年的时间里，外交政策转变为更加自信和强硬。而且，叶利钦的外交政策原来在俄罗斯国内争论不休，从四面八方受到反对者的攻击，现在则大致意见统一。1993 年春天，科济列夫的两个主要的批评者，议会外交事务委员会主席Y.阿姆巴特苏莫夫和俄罗斯前驻美国大使弗·卢金，均称政策的转变应当受到欢迎。他们这样说并不是为了制造借口以便要求进一步的转变。

这种转变当然引人注目。但是，这意味着俄罗斯与西方反目为仇了吗？有些西方人是这样认为的。他们说，俄罗斯的改革在经济上和政治上都失败了，结果大俄罗斯民族主义者的影响更大了，这促使俄罗斯和西方陷入敌对状态。1993年12月，日里诺夫斯基在选举中获胜之后，这种说法更是耳熟能详。然而，这个结论被大大夸张了。

1994 年，美国和国际社会试图让北朝鲜反叛政府开放其核设施，接受国际检查，俄罗斯对此表示支持。伊拉克曾是苏联在中东的盟友之一，但在伊拉克问题上，俄罗斯在海湾战争期间及战后都一直支持美国及其盟国。

当然，俄罗斯就北约东扩问题与西方发生了冲突，俄罗斯强烈反对北约东扩，将波兰纳入其中，认为这表明西方人想在军事上包围俄罗斯。另一方面，由于苏联政权的瓦解和华沙条约解体，在东欧和中欧留下了巨大的权力真空区，而俄罗斯并无涉足企图。在1992年11月对布达佩斯的一次访问中，叶利钦明确谴责了苏联占领匈牙利，特别是它对1956年起义的镇压。他说："1956年的起义并非白费气力，它表明不仅是个别人而且全体人民已经明白，不废除共产党独裁者，他们便没有前途。"1994年，俄罗斯将其最后一批军队如期撤出东德。

在前南地区，俄罗斯并未试图破坏国际联络团(1994年由俄、美、英、法、德5国组成)的和平努力。盖达尔曾将信奉东正教的斯拉夫共和国塞尔维亚描绘成"西方必须明白俄罗斯不会让步的核心问题之一"。实际上，在联合国安理会中，俄罗斯并未否决旨在限制波斯尼亚塞族的各种决议。1995年夏末，北约开始对波斯尼亚塞族实施空中打击，俄罗斯对此吹胡子瞪眼，却没有采取实际行动。1995年11月，俄罗斯声称将至少派遣1 500名士兵参加国际维和部队，去执行当月在俄亥俄州代顿市草签的波斯尼亚和平协议，这些士兵(象征性地)归一位美国将军指挥。

总之，尽管俄罗斯的政策确实发生了变化，但这只是对俄罗斯与西方的战略伙伴关系产生失望的一小部分原因。

机遇之窗出现了什么问题？

失望的真正原因是伙伴关系一开始便建立在不现实的期望之上。

处理国际安全问题大致有两种不同的方法。一种是标准的力量平衡法，即通过使参与权力政治的平等敌对力量和国家(特别是那些较大的力量和国家)之间趋于平衡来实现安定，而不太注意国际法及所承担的法律义务。冷战时期的恐怖平衡将这种方法推向了极端。还有一种是"机构制约法"，即几个国家通过法律义务联结在一起，确保其安全、经济甚至内务政策保持一致。欧盟是这种方法的典型代表。俄罗斯在世界事务中起初寻求采用机构制约法，但最后被拉回到传统的力量平衡体系中。

1991年所设想的“战略伙伴关系”是将俄罗斯紧紧束缚于一个国际同盟的一种关系，与1945年以后德国被束缚于西方同盟十分相似。这两个国家的相似之处很有诱惑力：两国长期穷兵黩武，都被削弱打败，都需要帮助，并声称钟情于自由和民主。

但是，二者之间明显地有很大的不同。德国在第二次世界大战中失败的程度远大于冷战后的俄罗斯。在1945年，西方盟国几乎完全控制了德国；而在1991年俄罗斯的情况显然不一样。苏联解体后，俄罗斯依旧是一个世界大国，而纳粹失败后的德国则并非如此。

第二次世界大战以后，建立国际机构的方法同1991年以后发生的事情也有明显差别。1945年以后的几年是建立国际机构比较集中的一段时间，联合国、北约和国际货币基金组织都是那时创建的。欧盟的雏形出现得稍晚一些。冷战结束以后，世界上并没出现类似的建立国际机构的努力。1991年以后成立的唯一一个新机构是欧洲重建与发展银行，目的是借钱给前共产主义统治的东方。俄罗斯建议将北约和华约统一在欧安会的框架之下，欧安会将成为高于北约的一个机构，负责维护美洲、欧洲和欧亚大陆的安全。这个主意当即遭到拒绝，因为这样俄罗斯的影响会扩展到西方。因此，德国在北约取得完全的成员国资格，后来在1994年以后又加入了羽翼初丰的欧盟；而俄罗斯只是在1991年以后与这些机构签定了合作协议，却没有获得成员国资格。

俄罗斯与欧盟的伙伴关系与合作协议的命运颇富启发性。该协议规定俄罗斯人与欧洲人最终将实现自由贸易，并且规定了过渡期间俄罗斯与其最大的贸易伙伴——欧盟——的商业关系。该协议还将经济条款与政治和人权联系起来，规定双方有义务支持民主权利和人权，声称如果一方违背了这一承诺，另一方可采取“适当的措施”(即暂停执行该协议)。俄罗斯一些强硬路线人物对政治条款颇有微词，但欧洲对此态度坚决：这种联系是欧盟的“机构制约法”的典型特征。

该条约墨迹未干，车臣便爆发了战争，欧洲委员会当即以人权为由暂停执行该条约。欧洲各国的外长们声称，只有俄罗斯在车臣完全停火，提供了人道主义援助，政治方面坚决取得进展，并同意欧洲安全与合作组织(其前身是欧安会)作为调停者，才能恢复执行该条约。尽管俄罗斯强硬派人物对此反对良多，欧洲安全与合作组织确实在格罗兹尼设立了办公机构。6个月后，欧盟在6月份宣布它的四个条件已经取得进展，科济列夫7月签署了该条约的贸易部分。结果该事件成为对俄罗斯与西欧关系的一次考验，在经过一个艰难的开始之后，俄罗斯通过了考验。欧洲人坚决要求，如果俄罗斯想融入西方，它必须遵守一定的行为标准，而俄罗斯人则勉强遵守了这些标准。另一方面，该条约仍然没有实行建立俄欧关系的一种"机构制约法"，它不像与东欧国家的类似条约，不曾为俄罗斯最终获得欧盟成员国资格扫清道路，它仍然保留了对俄罗斯产品的重大贸易障碍。这是1991—1995年间俄罗斯所到达的距离国际关系的"机构制约法"最近的程度。

这种方法的问题在于，它是基于俄罗斯按西方国家的方式行事的想法，忽略了两方面之间的差别，而这些差别迟早要暴露出来。

西方为何不信任俄罗斯？

大多数西方人之所以害怕一个强大的俄罗斯，是因为他们将它视为一个竞争对手。他们希望20世纪90年代初期的那个相对软弱、愿意合作的俄罗斯将会是外交界的一个永恒特征。但这种希望总要落空。即使丧失了先前的帝国，俄罗斯仍拥有世界第二大核武器库，依然是一支可怕的力量。苏联的垮台削减了俄罗斯历史性的力量，而并没把它摧毁。

1700年左右，彼得大帝打败了当时欧洲最强大的军事力量之一瑞典，从此俄罗斯一直是一个欧洲强国。1813年，俄罗斯军队将拿破仑从莫斯科驱逐出去以后，兵临巴黎城下，沙皇亚历山大一世被当做欧洲的解放者而受到欢迎。在19世纪前50年，俄罗斯在欧洲居于统治地位，尼古拉一世赢得了“欧洲宪兵”的绰号。托克维尔有一段有名的话，“目前世界上有两个伟大的民族，尽管其起点不同，但将趋向于同一终点。我指的是俄罗斯人和美国人，他们突然之间在世界民族之林中占据了最显著的位置。”正如匈牙利历史学家T.绍穆埃利指出的那样，该预言的出奇之处在于其对美国的预测，因为到1835年，俄罗斯业已成为一个强国。它击败了拿破仑帝国；后来于1848年平定了匈牙利的起义，拯救了奥匈帝国；奥斯曼帝国在它面前不过是一个“欧洲病夫”，被它轻而易举地打发了。波兰和芬兰实际成为俄罗斯的一部分。据说有一次，亚历山大三世的一个仆从急于得到他对于欧洲最新危机的答复，而他回答说：“碰上沙皇垂钓，欧洲可以等一等。”随着列宁从第一次世界大战中退出，俄罗斯开始了与西欧事务隔绝的一个时期。但是，在1941年至1945年期间，俄罗斯重新处于中心位置：

在第二次世界大战中纳粹德国的绝大部分兵力被牵制在东部前线。

许多最怀疑俄罗斯的人记得，在其历史上，这个没有自然边界的国家在东欧辽阔的草原上时而推进，时而后退(主要是推进)。1829年，F.图切夫在《俄罗斯地理》中描绘了这样一个帝国，其边界

从尼罗河到涅瓦河，从厄尔巴岛到中国

从伏尔加河到幼发拉底河，从恒河到多瑙河

在该诗问世近1/4世纪后，人们对于俄罗斯如何实现这个帝国的传统忧虑被巧妙地总结如下：“这样就要修改边界，于是俄国的自然边界就将从但泽或者斯德丁走向的里雅斯特了。一次征服必须继之以又一次征服，一次兼并必然继之以又一次兼并，所以俄国征服土耳其只不过是兼并匈牙利、普鲁士、加利西亚和最终建立某些狂热的泛斯拉夫主义哲学家所梦寐以求的斯拉夫帝国的序幕而已。”“然而，这个如此庞大、如此大事扩张的国家，为了实现它成为世界帝国的野心已经

走了这样远，难道会在半路上止步吗？”[1] 1853年《纽约论坛报》刊登的一篇通讯发表了上述论断，通讯的作者正是其欧洲通讯员卡尔·马克思。

20世纪90年代初期的俄罗斯从前苏联和沙皇帝国身上继承了一个大国的许多特点。即使没有乌克兰，它的领土仍比世界上任何别的国家大得多，并拥有一亿五千万人口。1995年俄罗斯拥有726颗洲际核导弹，95颗原子弹和45艘核潜艇，拥有仅次于美国的世界第二大核武器库。它还拥有欧洲最庞大的一支军队，现役官兵人数为150万。其军火生意包罗万象，军火出口世界各地。25%的财政预算和5%的国民收入用于国防。像所有大国一样，俄罗斯有其传统的盟友，如塞尔维亚、希腊和亚美尼亚；也有一些历史上的敌人，如波兰、土耳其和德国。与所有大国的情况一样，俄罗斯周边国家对它的疑虑根深蒂固。

俄罗斯不仅保留了大国的特征，而且保留着大国的野心。叶利钦在其1993年的国情咨文中宣称：“俄罗斯在世界上尚未找到一个合适的位置……只有一个强大的俄罗斯才能使前苏联地区保持安定。世界也需要一个强大的俄罗斯。”这是俄罗斯与德国之间的第二点明显差别。从政治上说，德国只是一个地区性的欧洲国家，是一个更大的瑞士，而俄罗斯想成为世界舞台上的一个大国。乐观主义者认为这意味着它可能成为西方一个强有力的伙伴，而悲观主义者则认为它将是一个可怕的敌人。二者都把它看做一个竞争对手。

这与俄罗斯驯服地支持西方的政策以换取援助的伙伴关系大相径庭。一个强大的俄罗斯意味着它一如冷战时期，能在中东、非洲和东欧的西方盟国中与西方争强斗胜。因此，一个强大的俄罗斯，尤其当它处于一个扩张主义或者军国主义政府的控制之下，能否真正促进西方的利益，这一点还扑朔迷离。

---

①参见《马克思恩格斯全集》第12卷，人民出版社1998年版，第19—20页。

这些是西方对俄罗斯的疑虑。从伙伴关系的另一方——俄罗斯来看，加强联系的前景同样堪忧。

俄罗斯为何不信任西方？

从俄罗斯的观点来看，1991—1995年间西方最明显的吸引力在于它所能提供的援助。但西方的援助计划搞得一塌糊涂。在1991年11月份和12月份改革刚刚起步时进行援助效果最佳，那样改革者们便可以拿出具体的东西证明其努力没有付之东流。相反，国际货币基金组织错误地建议俄罗斯不要发行单独的货币，因为它害怕那样会对俄罗斯市场冲击太大。尽管俄罗斯的进口总额在1991年减少了将近50%，国际货币基金组织在1992年还错误地坚持俄罗斯不需要进出口差额援助。来自七大工业国的顾问们无视叶利钦实行彻底经济改革的决定，坚持认为主要问题是偿还苏联的外债，他们派出收债人，要求俄罗斯交出最后一点外汇。在早些时候，无人认真讨论如何帮助俄罗斯实行新的改革政策，“援助”指的仅是一包包食品。当援助计划最终在1992年和1993年出台时，实际援助额与当初的允诺相去甚远。布什总统宣布俄罗斯在1992年将得到240亿美元的援助，实际到位资金为150亿，其中包括125亿美元的政府资助出口信贷，这部分与其说是帮助俄罗斯，不如说是帮助向俄罗斯出口商品的厂家。真正的援助(国际货币基金组织和世界银行提供的45亿美元资金)只有10亿美元到位，用以增加其外汇储备。1995年这种情况有所改观。但是，在改革计划实行的前3年，西方未能提供援助，使俄罗斯的改革者们在政治上遭受了损失，并且在许多俄罗斯人的眼里，西方已经不可信赖。

俄罗斯的重心不在西方

俄罗斯人断定他们不能指望西方提供他们所需要的那种援助，这几乎不足为怪。这样一来，他们自然会认为不值得把他们的国家与西方联系在一起。

在俄罗斯新闻界有一种常见的论调，即俄罗斯受了愚弄，牺牲了自己的利益，被迫居于附属地位，结果一无所获。俄罗斯前驻美大使卢金是这样说的:“近来我们国家在美国政界人士的心目中似乎有两种根深蒂固的形象，一种是全球冷战时期的对手，另一种是一个民主的西化国家，充当着美国的小伙伴。”1993年的某个时候，他说，俄罗斯正将两个世界的缺点集于一身。“起初，人们害怕俄罗斯，但不尊重它；后来，人们尊重它，但不害怕它。现在，人们则既不尊重也不害怕俄罗斯。”

除了感觉低人一等及对援助的失望外，俄罗斯不信任西方还有更深层的原因。一些俄罗斯人认为，即使俄罗斯能够相信西方，它也不应当这样做。这是所谓的亚欧人采取的路线，这些人在1993—1995年间对外交政策的制定影响颇大。①

这些亚欧人强调俄罗斯独特的地理位置，认为世界力量平衡的转移要求采取与西方保持距离的外交政策。他们声称，在40年的冷战期间，世界分成了资本主义西方和共产主义东方两大部分。随着这一划分的消失，富裕的北方和贫穷的南方这种划分将取而代之，而俄罗斯横跨在其分界线上。这些亚欧人说，俄罗斯从地理位置上属于北方，但就经济而言更接近于南方。他们声称，即使改革进展顺利，俄罗斯也需要30年的时间才能跻身于富裕国家的行列。即便那时，俄罗斯仍将不同于其余北方国家。俄罗斯面临着贫穷的南方的挑战，而其余任何北方国家则无此虞。特别是它与贫穷的南方国家——外高加索地区、中亚国家和中国——有很长的共同边界。它必须慎重地处理与穆斯林国家的关系，因为它有7个邻国是穆斯林国家。

---

①“亚欧主义”不只是指这一学派对某一地理特征的强调。这个词和最早使用的“亚欧人”这个词有联系。“亚欧人”指20世纪20年代被布尔什维克放逐的俄罗斯人，他们既反对布尔什维克，也反对西方。——原注

到1995年，俄罗斯已经卷入了与穆斯林有关的三场战争——在塔吉克斯坦、车臣和波斯尼亚。相比之下，其余北方国家则从地理上与南方自然分割开来(除了美国与墨西哥交界外)，这意味着如果北方和南方发生对抗，或者北方和穆斯林世界就以色列或阿尔及利亚等问题出现对抗，属于北方国家的俄罗斯将首当其冲，处在一个危险的位置。

因此，如果与北方关系莫逆意味着与南方公开对抗，俄罗斯对此就兴趣索然。仅举一例说明它可能如何受到威胁。它最富裕的两个农业区是库班和斯塔夫罗波尔周围的地区(戈尔巴乔夫的出生地)，二者均在南方，位于与动荡的外高加索交界的地区。因此，从自身的安全考虑，俄罗斯也不能忽视其南部和东南部的邻国。如果过于倾向于西方可能触怒穆斯林，俄罗斯便不会那样做。那些亚欧人称，俄罗斯特别需要对其临近地区的国家采取更加积极的政策。

其余三个战略变化进一步加强了这些观点。第一，日本、东南亚四小龙和中国的发展使世界经济实力的天平向东倾斜。俄罗斯与欧洲其余国家不同，它拥有部分太平洋海岸线，这是一种不可估量的优势。因此，俄罗斯应当寻求在那里建立最密切的联系。这千真万确，因为亚洲四小龙是与俄罗斯的远东地区距离最近的国家，而它们的经济与俄罗斯的经济恰好可以取长补短：它们需要俄罗斯的能源和原材料，而俄罗斯则需要它们的技术。1993年1月，叶利钦宣称，他“最近对南朝鲜、中国和印度的一系列访问表明我们正逐步放弃以西方为重点的导向”。

第二，俄罗斯的亲西方政策，说得更确切些，是一种大西洋政策，其中与美国和西欧国家的关系处于主导地位。但是，正像太平洋地区的经济实力增长使得俄罗斯不应紧紧依附于美国一样，东欧可能出现的经济恢复与增长使得俄罗斯在与欧盟的接触中更加谨慎。在这一点上，统一的德国及其经济腹地(捷克共和国、匈牙利和波兰)而非欧盟本身，实际将决定俄罗斯与欧洲的关系。从大西洋到乌拉尔山脉的整个欧洲大陆最后一次存在真正的自由贸易是在1913年，那时俄罗斯与德国的贸易占其贸易总额的45%。在1991—1994年间，德国是俄罗斯最大的贸易伙伴。那些亚欧人称，如果俄罗斯的经济迅速恢复过来，俄德贸易将蓬勃发展，并将促进这两个欧洲最大的国家之间的关系。当然，无论是德国还是东欧国家实际上都不愿为了俄罗斯而疏远欧盟。但是，对俄罗斯来说，在欧洲最重要的是它与德国和东欧国家的关系，而非其与欧盟和大西洋地区的关系。关于前南地区的争论至关重要，因为它形象地反映了俄罗斯的两难境地：俄罗斯是跟随美国和西方一道敌视塞族？还是把其在巴尔干半岛诸国的大国利益——它与塞尔维亚传统的同盟关系——放在首位？结果表明，俄罗斯试图将鱼和熊掌两者兼得。

那些亚欧人说俄罗斯不能追求一种与西方的“战略伙伴关系”的第三个原因与苏联的解体有关。乌克兰作为一个独立的国家出现在俄罗斯的西部边境，这意味着从地理上说俄罗斯现在比18世纪以来的任何时候都更加远离欧洲的中心。而且乌克兰外交政策的长远目标是加入欧盟，尽管俄罗斯的国家规模及其军事实力始终让欧洲国家敬畏，但它永远无望成为欧盟中的一员。它实在太大太复杂了，欧盟无法容纳它。在其与乌克兰为赢得欧盟青睐的竞争中，它将要失败。因此，它不应让它与欧洲的关系主宰其外交政策。

出于上述这些原因，西方与俄罗斯的关系决不可能一帆风顺。二者的关系紧张可以说明为什么在1992年至1994年期间俄罗斯的论调和政策发生了变化。鉴于历史上的相互猜疑及西方不愿意建立一个新的机构制约框架来消除这种猜疑(像1995年对待德国那样)，起初所设想的“战略伙伴关系”这一目标似乎真的过于乐观了。由此可知，俄罗斯和西方注定要成为竞争对手，但它们并非注定要成为敌人。

俄罗斯和西方的共同之处

实际上双方都设法避免公开冲突。俄罗斯支持西方在波斯湾和北朝鲜的政策，对其在波斯尼亚的政策也不反对。就西方而言，它承认由俄罗斯继承苏联衣钵，苏联所承担的一切国际义务，不仅是军备控制条约，还有中东和平会议，都由俄罗斯承接。西方并没真正企图阻挠俄罗斯在邻近国家恢复其影响；甚至俄军士兵支持阿布哈兹的分离行动或者俄罗斯参与阿塞拜疆的阴谋动乱时，西方也仅从外交上予以例行谴责。俄军焚毁格罗兹尼尚不足1个月，国际货币基金组织便与俄罗斯签定了64亿美元的贷款协议(与欧盟暂停其合作协议的做法恰恰相反)。很难找到在一个外交事件中，西方迫使俄罗斯做它无论如何也不想做的事情。俄罗斯在与西方合作期间，也没有真正损害任何西方国家的利益。

西方于人于己都希望俄罗斯的改革获得成功。于人，因为民主和自由市场对俄罗斯人有利；于己，因为那样会为西方的产品开辟市场，并且它们应当提防俄罗斯重新回到与之对抗的独裁统治。这也是西方不清楚一个强大的俄罗斯是否符合自己利益的原因之一。在所有条件都一样的情况下，有一个强大的对手通常不是一件称心的事情。但是，并非所有的条件都相同。俄罗斯的改革失败将增加一个核国家不安定的可能性，其邻国、独联体国家以及全世界都可能受到影响。在国际外交中鲜有确定无疑的事情，但避免俄罗斯出现不安定的局面以防牵涉到核武器，是各国的共同意愿。这样双方都希望俄罗斯的改革大功告成，俄罗斯人是出于直接原因，而西方则出于间接原因：改革后的俄罗斯可能成为一个安定的国家。一个强大安定的俄罗斯比一个软弱的俄罗斯更可取，因为那样它是可以预测的。

就俄罗斯而言，其重心不在西方并不意味着与西方作对。这一点说明了它为什么执行大西洋政策。1992年8月2日，科济列夫在俄罗斯电视上声称，如果俄罗斯的政策转而反对美国和其他西方国家，将会使国家陷于孤立。他在美国一家杂志《外交事务》1992年春季刊的一篇文章中指出，这将给俄罗斯的改革带来灾难性的后果。俄罗斯的“二次革命”不同于其余任何改革时期，它“是在有利的外交政策背景下进行的”。而其余所有改革都发生在战乱的背景之下：彼得大帝的改革(与瑞典交战)，斯托雷平的土地改革(起先与日本交战，后则与德国不睦)，列宁的新经济政策(与西方相互敌视)。外部战乱是导致改革失败的部分原因。现在是俄罗斯历史上首次在没有外部干扰的情况下进行改革。如果西方不能确保改革成功，它至少可以避免促成以前的失败的种种错误。

双方都希望避免军备竞赛，特别是俄罗斯。1993年，其20%的财政预算用于国防，甚至这对它来说也难以负担。俄罗斯全然无力扩充军备了。尽管其外交政策发生了变化，但俄罗斯政策的这个方面并未受到影响：最重要的军备控制协议都是在1993年政策变化以前由叶利钦总统和布什总统签定的，此后未出现反复。西方对俄罗斯的兴趣首先在于有一个安定的核超级大国。

俄罗斯和美国都同样希望防止核扩散。俄罗斯对此或许比美国更为关注，因为3个新的核武器拥有国是其邻近国家：白俄罗斯、哈萨克斯坦和乌克兰。俄罗斯希望它们能销毁其核武器，苏联解体后的各种军备协议都在为此做准备。

而且，双方都希望确保东欧和中欧的安定(俄罗斯对此的兴趣不亚于西方)，尽管它们对于波兰和其他国家加入北约是否有助于实现这样的安定存在分歧。然而，这一分歧仅部分反映了西方与俄罗斯之间更大的分歧。俄罗斯和西方的关系越冷淡，波兰以及想与西方加强联系的其余国家便越要求成为西方同盟中的一员；俄罗斯和西方的关系越密切，成员国资格便越非波兰人必要的安全保证。美国为了波兰的北约成员国资格，在其与俄罗斯的关系上愿做多大的牺牲，这也是一个明摆着的问题：鉴于两个核大国之间更广泛的利益联系，如果美国被迫在波兰和俄罗斯之间做出选择，实在难以断定美国是否会选择波兰。

最后，俄罗斯如何对待其周围动荡的国家，这一点对俄罗斯和对西方都利害相关。这部分因为那里的动荡不仅威胁俄罗斯而且危及西方的利益，部分因为西方根本不愿向那个地区派遣一兵一卒。例如，

1992年塔吉克斯坦爆发了内战，其影响迅速波及阿富汗，美国历史上的一个盟国巴基斯坦也有可能受牵连。更一般地说，中亚是古老的中国、印度、波斯帝国和奥斯曼帝国之间的一个战略黑洞。大多数西方国家更愿意看到俄罗斯军队涉足那里，而不愿看到伊朗或中国军队插手。与一个富强自负的中国保持关系可能更困难，西方和俄罗斯最终在这方面可能需要互相帮助。

评　价

综上所述，完全有理由认为，俄罗斯与西方的关系应当既非基于平等对立力量之间的传统的力量平衡方式，亦非基于共同行为准则和法律义务的“机构制约方式”，而是介于二者之间。对于某些问题(例如核扩散或今后如何对待中国)，机构制约方式将占上风；而对于另外的问题(如俄罗斯邻近地区和东欧)，尽管俄罗斯要与西方同盟打交道，但它将一如冷战时期，与西方格格不入。

然而，国际关系的这两种不同处理方式之间的平衡态势最终将转向机构制约方式。如果俄罗斯的民主能够站稳脚跟，如果其自由市场能够繁荣发展，如果它在邻近国家和东欧的基本兴趣在于保持地区安定(如本书所论证的那样)，那么便可以建立一种真正的战略伙伴关系。

第十四章

总结与预测

俄罗斯是否与众不同 · 共产主义为何失败 · 休克疗法是否太多 · 西方可曾尽力而为 · 人民过得怎样 · 俄罗斯会繁荣吗 · 俄罗斯能战胜黑手党吗 · 经济评估表 · 政治僵局还会出现吗 · 民主能继续存在吗 · 俄罗斯会分裂吗 · 俄罗斯会重建帝国吗 · 俄罗斯与西方：是友是敌 · 政治评估表 · 未来 · 经济前景 · 政治前景 · 预测

那么我们得出了什么结论呢？首先，我们将归纳出原先12个问题的答案。然后我们将把眼光转向未来。我们将考察在经济与政治两个领域中发挥作用的积极力量与消极力量。通过这种考察，我们将描绘出今后10年最有可能出现的4种局面——以及每种局面的可能性。

俄罗斯是否与众不同？

我们以一个最重要的问题开头：俄罗斯在某种程度上的与众不同将阻碍它成为一个“正常的”国家吗？它是天生的集体主义者，所以市场经济无法适宜地运转吗？它天生地反西方吗？许多人，包括许多俄罗斯人，会对这个问题做出肯定的回答。他们强调的是历史记载。

集体主义者？集体主义因素在俄罗斯历史上确实强大。自1861年，大部分农业土地已为集体所有，尽管在斯大林于20世纪20年代建立集体农庄之前，土地由私人耕种。不过，城市中的生活一直是更加个人主义的。俄罗斯的工业革命来得晚，但20世纪的头10年俄罗斯是世界上工业增长最快的国家。

即便在共产主义制度下，很多东西也恰恰损害了集体主义精神。人口从农村迁移到城镇，现在73%的俄罗斯人生活在城镇，高于意大利的比例。人民受教育程度很高。读书识字比英国或美国更普及。在共产主义制度下，俄罗斯教育的进步实际上比在资本主义制度下更快，自然科学的发展也如此。共产主义制度的这一成功也正是摧毁它的最强大的力量。因为受过教育的人民是有思考能力的人民，最终他们摈弃了对他们说谎的那些人。

调查显示俄罗斯人并不比美国人更反对获利与自我发展。那些调查是在经济改革开始之前进行的。然而就在当时，数百万的俄罗斯人为了他们自己或者他们的企业已经卷入了市场交易，而且，自改革以来，俄罗斯人已显示了日益增长的商业才干。个人与企业都是这样。最好的证明是反对“投机商”的少数人的不断抗议。事实上一个弱政府与一种顽强的商业精神的结合为市场经济提供了理想的基础(只要财产权与合同得到保证)。

专制？在政治方面，过去的俄罗斯从来就不是一个民主的国家。19世纪它拥有在所有主要的欧洲国家中最专制的统治者。20世纪同样如此。

当然，专制主义从未被完全接受，而且19世纪在知识分子中不断涌起革命情绪的巨浪。但是它们往往专注于暴力变革的思想而不是精心设计的改革细节。最终在1917年爆发了革命，而它是暴力革命，再次导致专制统治。

这意味着暴力乃是俄罗斯人实现变革的固有方式吗？恰恰相反。1919—1921年俄罗斯饱受内战的磨难，而1941—1945年俄罗斯至少失去了2 000万人。现在普通的俄罗斯人最害怕的就是战争——世界大战和内战。这有助于我们理解为什么共产主义制度一旦建立，俄罗斯人几乎没有采取什么行动用暴力去推翻它。

今天的改革者们从未发起暴力行动。一旦和平的反对得到容许，他们就像世界上其他地方的民主主义者那样行事。那些在1991年8月和1993年10月发起暴力行动的保守派得到的支持很少。

今天的俄罗斯不是一个专制国家。政府如此软弱以至于不能有效地实施自己的政令。今天的俄罗斯人不是正在寻找领袖的忠顺的绵羊。当然是有一些极易受摆布的人，而且每个俄罗斯人都愿意看到一场针对犯罪活动的更坚决的斗争。但是，那种认为俄罗斯人或者是被动的奴隶，或者是崇尚暴力的革命者的陈旧观念应该被抛弃。它已经被暴力行动的恶果和自由民主的有益尝试所扫除。

反西方？最后，有一种担心认为俄罗斯人天生地反西方，并且不真正地属于欧洲。当然，大多数俄罗斯人对西方人和西方怀有一些矛盾的想法。但是那种想法与法国人对美国人的看法有很大的不同吗？在多数情况下，也许没什么不同。可是在某些俄罗斯人中存在的一种俄罗斯无与伦比的看法，可能还胜过法国人对法国的评价。这些人是19世纪斯拉夫文化优越论的继承人，陀斯妥耶夫斯基曾是其领导人之一。今天他们包括了像索尔仁尼琴这样的人物，他的重返俄罗斯再次引发了关于做俄罗斯人意味着什么的争论。

按照斯拉夫文化优越论者们的看法，俄罗斯人的灵魂与欧洲人根本不同。它赋予精神方面的东西以更高的价值，而较轻视物质方面的成功。这类人对俄罗斯被欧洲日益同化的前景十分反感。他们宁愿保持对自身事务的更多控制，而不愿赞同那些在欧洲国家日益得到应用的普遍法则。

俄罗斯传统中的这一强有力的因素会在将来发挥怎样的重要作用呢？答案是它在老年人中比在青年人中影响更大，因此，它也许正在走向衰落。确实，人们曾对伊斯兰原教旨主义说过同样的话，而且他们说错了。但是伊斯兰原教旨主义的兴起仅仅是在一种从根本上讲是非欧洲的环境背景下，并包含了反女权运动的强大因素。斯拉夫文化优越论则很不同。

崇尚斯拉夫文化的人们当然为西方流行歌曲无处不在而悲叹。但谁能阻止它呢？事实上西方流行歌曲在俄罗斯是更具革命性的力量之一。年纪较大的俄罗斯人即使受到很高的教育也极少懂英语，而成千上万的年轻人为听懂这些歌曲已经在学习英语了。如果勃列日涅夫认为他不能阻止西方流行歌曲进入俄罗斯，斯拉夫文化优越论者们也不大可能在这方面取得更大成效。

确实，在俄罗斯年轻人中，一个最强烈的愿望就是成为西方的一部分。大多数人并不想移民，他们希望俄罗斯加入欧洲——俄罗斯本来就属于那里。如果让一个西方人列出欧洲文化缔造者的名单，他肯定会把许多俄国人列入其中：托尔斯泰、陀斯妥耶夫斯基、契诃夫、柴可夫斯基、拉赫马尼诺夫、斯特拉文斯基、普罗科菲耶夫、肖斯塔科维奇、佳吉列夫、斯坦尼斯拉夫斯基、爱森斯坦。就是把波兰、匈牙利、捷克斯洛伐克、罗马尼亚、保加利亚和南斯拉夫加在一起，他恐怕也列不出这么多名字。如果这些国家属于欧洲，俄罗斯当然也如此。

以下我们进一步考察最先的三个问题——市场的发展、民主政体的建立和对西方关系的处理。我们把经济放在首位，因为正是共产主义经济的失败成为所有其他变革的原动力。

共产主义为何失败？

共产主义的失败是因为它与生俱来的无效率。计划不起作用是因为它提供的刺激很微弱，而且它需要没谁能收集的太多的信息。再者，共产主义经济远远孤立于世界贸易的大潮之外，而大多数技术进步正是在这个大潮中得到普及的。除此之外俄罗斯还要承担防御开支这一带来严重损害的沉重负担，它导致普通俄罗斯人的生活水平下降并最终停滞不前。

苏联越来越意识到西方人的生活要好得多。他们要求改善生活。戈尔巴乔夫1985年被任命为苏共总书记，他带给人们的是改革(经济重建)和公开性(政治开放)。经济改革只是最低限度的，但到1990年，公开性改变了苏联。它导致苏联15个加盟共和国的议会都实行了自由选举，并导致大多数加盟共和国宣布“独立”。

与此同时，经济危机加剧。改革使国家很难从企业获得税收，而公开性使联盟政府更难从各共和国得到税收。为了补上缺口，政府只好印制钞票。一旦人们口袋中有了钞票，他们获得商品的欲望就会增强，这导致商店中排起了越来越长的队伍。

面对各共和国获得更多自治权的要求，戈尔巴乔夫提出一项“新联盟条约”，给予各共和国许多它们想要的东西。保守派觉得被逼到了墙角。1991年8月19日戈尔巴乔夫被软禁。但叶利钦因正在白宫而幸免。并且仅3天之后政变的领导人即被捕入狱。

八月政变结束了苏联的历史，俄罗斯开始处于自己的政府和议会、而不是苏联政府的统治之下。经济改革现在成为可能。

叶利钦会见了许多可能担当经济大主管这一职务的候选者，最后选择了俄罗斯拔尖的年轻激进的经济学家盖达尔。多年来盖达尔同他的朋友们一直就俄国经济如何进行改革展开争论，开始时争论是秘密的，随后越来越公开。现在他们成为所有经济高层部门的部长，他们的时代开始了。

休克疗法是否太多？

首要问题是如何使俄罗斯过渡到以私有企业为基础的自由市场经

济。但还有商店里供应短缺的紧迫问题——人们经常花上一整天的时间在商店里排队，这种难堪的事情已经是家常便饭。盖达尔选择了什么样的战略来解决这些困难？克林顿总统的顾问S.塔尔伯特后来批评盖达尔的休克疗法"休克过多，治疗太少"。他说得对吗？

围绕上述首要问题，多年来在俄罗斯和其他地方进行着争论。一些人主张在市场放开前，应该取消垄断并使公司私有化，否则自由市场不会生效。另一些人主张，应把放开市场摆在优先地位，为的是形成刺激，释放出更多的能量。争论大多毫无结果，而且无论如何都证明是毫无意义的。商店里的危机决定了所实施的战略。

只有两种取消排队的办法，一种是减少人们口袋里钱的数量，但那是不可取的，因为斯大林曾经这祥做，共产主义的最后一位总理瓦·帕夫洛夫也这样做过，这两个人都为人们所憎恨。另一种办法是提高物价，帕夫洛夫也曾经这样尝试过，但他只是调整了物价，仍然没能使供求达到平衡。而采取放开物价的办法则要好得多，它可以使需求自动回落，形成与供给的平衡。放开物价还有巨大的政治优势，因为物价调节来自市场，而不是来自政府。

放开物价。于是1992年1月2日，俄罗斯做出放开大部分商品价格的决定。这的确是任何一个政府所能做出的最果敢的决定。一些部长认为放开物价应该分两步进行，首先只放开部分商品的价格。但是人们一旦知道另外一部分商品的价格随后也要提高，他们就暂时不再出售这部分商品。所以决定取消联邦政府对几乎所有方面的价格控制，只把面包、牛奶、糖、电话、交通、住房和能源的价格排除在外。

1991年12月31日商店关门时，天气特别寒冷，商店里空空荡荡。当1月2日商店重新开门时，人们惊呆了。物价平均上涨了3.5倍。工资增长不足两倍。对于大多数俄罗斯人来说，那是一段艰难的日子。但是市场经济的基础已经奠定。在这期间，商店里的长队消失了，商店看上去更像西方，货架上的东西很体面，商品都是顾客想要的，服务质量也提高了。从前，无论什么乱七八糟的东西人们都会在市场上兜售，而现在，俄罗斯已经从那样的市场走向了消费者愿望受到重视的市场。

这并不意味着顾客现在比改革之前的购买量增加了。供应充足的阶段还未到来。但是物价改革实现了它的第一个目标：供给与需求达到一致，消灭令人感到羞辱和厌烦的排队现象。人们不用再花几个小时、几天甚至几星期的时间在市场上寻找自己需要的东西。他们知道如同在西方一样，只要你肯花钱你就可以得到想要的东西。

所以放开物价的做法达到了它的目的。从短期来看它消除了店里购物的长队，但更重要的是它建立起了市场经济，使买卖双方通过自愿达成的协议进行自由交易。那种指令什么人卖什么东西给什么人的“国家命令”体制一下子被打破了。

我们上面描述的是放开物价的良好效果。但放开物价的做法是休克疗法，随着人们花光了存款，物价改革也导致了实际购买力的下降。更重要的是它引发了一场混乱，旧的供给模式(以指令性经济为基础)被打破，而建立新的模式(以市场关系为基础)需要数年的时间。结果，产量和人民生活水平大幅度下降。从图14—1看，下降的程度比东欧其他国家更大。

图14—1　产量的下降（1989=100）

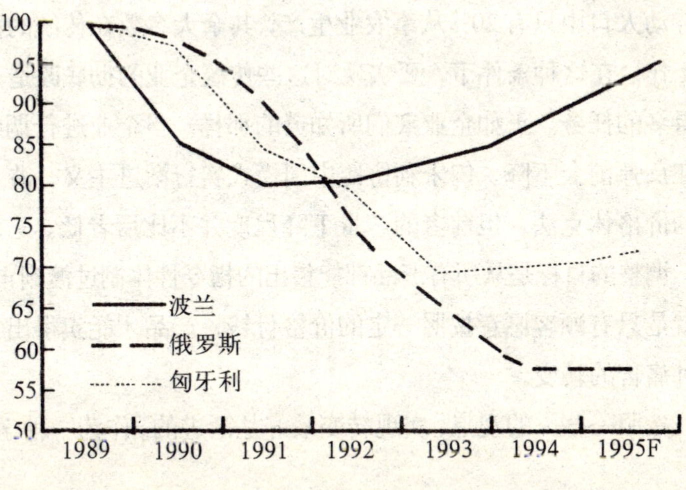

来源：国家统计局和欧洲重建与发展银行，转型报告，1995。

产量为什么下降。产量为什么下降得如此厉害？这可以避免吗？几乎没有人料想到经济转轨使所有后共产主义国家经历的痛苦是如此深重。一些人甚至设想产量会突飞猛进，因为他们认为市场经济体系比指令性经济有效率得多。

这样的局面没有出现。那么是错在向市场过渡得太快吗？俄罗斯和东欧国家能否通过避免市场经济的“不恰当”使用，实现中国那样的保持产量持续增长的转轨？

很遗憾，答案是不能。一个原因在于，严格讲来，这些国家是后共产主义国家，是自由国家，而中国是共产主义国家和专制国家。在中国对工资实行严格控制，而俄罗斯像西方一样工资完全放开，而且工人可以罢工。在任何自由社会里，控制通货膨胀而不伴随某种经济停滞是不可能的。西班牙在佛朗哥死后认识到这点，东欧在推倒柏林墙之后也发现了这一点。

但是也许更重要的原因在于中国是一个农业国家，劳动人口中的73%是农民。它的经济奇迹是随着人们由生产率很低的农业生产转向生产率较高的乡镇企业后出现的。与此形成对比的是，俄罗斯和东欧的劳动人口中只有20%从事农业生产，其余大多数在传统的国有企业中工作。在这种条件下，要实现对这些传统企业的彻底改造是一项艰巨得多的任务。正如企业家们所知道的那样，当企业进行调整时，产量在反弹前会下降。匈牙利仿照中国模式实行渐进主义，波兰采取激进的价格休克法，但前者的产量下降程度并不比后者低。

调整的目标是从所有产品都能售出的指令性体制过渡到市场体制，也就是只有顾客愿意按照一定的价格付钱，产品才能卖得出去。这是一种痛苦的转变。

按照一些人的观点，实现转变最好是渐进的。作为一种学术意见，这本来就非常可疑(见匈牙利经验)，至于说到俄罗斯的具体情况，这种意见可谓非常离谱。指令性体制的崩溃毕竟只部分地出于政府的决策，其实随着苏维埃政权的瓦解，指令性体制已经部分地崩溃了。

指令性体制的瓦解主要表现在三个方面。第一是在俄罗斯范围内：农场的农民因对不合理的价格不满而拒绝供应农产品，工厂拒绝接受不合格的供应品，等等。第二，1991年初，管理华沙条约国间贸易的经互会解体。这导致俄罗斯所需主要产品进口不足，而对俄罗斯产品的需求也同样不足。第三，一年以后苏联解体。这导致了灾难性后果：其他国家的供应商们经常拒绝向俄罗斯的顾客供货，而俄罗斯以前的顾客又常常不能支付购买俄罗斯产品的费用。

发生变化的上述三种根源的相对重要性很难估价。但是芬兰因苏联的种种变故所遭受的影响却是巨大的。一般说来，芬兰是西方最成功的国家之一，但它部分由于其东南边界的贸易混乱，生产下降了13%(1990—1993年)。

但是在所有这些问题之外，俄罗斯还有一个特殊问题。裁军对俄罗斯比对其他任何国家都具有非同寻常的重要意义，因为俄罗斯经济的很大比重用在了防务上。1992年，改革派政府把购买武器费用削减了85%。这样做是迫于控制巨额预算赤字的需要。但这对生产的短期影响是不难想象的。

对比东欧而言，俄罗斯是一个共产主义化程度深得多的国家，它有着更为庞大的国防部门。改变这一切注定是痛苦的。没有证据表明，较慢速度的转变会使所经受痛苦的总量减少。最糟糕的处境就是位于两种体制之间，所以最佳选择就是迅速度过中间阶段。这也正是波兰曾做过的，而波兰现在成为欧洲发展速度最快的国家之一。

通货膨胀。波兰的范例对俄罗斯制定政策产生了巨大影响。但俄罗斯没有仿效波兰休克疗法中的一个关键部分：通过固定汇率迅速过渡到低通货膨胀。结果俄罗斯的通货膨胀率在1995年夏天仍高于波兰在改革进行了6个月时的通货膨胀率。这样，财政不稳定成为抑制俄国人和外国人在俄投资的主要原因。

为什么俄罗斯控制通货膨胀失败了，而波兰成功了呢？首先，俄罗斯在最初发行的过量钞票比波兰多得多，商店里购物的队伍长得多。因此，当价格放开后，俄罗斯的物价上升了250%(或者说是3.5倍)；与此相对比，波兰1990年1月物价上升了80%。在价格如此暴涨的情况下，俄罗斯要想迅速实现低通货膨胀是特别困难的。

通货膨胀有可能在外国资金大量输入的情况下得到控制，但一直没有谁提供这笔资金。西方对待俄罗斯与波兰的态度迥然不同。对于新近摆脱苏联而获得自由的英雄波兰，西方愿意与它共同设计出一项稳定战略，它包括国际货币基金组织提供的一笔贷款和一笔促进稳定基金，而且在新政府上台后的4个月之内就到位了。但俄罗斯是从前的敌人，而西方的基本态度是："等着瞧——等你们已表明你们能依靠自己的力量实现目标，我们再来帮助你们。"

即便如此，到1992年夏末，俄罗斯仍将月通货膨胀率降至10%左右。但这还不算完。向军工界和农业界提供低息信贷的要求是不可抗拒的。当然政府中的改革派可以辞职，但他们明确指出，为了俄罗斯实现私有化，他们应当继续留任。私有化计划(后面将讨论这一问题)的成功充分证明了他们决定的正确性。

这样，在1992—1994年期间，俄罗斯在月通货膨胀率10%—25%的情况下蹒跚前进。这并非成功的典范。然而，在1994年底，一个新时期开始了。在总统的坚决支持下，采纳了一项更为严格的预算计划，它将使1995年的预算赤字大约为国内生产总值的3%。这个赤字部分地得到国际货币基金组织一笔68亿美元贷款的补贴。1995年6月，俄罗斯转而实行固定汇率。到1996年2月，月通货膨胀率降至3%。然而这种转变是逐渐的。甚至在1995年也没有出现突然的财政停滞。

那么，究竟是否施行了休克疗法？答案是既施行了，也没有施行。俄罗斯价格政策的休克疗法是任何一国经济曾经实施过的最大一次的休克，但是它没有实施货币政策方面的休克疗法。俄罗斯废除国家控制的速度慢于波兰和捷克共和国，但私有化的速度比它们快。

“休克太多而治疗太少吗？”不是的。叶利钦是对的：“错误在于走得太慢而不是太快。”

西方可曾尽力而为？

从西方的观点看，俄罗斯的变革是这个时代的机遇。如果进展顺利，我们将不再有一个敌人，这将使我们节省花在防务上的十亿百亿美元。而且我们将有一个进行贸易与投资的新伙伴，这将促进我们自身的繁荣。

但是西方是如何迎接这次挑战的呢？答案是复杂的。真正面对机遇与挑战的时刻于1991年11月到来，当时盖达尔成为副总理，受命于叶利钦推行改革。最高苏维埃与总统的关系这时还是融洽的，而且显然存在着发动一场成功改革的机遇之窗。价格被放开，随后通过适当的财政一揽子计划实现稳定。这正是波兰曾在1990年1月实施的战略。它也可以在俄罗斯试行。然而机遇之窗是狭小的。除非一揽子计划在1992年4月以前出台，否则成功的机会不大，因为到那时反对派显然会暴跳如雷。

实施财政一揽子计划的要求在1991年12月由叶利钦转到西方七国集团，但几乎没有什么回应。在圣诞节前关键的几周中，来到莫斯科的主要西方人是美国财政部负责国际事务的副部长D.马尔福德，他率领着西方七国的收债代表团，他们忧虑的是谁将偿还苏联政府欠七国的债务。没有更高级的美国代表团到来，国际货币基金组织的执行总裁也没有来。

事实上，西方若要参加制定波兰式的顺应改革需要的一揽子计划，不存在任何障碍。西方七国集团在那个阶段没有提供任何资助，而国际货币基金组织因为俄罗斯在1992年春天以前还不是它的成员也不能提供资助。难以解释西方七国在当时所表现出的迟钝。布什总统很可能只是没能理解俄罗斯的变化程度。或者尽管口口声声在喊“世界新秩序”，他仍不免把俄罗斯看做敌人。西方七国领导人当然是以他们有财政赤字为借口的。但是北约2%的防办费用对于俄罗斯来说就是一笔巨额的财政资金。

当然，不能保证一揽子计划一定会成功。但西方七国应该做出努力，随着提出的条件得到满足而逐步向俄罗斯提供资金。经过3年的时间，这种办法会取得成功，届时俄罗斯的财政状况将变得正常。但西方七国反而要求国际货币基金组织向他们建议该采取什么措施。国际货币基金组织理所当然地采用自己通常的标准来决定是否出借资金，而无视带有强烈政治色彩的考虑：应当给予一个核超级大国以特殊待遇。它也许可以公开将这个问题抛还给七国集团，但是它没有。这样经过3个月的实情调查，国际货币基金组织于1992年2月与俄政府经讨论达成一项经济政策备忘录，其中俄方做出了所有方面的承诺，而国际货币基金组织没有做任何承诺。并不使人意外的是，许多承诺俄方都没有最终履行。

国际货币基金组织就这样与俄政府开始了它们之间的尴尬关系。直到1994年以前，双方的关系基本上是疏远的，在此之后才达到建设性伙伴关系的水平，并在1995年达成一项68亿美元的“备用”贷款计划。

然而如果我们要问，“在西方谁为俄罗斯做得最多？”我们将不得不说是国际货币基金组织。通过与俄方定期交换意见，国际货币基金组织说服了持怀疑态度的俄罗斯人，只有控制货币才能降低通货膨胀；在这一方面，它比任何其他西方人都做得更多。最终它赢得了俄罗斯中央银行的信任。如果回过头来再看1992年2月那份最初的备忘录，我们就会发现它是多么清楚地规划和阐明了在俄罗斯必须做些什么——而且到1995年，几乎所有的内容都已实施。

那么西方七国的成绩如何呢？它说的要比实际做的多得多。有两次叶利钦的总统地位看起来受到威胁时，西方宣布了对俄的巨额援助：1992年4月的240亿美元和1993年6月的280亿美元。实际到位的分别是150亿美元和80亿美元，其中大部分是出口信贷，这种贷款给西方出口商带来的好处与给俄罗斯带来的好处相比，如果不是更多的话，也是一样多。实际上1992年和1993年来自西方政府的资金总计只有20亿美元。回顾过去，如同许多人当初认为的那样，承诺提供无法实现的巨额贷款是错误的。当人们第一次看到他们的总统带着讨饭碗去了西方，随后又发现西方没有填满这只碗时，这件事对俄罗斯的公众舆论产生了极坏的影响。

但是西方提供了大量极为重要的技术援助，尤其是在私有化进程中。有些援助来自世界银行、欧洲委员会和欧洲重建与发展银行，有些来自国家援助项目，如美国的开发署和英国的技术基金。总的来看，技术援助施行不利。在俄罗斯方面，难免存在不少混乱现象。但在西方这边，情况也好不了多少。西方应当意识到，为了使对俄工作富有成效，必须在莫斯科操作项目。但西方机构仍沿用传统的“使团”体制，代表团一个接一个地做短暂的访问，反复商讨同一个问题。这样浪费了大量时间和金钱。当然也取得了一些极有价值的成果。例如，匈牙利籍的美国慈善家索罗斯极富想象力，把他的资金用于帮助保护俄罗斯的科学，并改革学校的课程。

当然，随着时间的推移，通过正常的商业合同提供的技术援助会超过官方机构的技术援助。私营部门会取代公共部门，成为将西方的工业技术与商业经验输入俄罗斯的主要渠道。

人民过得怎样？

人们是怎样挺过这些艰难变化来的呢？对大多数俄罗斯人来说，过去的5年是一种痛苦而难忘的经历。几乎每个人的生活方式都发生了急剧的改变。

死亡。时世艰难的最明显表现是死亡率的变化。俄罗斯的死亡率已经持续上升，与此同时出生率则下降。死亡率的上升趋势开始于改革前，但在1992年和1993年间上升的速度急剧加快，直到现在速度才开始放慢。死亡的额外增加大多由于心脏病、中风、暴力死亡或酒精中毒——这些都是紧张的压力导致的。医疗服务方面效率的降低也必须承担部分责任。变化尤其对男性公民造成较大影响，他们的平均寿命在1年之内(1993年)由62岁降低到59岁，已与埃及、印度相同。

不难理解在变革过程中为什么男人比女人承受了更多的痛苦。几乎每个人都不得不改变他或她自己的工作方式以努力维持家庭收入。但妇女们也确实从改革中得到了收益。在俄罗斯购物几乎都由妇女和领取养老金的人承担。过去妇女们在一周内平均大概要花20个小时的时间排队，而且常常是在室外的雪地上。现在排队的情形已与西方国家一样罕见了。

生活水平。排队现象减少了，所需商品更易于获得了。但是人们手里用于消费的钱也更少了。那么家庭生活水平降低了多少呢？1995年家庭的购买量(包括家庭自用产品的生产量)约为1991年的65%。在改革的第一年这一数字更糟(60%左右)，自那以后有所上升。不过这些数字明显低估了住房与供暖的重要性。它们实际上一直是(并继续是)免费的，因此生活水平的下降事实上低于我们援引的数字所表明的程度。

西方人对俄罗斯状况最荒谬的歪曲是俄罗斯人正在挨饿。在1991—1992年冬天确实在莫斯科和圣彼得堡出现了严重的食品短缺。但实际上俄罗斯的食品消费总量一直没有急剧下降。除牛奶以外的多数种类的食品消费量到1994年初已恢复到1991年的水平。但在其他方面人们是要更穷一些。人们节省下用于服装、耐用消费品以及度假方面的钱。他们食用马铃薯的数量增加了25%，这是生活水平较低的一个明显标志。尽管如此，在多数情况下生活仍保持着体面和尊严，而普通年轻姑娘的衣着比英国或美国的姑娘更有吸引力(也更漂亮!)。

不平等。如果说一般俄罗斯人的生活还能以某种方式勉强过得去，那么最不走运的人又如何呢？不平等现象无可否认地急剧增加了。现在在街上有了乞丐，尽管数量比伦敦少。而且可以看到老年人在翻捡垃圾。

在收入天平的另一端，最富有者的收入迅速增加。这些暴发户比以往任何时候的特权阶层都要财大气粗。他们在伦敦、塞浦路斯和蓝岸地区(法国)购买住宅。但即便如此，不平等的程度仍不及美国而接近于英国。

不平等现象的增多缘于工资收入变得越发不平等。像能源这样与国际市场联系在一起的繁荣的工业部门，与纺织业这样遭受严重打击的工业部门相比，工人们的收入要好得多。实际在纺织、服装和制鞋业的工人，现在的工资收入不到能源部门工人的30%，相比之下在改革前这一数字是60%。而且现在很多工人一个月或更长一段时间拿不到工资，原因是停薪度假，或者干脆就是付不出钱。

俄罗斯政府有一个贫困标准，用于确定哪些人最有可能成为贫困者。它显示儿童比领取养老金的人更有可能处于贫困。这是因为有许多贫穷的劳动者家庭，但是他们得到儿童补助金的数量却并不比那些不那么需要补助的富裕家庭得到得多。

社会安全网。因此社会安全网失败了吗？这要看你采用什么标准。首要之点是平均生活水平下降了，这是指令性经济向企业间的市场关系体制转化的必然结果。与此同时，税收收入甚至下降得更快。因此养老金比平均收入下降得更多并不令人惊讶。

原本最应避免的两大失败是儿童贫困队伍的扩大和医疗保健问题。医疗保健体系在改革开始之前已经陷入了困境，但现在许多医院苦于极其严重的资金短缺，以至于它们常常买不起阿斯匹林以减轻病人的痛苦。手术的时间由于缺乏医疗必需品而经常被推迟。一个两等级体系已经出现，那些能付得起钱的人与那些付不起钱的人得到不同水平的治疗。这个体系的失败无疑是俄罗斯人预期寿命特别短的一个原因。

失业。许多人预计失业将成为一个极其严重的问题，但迄今为止其影响仍十分有限。失业率(按照国际上的规定)从改革开始时的4.5%上升到1996年的8.5%。不过只有3%的劳动力在寻找工作时去俄罗斯的2 000家职业介绍所登记。

相比较而言，俄罗斯的失业率增长非常缓慢，而例如波兰的劳动力失业率在3年中就增加到15%。那么这又如何解释呢？从根本上说它反映了在俄罗斯人们对失业的强烈反感。工人们厌恶失业，因为他们能从自己的企业得到比工资更多的东西。他们常常得到住房、受补贴的幼儿园设施以及廉价的度假，而离开了企业他们就不会有这些。如果他们失业，可以得到的救济金相当于原来工资的45%—100%，这听起来不错，但通货膨胀很快就会使救济金的价值贬至零。因此大多数失业者实际上获得的是最低保障救济金，只相当于平均工资的10%。

为了保住工作，俄罗斯的工人愿意接受生活标准的降低，而这在其他任何国家都会遭到工人的拒绝。罢工一直非常少有(大致相当于经合组织国家的1%)，而且与波兰不同，总的来说工人们接受提供给他们的任何工作。

这个结果从很多方面来看是撒切尔主义的一个梦想。当一家企业发现产品的销路不像以前那么好，它就向工人支付较低的实际工资，因此就不必要立即临时解雇工人。但是工人们开始寻找更好的工作，最终一些人离开了该企业。正是这种自愿辞职过程实现了劳动力的重新调配，代替了那种将工人推入失业队伍的方式。工人们留在原来的岗位上，直到一个更具吸引力的工作将他们拉走。

经营者们希望限制使用临时解雇的措施也有他们自己的理由。迄今为止临时解雇一直被看做是经营失败的标志。任何地方的经营者都愿意受人喜欢。因此陷入麻烦的企业想出了分享工作的各种形式来避免临时解雇。1995年底，3%的俄罗斯工人在打短工，还有1%被送回家休假一段时间，通常一个月左右，其间只得到极少的报酬。这是一种隐蔽的失业形式。当然应避免不必要的痛苦，但重建总是要付出代价的。以此而论，俄罗斯在就业保护方面是做得过分了吗？实际上重建工作提供了大量就业机会。工业部门的就业在下降，但同时服务业的就业在增加。现在劳动力的流动性强，20%的工人变换到不同的工作岗位上。因此就业保护并没有带来劳动力流动的停滞，而且还减轻了人们的痛苦。

西方观察家经常不明白为什么经济转轨的痛苦引起的有组织的抗议这么少。部分原因是多数俄罗斯人有某种应付的办法。他们大多有一小块土地可以种植马铃薯、蔬菜，通常还有水果。20%以上的人有第二职业。而在确实困难的情况下，亲戚间的相互帮助是一种比在西方重要得多的社会安全形式。

即便如此，仍存在着切实的困难。但人们很少抗议，主要是因为几乎没人相信任何政治家能使情况改善。即使在1993年12月支持日里诺夫斯基的选票，最后证明也是来自那些收入高于平均水平和年龄低于平均水平的人们，而不是处境最艰难的人们。这些选票更主要是对犯罪和无纪律现象的抗议，而不是反对经济改革。

来自俄罗斯的最令人鼓舞的消息是，现在人们的平均生活水平高于1992年。这一趋势将继续，而且到1997年俄罗斯的总产量也可望上升。但是俄罗斯真的会变得繁荣起来吗？

俄罗斯会繁荣吗？

总的答案是会的。俄罗斯比世界上其他国家有着更为丰富的自然资源。按人均计算，它比美国出产更多的天然气、石油、铝、镍、铂、钻石、黄金、铀和铜。尽管一个国家在没有自然资源的条件下也可以变得富裕(像日本和意大利)，但多数有着丰富自然资源的国家只要其市场的作用能发挥出来，它们都会繁荣发达起来。

唯一的例外是人口的教育水平确实低下的地方。但俄罗斯的情况不是这样。其人口的文化水平高于西方，而且数学和科学教育的总水平属世界一流。俄罗斯严重缺乏的是在商业技巧方面的专业能力。但俄罗斯人有学习的兴趣。一旦人们能很容易地得到内容现代化的教科书，数百万俄罗斯人为了能干赚钱的工作将对自己进行再教育。

但如果说俄罗斯将繁荣起来，那么是在什么时候呢？这当然取决于制度性变革的速度——私有制的普及和适宜的市场体制的发展。俄罗斯在私有化方面的成绩非常显著；事实上，这是预计俄罗斯经济将迅速增长的最最重要的根据。市场改革到目前为止还不太完善，仍存在太多的行政管制，缺乏对合同及财产权的法律强制，另外还有黑手党在经济生活中到处插手。

私有化。像大多数后共产主义国家一样，俄罗斯现在已售出一半以上的商店与小企业。但在处理大型工商企业的方式上俄罗斯与其他国家不同。在最初的3年中，俄罗斯的私有化部长一直没换过人，他就是丘拜斯，一个具有非凡的决断力与政治技巧的杰出经济学家。在叶利钦总统的支持下，他几乎是单枪匹马地推进他的计划。到1994年中，80%的俄国工业公司已被私有化(相比之下波兰28%，匈牙利42%，捷克共和国大部分)。

那么谁是新的所有者？大部分资产被无偿分给俄罗斯人。经理们和工人们得到令他们满意的份额，从而消除了对私有化的反对。不在工业部门工作的人们的要求也得到满足。在实行私有化的企业中，很有代表性的做法是企业的工人与经理以低价得到51%的股份(不过在最大的公司这个数字是35%)。其余股份的大部分面向公众拍卖，这种拍卖收取的不是钱，而是已经无偿发给国内每个公民的“证券”。尽管有人发出不祥的警告，称这种私有化机制会失败，但它却是有效的。到1994年中，当证券拍卖结束的时候，几乎所有的证券都已被兑换成了俄罗斯的工业股票。

谁最终控制这些公司？在一半以上的公司，其大宗的股票(5%以上)掌握在单个所有者手中，通常是某个基金管理机构。但是无疑，只有得到公司内部人员的某种支持，公司之外的人才能对该公司实施控制。现在公司内部人员平均拥有59%的股份：经理占17%，工人占43%。公司主权易手后的改组斗争仍在全国上下的股东大会和董事会上进行着。由于缺少现金的工人通常将股份卖给公司以外的人，因此权力的平衡正在发生改变。如果为了筹集更多的资金而发售新的股份，公司外部的持股者也将增加。有些股份将落到外国人手里。

外国投资与贸易。与外国的联系对俄罗斯的经济发展将是关键的。理由是你只能从资本家那里学到资本主义。俄罗斯公司最主要的弱点依次是营销、财务管理和技术方面的问题。俄罗斯公司一定要只生产能卖得出去的产品，并且随后卖掉它。就是说要全面学习营销方面的技巧并了解世界市场有关他们产品的具体情况。只有那些已经在那个市场的公司能为俄罗斯公司提供切实帮助。帮助可能来自于一个贸易伙伴或者一个外国投资者。资金不是主要问题，而少量的外国投资如果带来某一主要技术项目就能起巨大作用。

已经有了许多小规模的外国投资。几乎在所有的工业部门中都有，但尤其集中于那些在俄罗斯国内有巨大市场的部门。几乎在每个经济部门中，现在都能发现西方公司在开展业务活动。据信，外国总投资到1994年已有40亿美元左右，半数是直接投资，半数只是用于购买公开出售的股份。投资的数量仍不大，只相当于俄罗斯国民收入的1%强。由于形势不稳定，俄罗斯公司的股份当前十分廉价。1995年中它们的价值大约相当于这些公司两年的利润。然而一旦形势有利，俄罗斯将经历一个长期持续的投资浪潮。

外国投资重要，贸易也一样重要。在西方国家，贸易的扩大是战后经济奇迹的一个主要组成部分，逐步取消的国际贸易壁垒对此起到了有效的促进作用。俄罗斯须减少自己的贸易壁垒(尤其是进口税)，但还要有走向西方市场的开放的通道。在某些产品上(铀、铝、太空发射)，俄罗斯是世界上一个非常主要的生产商，它的竞争力如此之强，以至于许多国家在当今又竖起了贸易障碍。这也许是不可避免的。但是俄罗斯与欧盟的伙伴与合作关系协议已经前进了一大步。该协议确定了自由贸易的最终目标。这当然与欧盟成员身份不是一回事——加入欧盟是对东欧国家提出的目标。但是与欧盟实现自由贸易的前景仍给俄罗斯带来一个重要的希望，这类似于佛朗哥死后欧洲给予西班牙人的希望。这种希望就是，如果俄罗斯继续发展民主的市场经济，俄罗斯将成为欧洲经济的正式成员。在西班牙，这种希望对工商业决策和政治斗争的结局产生了有力的影响。当军官们接管西班牙议会时，西班牙人民拒不接受他们，因为他们会因此失去很多——失去他们未来在欧洲的成员资格以及随之而来的繁荣。

限制、税收与合法权利。阻碍外国人和俄罗斯人投资的主要问题并不是资金短缺。钱是有的。俄罗斯人拥有400多亿美元的国外资产：90多亿美元在俄罗斯银行账户上，160亿美元是通货，还有180多亿美元在国外。[①]这些钱的大部分正等待在时机成熟时用于俄罗斯。

那么，是什么阻碍了投资的迅速增加？一个威胁仍来自财政不稳定，但年通货膨胀率50%毕竟比100%带来的麻烦要少得多。另一个威胁是政治不稳定。1996年总统选举的结果将影响到政治稳定恢复的速度。然而最大的问题是做生意过程中的重重困难。

在俄罗斯做生意是艰难的。仍存在很多限制，尤其是关于生产经营场所与土地的使用，但生产与出口权利方面的限制也仍然少。这些限制和规定由许多不同的官方机构更改，常常改得相矛盾，而且找出谁是需要说服或买通的官员就像一场噩梦。还有，由于存在过多的逃

---

①这是1994年底的数字。1995年又有100亿美元的资本逃逸。——原注

税现象，政府为保证税收不得不将税率定得很高。这种税收结构本身是非常不可靠的。

然而比所有这一切更糟的是法律体系还不完备。如果一项合同被破坏，要得到赔偿极度困难，这正是非法赔偿和暴力威胁如此普遍的一个原因。在俄罗斯，产权经常是不清楚的。认为它们自己拥有某样东西的公司，经常发现其他公司也这样认为。

最令人费解的依旧是土地所有权。农村的土地私有化进行得非常缓慢并将是最后完成私有化的部门。在城镇，工商企业原则上可以购买他们自己的土地。[1]但是地方当局拥有所有未售出的土地，而且通常不愿意使这些土地成为新的开发用地。所有的土地使用还取决于城市规划中的分区限制。

然而这一切正在一点一点地改善。在一些地方，正在编制土地所有权登记簿。原来极其模糊的法律规定与定罪等级一步一步地变得较为准确并得到整理。到1995年新民法典的第一部分已经实施。

在俄罗斯，阻碍经济变革甚至使其逆转的种种尝试将始终存在。但是除了政治生活表面上的波动起伏，在其深处还存在着一个强有力的趋势，它正将俄罗斯带向市场经济。观察家们应该对俄罗斯部长们相互矛盾的言论少一点兴奋，他们(像世界上的任何地方一样)只是不得不最大限度地扩大对自己的政治支持而已。一个观察家确实应该关注的是经济变革的强大潮流，它几乎肯定是不可逆转的。大多数年轻人支持市场体制，而世界毕竟一点一点落到年轻人手里。

俄罗斯能战胜黑手党吗？

然而，黑手党却是个大问题。存在着势力强大的黑手党，它已经通过控制石油、金属、汽车以及(最近)毒品的贸易攫取了巨额财富。而

①1996年年初的一道总统令再次强调这一权利。——原注

且存在着地方黑手党，他们控制零售商业、建筑业和修鞋业，让新的从业者或者掏腰包或者不能从业。每天你都会听说新的工商企业被黑手党的控制力量扼杀在摇篮里的消息。

那么俄罗斯的黑手党会像西西里的黑手党那样一直存在下去吗？或者它们仅仅是转轨带来的一个特殊现象？

尽管在共产主义制度下一直存在大量的腐败现象(通常以暴力为后盾)，但是自1985年情况变得进一步恶化，而且其原因显而易见。主要原因不是政策的权威性降低(与其说它是一个原因，不如说是一个征兆)。原因在于国家对就业和财产的垄断结束了。

在共产主义制度下只有一位雇主，所以你最好行为规矩，否则你就会发现要得到一份满意的工作极其困难。国家对就业的垄断意味着如果你想取得职业生涯的成功，你不应该违反党的准则；如果发现你行为不轨，你可找不到体系之外的什么地方躲藏。这是保证人们行为端正的一种强有力的制约因素。

与此同时，国家对财产的垄断意味着没有私有财产和私人间的合同。因此也就没有如何保护你的财产的问题，或如何对一个欠你钱的人强制执行一项合同的问题。

随着共产主义制度的失败，这两方面的情形都变了，类似于19世纪中叶西西里的封建制度让位于土地私有制时的状况。当私有财产激增时，对人们来说就有了保护财产和帮助收债的需要。另外俄罗斯与西西里一样，具有大量受到良好军事或准军事训练的人员，他们希望通过为别人提供保护来赚钱。

国家解决黑手党问题的办法当然就是国家提供保护。一个以法律为基础的社会是一种国家拥有对暴力的垄断和具有一套法院工作系统的社会。现在国家对就业的垄断已经成为过去，法律机制必须成为强制人们行为端正的主要制约因素。

面对黑手党的挑战，国家能迅速采取有效措施吗？一些情况表明，店主们现在越来越多地依靠警方而不是黑手党来保护他们，因为警方收取的费用较低，保护更可靠，而且任意增加收费的可能性较小。这正是人们所需要的。警察机构通过购买较好的设备和付给警官更高的工资，正逐渐重建起他们的优势力量。

西西里从未摆脱掉黑手党，但在俄罗斯有两个理由给人以希望。首先，助长了黑手党势力发展的许多问题显然是过渡性的和短期的。一个是改革期间的黑市问题。它是由于政府试图在低于市场销售价的水平上固定价格而发展起来。因此以更高的价格非法销售的诱惑是巨大的，而黑手党决定谁能赚到这种钱。最近又实行了出口配额和其他特许，这样一种过度管制经济的存在，再次产生了获取巨额“经济收益”的可能性，而黑手党再次插手进来作为决定谁能得到这种收益的组织。例如，以国际市场价格的10%在俄罗斯购买金属和石油，再把它们高价走私出口，就是一种巨大的诱惑。爱沙尼亚已成为世界主要的有色金属纯出口国，尽管它自己一点也不生产。保护那些非法出口渠道是黑手党活动的重要领域。现在无论如何特许是在减少，而且黑市主要由逃税造成，这与任何一个正常国家相同。这就是给人以希望的第一个根据。

第二个乐观的理由是俄罗斯正在成为一个更为安定的社会。在一个安定的社会中，人们对建立体面的声誉比在动乱时期重视得多。在动乱年代的逻辑是通过抢劫的快速行动发财。在更为安定的年代，如果你想得到稳定的收入，你需要一种可靠的声誉。那些通过抢劫攫取了财富的人，现在已经希望建立发展自己的好名声去从事更加体面的活动，而且他们也想要一种强大的法制来保护他们从前偷来的财产。

经济评估表

现在是对经济改革做出评估的时候了。它进行得怎样呢？如我们已经指出的，俄罗斯最初的条件异常艰难。但是如果一个西方人对在俄罗斯做生意感兴趣，他尽可以只问俄罗斯的现状如何而根本不管事情的缘由。他想了解现实情况，就好像克伦威尔曾说的，“事无巨细如实说来。”

我们试图在表14—1中提供这样一份评估表。这份记录无疑优劣掺杂。重大成功有两项：市场已经取代了指令性经济，而且工业与商业大部分已经实行私有化。在4年中这确实是一项成就。但大部分时间内存在着高通货膨胀率，而且财政环境一直难以预料。在转轨过程中实际收入难免与生产一起下降，而且由于工资收入的不平等扩大，一些人遭受到极大痛苦。最贫困的是那些人口多的家庭。医疗保健恶化了，而且死亡率急剧上升。

然而也许经济生活中最严重的问题是缺乏由法院来维护的明确的法律体系。如果不说这一点的话，那可以说，俄罗斯现在已经为一个经济发展高潮的到来做好了准备。俄罗斯具有世界上独一无二的自然资源，受教育程度较高的劳动力队伍以及大量有待于投资的流动奖金。

表14—1　　经济评估表

放开价格与市场	很好，包括外币兑换 (对产品与分配的)特许仍太多
国有财产的私有化	工业：极好，但有一些偷窃行为 农业：基本上没有变化 城市土地：有限的成功 住房：逐步好转
控制通货膨胀	不理想：但通货膨胀率到1996年初降至每月3%
扶助弱者	实际工资：下降 不平等：急剧增加 失业：隐含在企业内部 养老金：与平均收入相比下降 儿童补助：下降 医疗保健：严重恶化 死亡率：增加36%(1991–1994年)
推动法制建设	非常弱 官员的腐败：猖獗 保护非法勾当：普遍 财产权：常常不清 法院：执法者软弱
经济前景	良好 国内生产总值在1994年间停止下滑 丰富的自然资源 国民受教育程度较高 不缺乏投资资金

政治僵局还会出现吗？

但是政治上的失败不会将所有这些置于险境吗？俄罗斯政治稳定

和民主政体的前景如何？1991年至1993年的历史记录并不令人鼓舞，但多数西方人严重误解了发生在俄罗斯的真实情况。他们把这看成俄罗斯人思想混乱与崇尚暴力的典型事例，而不认为它是一种精神创伤，这种创伤是由一种根本行不通而必须予以取代的体制引起的。

改革初期俄罗斯实行以议会的最高权威为基础的政治体制。当然在共产主义制度下，所有事情都由共产党决定，而议会只是被告知如何投票。这样就有一个协调一致的政府和一个明确的决策中心。

但是，一旦共产党垮台就出现了权力真空。议会想行使自己的权力。与此同时总统也希望进行统治。如果议会与总统的政策思想一致，这种并立还可以维持一段时间。可他们不一致。1991年6月经全民直接选举而产生的总统信仰私有制和市场经济。议会却是一年前选出的，而在举行选举的6周前共产党才同意任何人不管他们对党的立场如何都能参加竞选。许多当选者是公司或农场的领导，他们必然会在改革进程中失去原有的一切。议会与总统间的冲突是不可避免的。

自1992年4月起，俄罗斯在一次又一次的危机中艰难前进。1993年4月叶利钦在一次要求举行新的议会选举的全民公决中获胜。但是议会具有受宪法保护的权利，拒绝接受提前选举。9月份，议会提出允许财政赤字增长一倍，并试图使经理们成为私有化主要的受益者。与此同时它将议会大厦变成一座兵营。

经过18个月的和解努力之后，叶利钦再次寻求人民的支持。9月21日他停止了议会的活动并决定举行新的议会选举。议会拒不解散并任命副总统鲁茨科伊为总统。于是叶利钦派军队包围了议会大厦(通常称做白宫)。

在这个阶段，民意测验表明不到10%的俄罗斯人支持议会，但是议会领导人相信不是这样。10月3日下午，鲁茨科伊出现在白宫阳台上，号召俄罗斯人民起义并鼓动军队反叛。议会的军队越过了他们的警戒线。他们占领了莫斯科市长的办公室，并战斗了一整夜，试图扫清通向主要电视塔的道路。

黎明时分叶利钦发动了反击。坦克向白宫猛烈开火。最终的结果毫无疑问。你可以在人群中寻问普通公民的想法。许多人说："这是共产主义制度的结束。"他们是对的。在26个月中，共产主义者第二次对人民的意愿做出了错误的判断，并且他们按照共产主义制度教给他们的办法去做，以武力来追求目标的实现。自那以后他们尚未再度这样尝试。

许多人认为，在莫斯科的战斗什么也解决不了。实际上它解决了很多问题。选举于12月中举行。改革者们进行了一场分散无力的战斗，取得的成绩十分糟糕。但新的议会不再像旧议会那样与总统作对。议会选出了能很好胜任的人(不是日里诺夫斯基之流)担任各委员会的主席，并且到1995年4月通过了一项空前严厉的财政紧缩的预算。

什么改变了？答案很简单：宪法。在12月中议会选举的同时，举行了对新宪法的全民投票，并得到通过。尽管新宪法仍有一些模糊的地方(大多数宪法如此)，但它是一个切合实际的东西。

总统被迫违反宪法，这的确是件糟糕的事情。但如果那是人民想要的，那么它必定是一个应该采取的民主行动。戴高乐就那样做了。俄罗斯将来会怎样？由于近年来的冲突本来源于不切实际的宪法，这样的暴力冲突多半不会再次出现。但不能排除较小规模冲突的可能性，甚至不能排除民主政体瓦解的可能性。

民主能继续存在吗？

俄罗斯民主政体的牢固程度如何？俄罗斯确实已经是一个民主国家，但是民主将继续下去吗？

尽管俄罗斯总统权力很大，但按照任何合理的定义，俄罗斯都是一个民主政体国家。总统由选举产生，议会也如此。俄总统的权力比法国总统稍大，但任期4年而不是7年。总的来看，选举一直是公正的，没有对候选人所持立场的任何限制。唯一不被允许的是那些主张暴力推翻政府的政党。

其次，俄罗斯有言论自由。有许多反政府的报纸，只不过它们得到的财政资助比那些支持政府的报纸要少。第一电视频道由总统控制，但其他频道不是，而且在莫斯科有5个这祥的频道。不是与政府的关系而是个人的资金决定了能否使用这些频道。公众集会可以自由举行，只对举行场所稍加限制。而且，尽管重新命名的克格勃仍在忙于做记录，但它对政治活动的影响很可能是有限的。

然而这一切有多稳固呢？俄罗斯具有足够的政治力量和其他市民社会机构来反抗一个想要做独裁者的人吗？不幸的是，俄罗斯的政党并不强大。除共产党人之外，没有哪个政党有真正的基层组织。杜马的成员分布在许多议员集团中。在大多数政党内，几乎没有投票纪律，而且政党间的联盟往往是短命的。

这已经成为改革事业的一个严重缺陷：改革的领导人还不能消除他们个人间的分歧并在一个共同的框架内工作，以保证取得俄罗斯人民的支持。①这部分地反映出缺乏足够的资金，但也反映出缺乏对选民固有的尊重。政治家们需要在稳固的民主体制下经过一段时间的努力才能达到这一步。

有些人责备叶利钦不建立自己的政党。这是不公平的。在任何分裂的社会，国家领导人都会试图驾驭各个派别集团。法国在20世纪50年代几乎四分五裂，那时戴高乐就是这样做的。叶利钦通过一个有广泛基础的联合政府也许能更好地超脱于争论冲突之上。

正如同俄罗斯缺乏强有力的政党，俄罗斯还必须建立发展一个成熟的市民社会所应有的许多其他机构，把它们作为抵御独裁统治的最后堡垒。现在法院还没有赢得应有的尊重，大学、学术团体、商会、雇主联合会、体育俱乐部等机构仍在树立自己独立于国家的意识。出于许多原

①五个最著名的俄罗斯改革家中，除丘拜斯外，其余四个，盖达尔、费奥多罗夫、绍欣和亚夫林斯基，各建立了一个自己的政党。——原注

因，俄罗斯任何一个组织想要做任何事情，仍直接去找当地的市长。

当民主的脆弱性处于这种水平，俄罗斯民主政体的前景何在？从俄罗斯的许多特征来看，民主前景是好的。民主国家与独裁国家相比，一般来说人民受教育的程度更高：俄罗斯人受教育的水平相当高。民主国家往往是多层次的，城市化的，具有一些拥有少量财富的社会阶层：俄罗斯就是如此。而且大多数民主国家(尽管不是全部)的国民种族相同，俄罗斯也是这样，其80%的居民是俄罗斯族。

现在俄罗斯最明显的问题是犯罪和腐败，而且大多数俄罗斯人希望有一个能解决这些问题的强有力的总统。他们用紧握的拳头表达自己的愿望。这样的总统能在民主制的环境下统治吗？当然可能。

但是军队会如何？军队一直不愿卷入政治。1991年8月它不愿攻打白宫，1993年10月它只是被迫同意这么做。因此纯粹的军事政变是不大可能的，而且如果政变成功，也几乎可以肯定其领导人只会最终控制莫斯科附近和也许几个其他城市的有限范围。更大的可能是，合法选举的总统尝试利用共产党的机器或军队来扩大自身的权力。

然而即使那时，也不应该低估俄罗斯的地方力量。他们将强烈反对扩大莫斯科权力的任何尝试。可见俄罗斯幅员辽阔的一个主要优势是：地方成为独裁的重要抵消力量。因为谁也不想当个独裁者而贯彻不了自己的意志，地方也许就成为俄罗斯反对独裁统治的主要防线。

反对独裁的后盾是国际社会。俄罗斯人希望与西方进行贸易并被西方接受。他们知道在独裁统治下，这样的交往联系虽然仍有可能继续，但会受到削弱。这也成为支持民主政体的一种新的力量。

这些并非确定无疑，但即使共产主义重新抬头，我们仍愿意相信俄罗斯的民主政体能坚持下来。但是俄罗斯自身将会保持统一吗？

俄罗斯会分裂吗？

除车臣以外，对地方问题的处理一直是叶利钦的一大成功。当苏联分裂为15个独立的国家时，许多人预言俄罗斯将步其后尘。他们强调俄罗斯幅员太大，难以控制；地区间的经济差距会导致内部冲突；另外还有种族的多样性。

俄罗斯确实很大，领土横跨10个时区。但实际上国土的大部分渺无人烟，多数俄罗斯人或生活在俄罗斯的欧洲腹地，或生活在贯通西伯利亚的铁路附近。大约9 000万俄罗斯人生活在欧洲腹地，该地区的面积相当于法国的3倍，南起高加索山脉，北至圣彼得堡，东到伏尔加河沿岸地区。其他俄罗斯人多生活在西伯利亚铁路周围200英里以内的地区，还有一些人住在最北部的港口、矿山或天然气田周围。

但是这样的距离并不是保持国家统一的主要问题，尤其随着交通通讯条件的改善。一个更严重的障碍是内部收入水平差距不断扩大。一般而言，莫斯科是最富裕的城市，圣彼得堡稍次之。俄罗斯其他富裕的部分是产油区(多在西伯利亚)和矿藏丰富的地区(大多也在西伯利亚)。只有在中央政府通过对各地区财富的重新分配以富济贫时，收入不平等才会对国家保持统一造成困难。

然而最大的问题是民族问题，它主要源于这样一个事实：俄罗斯12%的人口是穆斯林。穆斯林主要分布在21个所谓联邦共和国中。这些共和国比俄地方政府的主要组成部分——66个州——拥有更大的自治主权。穆斯林共和国主要分为两部分：伏尔加河沿岸的共和国及沿俄南部边界、高加索山脉以南的共和国。伏尔加河沿岸共和国，如鞑靼斯坦(首都：喀山)和巴什基尔斯坦(首都：乌法)拥有石油和跨越东西的铁路。石油为他们带来了免税的优惠，同时自治地位则提供了政治优势。但是另一方面，俄罗斯族人构成了当地人口的40%—60%，而且这些共和国深处内陆的地理位置，也使获得独立的真实企图成为不大可能实现的目标。即使如此，鞑靼斯坦在两年的时间里一直坚定地认为自己是一个主权国家。

北高加索共和国的方位更有利于闹分裂。它对俄罗斯来说一直难以控制，是典型的边远地区，聚居着一些独立不羁的部族。但是这些共和国中没有一个是单民族的，尽管俄罗斯人在那里仅占少数。只在少数几个共和国中，以之为国名的那个民族的人口占全部人口的多一半。这样的地区之一是车臣。1991年8月它宣布独立，而且它已公然反抗莫斯科政权达5年之久。尽管有来自车臣的挑战，但地方独立问题在俄联邦其他地区已不再是一个主要问题——至少在叶利钦领导下直到1996年是如此。

叶利钦如何保住了俄罗斯的统一，而戈尔巴乔夫却没能保住苏联的统一呢？前者当然比较容易。俄罗斯是一个古老的实体，民族成分较一致，而苏联包括了不同的国家，有的是较早征服的，如格鲁吉亚、亚美尼亚和亚洲的穆斯林共和国；有些则后来才被征服，如波罗的海沿岸共和国。

但叶利钦也从戈尔巴乔夫的错误中汲取了教训。他一直对这个问题给予最优先的考虑并且从一开始就一直希望分权。1992年3月他说服所有地方(除鞑靼斯坦和车臣)签署了联邦条约。该条约授权中央政府负责防务、国家安全、货币政策、长途通讯与交通、养老金、基础科学等事务，地方政府主要负责卫生、教育、法律与秩序及私有化。到1994年公共开支的一半掌握在地方政府手中，中央对地方政府的补贴总量仅占国内生产总值的3%。

在税收方面，大多数税收以固定的比例由中央和地方分享。这是一项好办法，因为它鼓励税收官员尽可能多地收税，包括中央政府的那部分。由于石油和天然气价格上涨，能源部门的利税肯定将带来问题，因为它们将导致地方收入的一次重大的重新分配。不过，尽管一些地方过去曾拒绝执行国家税收法，现在他们已开始实施这个法律。甚至鞑靼斯坦1994年2月也同意它与俄罗斯是“统一的”，并接受了联邦条约的义务。

因此到1994年，地方问题已差不多得到了解决，只有车臣穆斯林共和国仍宣布独立并且不上缴税收。车臣的当选统治者杜达耶夫在1991年秋天已取得了独裁权力。随后他宣布独立，但一直不愿意将这个方案交给选民决定。杜达耶夫甚至在车臣也是一个颇有争议的人物。但是叶利钦身边的保守派认为应该给杜达耶夫一个教训，以便今后任何一个可能的后继者能引以为鉴。1994 年 12 月俄罗斯军队发动了进攻，他们希望取得速胜，以及俄罗斯人民的支持。但他们什么也没得到。战争艰苦而血腥，并且80%以上的俄罗斯人说他们反对这场战争。西方人对他们在电视屏幕上看到的场面感到毛骨悚然，但大多数人得出了错误的结论。战争强化了他们认为俄罗斯民族崇尚暴力和富有侵略性的观点，然而他们没能注意到大多数俄罗斯人也谴责这场战争。

这场战争产生了三个重要的后果。首先，它强化了西方国家对俄罗斯的疑虑，使得建立"世界新秩序"的可能性大打折扣。其次，它使俄罗斯的保守派丢了面子，并导致改革派部长们的经济政策在1995年初取得成功，这一成功反过来又促成了与国际货币基金组织的备用资金协议。第三，它促使俄罗斯承担尊重国际边界不可侵犯的义务。这样，至少现在，俄罗斯放弃了克里米亚应该脱离乌克兰的念头。这样，一场血腥的战争使得俄罗斯与乌克兰之间发生另一场甚至更加血腥的战争的可能性降低了。

俄罗斯会重建帝国吗？

当苏联解体时，许多人担心南斯拉夫的悲剧会重演，尤其担心俄罗斯与乌克兰之间将有一场战争。这种担心当然是有理由的。有2 500万俄罗斯人生活在其他共和国，尤其是在乌克兰和哈萨克斯坦。国家分裂以后，住在边界另一边的亲属成了另一个国家的公民，这与住在波斯尼亚和克罗地亚的塞尔维亚人情况类似。乌克兰有1 100万俄罗斯人，大多住在克里米亚和顿巴斯，并且在这两个地区俄罗斯人都占多数。大多数俄罗斯人甚至从未把乌克兰当成一个独立的实体。1954年赫鲁晓夫把克里米亚送给乌克兰，那是为了表明俄罗斯与乌克兰之间的友谊。在前苏联的几乎每一个共和国，都有一些地区俄罗斯人占多数。如果俄罗斯人能像从前那样生活，这不会引起任何问题，但是在许多地区(尤其是波罗的海国家)俄罗斯人的公民权受到投票规定或教育、就业的语言要求等方面的限制。

因此首先一个问题是，苏联的解体如何避免俄罗斯与其他前共和国的任何重大冲突？至于将来，还有第二个问题：俄罗斯将恢复帝国吗？

这两个问题的答案在于苏联解体的方式。苏联主要不是被民族主义所摧毁。摧毁苏联的是对莫斯科的共产主义集权统治的憎恶。俄罗斯自己为了摆脱它的共产党政府而离开了苏联。其他国家在思想上是更加共产主义的，它们离开苏联是为了摆脱莫斯科。俄罗斯人在看着其他人走开时，与那些走开的人一样高兴。1991年12月8日，俄罗斯、乌克兰和白俄罗斯三国总统在明斯克附近的一座狩猎别墅中签署了一项协议，这项协议摧毁了苏联帝国。

可见，最初俄罗斯与其他国家在脱离苏联这点上有着共同利益。但是现在俄罗斯会希望重建它的权威吗？对于俄罗斯来说，无疑存在正反两方面的争论。从经济角度出发的观点反对实行新帝国主义，但也有政治方面的因素从相反的方向极力支持新帝国主义。

俄罗斯远比其他共和国富裕。尽管从前有很多俄罗斯人和许多西方人都断定，俄罗斯一直在剥削帝国的其他部分，而且实际上还剥削了整个经互会地区，但最终却证明事实正好相反。苏联帝国和经互会一直在慢慢地消耗着俄罗斯。改革者们懂得这点，并因此打算将俄罗斯对其他国家的义务减少到最低限度。

这个事实一直是反对俄罗斯与其他共和国结成新经济联盟的一个强有力的论据。然而由于俄罗斯渴望在自己的后院尽力发挥影响，关于经济联盟的建议被反复提出。俄罗斯的首要利益是使在乌克兰、白俄罗斯和哈萨克斯坦的核武器失效。为了报答俄罗斯给予的各种恩惠，这些国家积极配合，使这件事得以在短时间内完成。俄罗斯的持久利益是确保俄罗斯人在国外得到应有的好处，并且确保俄罗斯的近邻国家不存在严重的混乱。

这导致了在许多情形下使用暴力手段。俄罗斯军队公开支持德涅斯特河东岸的俄罗斯人，他们要求享有比摩尔多瓦政府所给予的更多的自主权。在塔吉克斯坦，俄罗斯军队实施了一项独联体国家商定的军事使命，强制交战各派实现和平并坚持举行正规的选举。在阿塞拜疆，俄罗斯(可能)支持了一场军事政变，目的是推翻经选举产生的总统，但新的总统后来也得到了选举的确认。在格鲁吉亚，俄罗斯军队公开支持阿布哈兹人民反对格鲁吉亚政府的那次成功的起义。这些事件的多数都不太容易评断，但阿布哈兹事件显然与维持边境和平相去甚远。

然而说到底，总成绩是好的：在俄罗斯与苏联的其他后继国家之间没有发生战争，而且(除了在黑海舰队问题上)几乎没有发生一次危机。在国际社会施加了强大压力之后，俄罗斯军队按时在1994年撤离了波罗的海国家。在俄罗斯的压力下，所有其他共和国都加入了独立国家联合体，并大多在他们的领土上为俄罗斯提供了军事基地。但任何大国都试图在其腹地尽力发挥影响，俄罗斯的记录按照国际标准衡量还不太坏，除了车臣这个名义上的俄罗斯内部问题。

只有两个党发誓要重新统一帝国，共产党和日里诺夫斯基的自由民主党。这类企图几乎肯定会引发流血冲突，并很可能因此而不得人心(如同车臣战争一样)。但是事情总会发生莫名其妙的转折，人们的感情也时常改变。不能排除俄罗斯与乌克兰或者与哈萨克斯坦发生冲突的可能性，尽管两个可能性看起来都不太大。

俄罗斯与西方：是友是敌？

对于全世界来说，一个更具有不确定性但也更至关重要的问题是俄罗斯与西方的关系。在冷战时期，世界上较富裕的部分划分为两个阵营，和平靠恐怖下的均衡维持。尽管新添了核武器的危险，但总的布局与传统的欧洲各国结盟体系并非全然不同：每个国家都有明确的朋友和敌人，和平通过力量均势来维持，平时扩军备战，到时候打上一仗。

这种模式在1985年至1992年间被突然打破。戈尔巴乔夫领导下的苏联意识到，自己已失去了进行军备竞赛的竞争力。当苏联老一代的冷战专家在1991年底被取代时，突然出现了一个西方没有敌人的世界。人们开始谈论"世界新秩序"，在这种新秩序下，大国将集中致力于他们共同的目标，而不是注重彼此间的分歧差异。实现新秩序的希望在于俄罗斯会成为一个像德国那样的"正常"国家，而不再像一个超级大国那样行事；只有美国会保持超级大国那种地位。

1992年间俄政府对西方极其友好。叶利钦当时说俄罗斯已重新加入到西方国家的共同体，而且俄罗斯与西方关系之间紧张的历史结束了。这当然是他的真实想法，尽管对一个寻求外国援助的国家来说这也是一种精心设计的姿态。许多俄罗斯人不喜欢这种态度，而且整个1992年他们的呼声越来越强大。俄罗斯具有国际意识的外交部长科济列夫竭力想使西方牢记，如果俄罗斯与西方的蜜月要继续下去，俄罗斯必须被当做平等的伙伴。

事实上紧张因素的重现不可避免，尤其是日里诺夫斯基在1993年12月的选举中获胜以后，俄政府在外交事务中的腔调被迫变得更加刺耳。麻烦主要来自西方的一些做法，这些做法让俄罗斯人认为西方并未把俄罗斯当做一个与它自己平等的国家。第一个问题是塞尔维亚，一个在传统上与俄罗斯结盟的东正教斯拉夫人国家。为了惩罚波斯尼亚塞族在波斯尼亚的侵略行为，北约于1994年2月决定对萨拉热窝周围的塞族阵地进行空中打击。北约没有就此与俄罗斯商议，于是俄罗斯勃然大怒。但是，当1995年俄罗斯同意它在波斯尼亚的维和部队接受美国将军的领导时，俄罗斯表现出了令人钦佩的政治家风度。

显然，迄今为止的最大问题是拟议中的北约东扩。波兰一直惧怕俄罗斯——这可以理解，因为俄罗斯曾多次瓜分波兰。波兰希望得到作为北约成员所能带来的安全保障。东欧其他国家的情况也是这样。

但是也必须站在俄罗斯的角度看待这件事。俄罗斯20世纪曾两次受到来自波兰边界的入侵，其结果是损失了3 500万人的生命。北约成员资格意味着将北约的坦克、大炮和步兵部队置于波兰的东部边界。其目的是什么呢？主要原因必定在于部署这些东西的人把俄罗斯看做一个潜在的敌人。

联盟有其自身的逻辑，并且联盟会加深联盟防御目标的敌意。1996年初的俄罗斯由一个决不会对波兰构成威协的政府领导。在这种情况下，使一个对波兰和西方更具敌意的政府上台的最好办法就是扩大北约。

在上次大战结束以后，建立了北约以对抗俄罗斯。但是北约在一定程度上也用来套住以前的敌人德国并对其进行遏制。这一事实本身改变了德国的特性。有了这一经验，俄罗斯自己提出了一个包括它在内作为其中一员的欧洲安全机制，并建议为此成立欧洲安全与合作组织。根据这一建议，欧安组织将取代北约。

然而北约不愿意寿终正寝，尽管它现在已没有敌人。像基辛格和布热津斯基这样的“现实主义”的美国人坚持认为，俄罗斯过去的历史记录不允许它参加主要的安全组织，虽然同样的观点无疑也将导致把德国拒之门外。在他们看来，显然一些国家有望得到改变，而另一些国家没有希望。

面对这一局面，西方提出了一个和平伙伴关系计划，北约可以与任何一个北约之外的国家签订双边条约。这种安排肯定会带来增进相互信任的信息与人员交流，俄罗斯(在克服了一些障碍之后)已加入这个伙伴关系计划。

但是围绕北约扩大问题的争执将继续下去。北约的扩大具有可怕的势头。美国的波兰裔选民以及老的冷战专家施加情感上的压力——更不用说来自军火工业的压力。令人鼓舞的是欧洲外交界有如此之多的人意识到了危险。如果一切顺利的话，西方选民将最终提出疑问：他们是否想在遥远的边界花费钱财，冒生命危险。不过这场争论的结果将取决于俄罗斯在多大程度上发展成为国家共同体中的“正常”国家，并取决于欧洲是受新的“伙伴关系”规则支配还是受古老而耗费钱财的“均势”规则左右。

然而俄罗斯到底能有多“正常”？俄罗斯将永远与众不同。它在人口和领土方面是大国，并且在过去甚至在革命以前，就常被看做欧洲的超级大国。它与伊斯兰世界和中国之间有着漫长而难以保护的边界，这使俄罗斯对过于强大的西方联盟十分谨慎小心，也使得西方对过于强大的俄罗斯联盟十分谨慎小心。此外，俄罗斯现在仍不稳定。那么在这一微妙的历史时刻，应该遵循什么原则呢？毫无疑问是“决不排除选择的余地”。为什么说俄罗斯永远不能加入北约或欧盟呢？当然，如果俄罗斯加入，这些组织将改变性质。但正确的做法无疑是看一看如果双方都尽可能地友好相处，事情会怎样发展。

政治评估表

让我们对自1991年起的俄罗斯政治进行一次评估。俄罗斯进行民主建设和成为世界公民的道路上取得了多大进步呢？考虑到俄罗斯从来不是、甚至在革命前就不是一个民主国家，其进步是显著的(见表14—2)。俄罗斯拥有一个在竞选基础上自由选举产生的政府。俄罗斯具有言论自由，政府对新闻媒介的干预不比法国意大利政府有时进行的干预更多。苏联在没有发生流血冲突的情况下解体。而且在世界事务中，俄罗斯一直努力像西方的一个得体的伙伴那样，在联合国的机构中行事。

表 14—2　　政治评估表

民主选举	竞争性地和公正地选举总统和议会
	集会自由；出版自由，并且政府给予补贴；电视独立(包括国家电视台)
言论自由	国家政令与法律的颁布混乱
按法定程序管理	总统凌驾于政府之上
	宪法法院仅自 1995 年重新发挥作用
抵抗专制的力量来源	地方民主　政党力量虚弱
	缺乏反对独裁统治的强有力保障
地方民主	选举产生市镇政务委员会
	残酷镇压独裁者杜达耶夫领导下的车臣分离活动
对待前苏联各共和国	苏联没有流血地顺利解体
	随后有一些霸道行为，并在格鲁吉亚支持阿布哈兹的反叛
作为世界公民的表现	开端良好，但因西方与俄罗斯对结成充分的伙伴关系摇摆不定而受到困扰
	北约扩大将使其受损

但是俄罗斯政治也仍然存在着明显的缺陷。政府的工作混乱，而且总统对政府的控制具有一定程度的不稳定性。政党虚弱，而且还不清楚，若出现了一个更专制的总统，谁能组织起反对派的斗争。车臣尽管是在一个独裁者的统治下，但确实遭到了粗暴的入侵。俄罗斯不时对其邻近国家施加超过了合理限度的影响，尤其表现在支持格鲁吉亚的阿布哈兹反叛上。而且俄罗斯民族主义这个大问题依然存在。

未　来

现在到了更加全面地展望未来的时候。俄罗斯对贸易与国外投资实行了前所未有的开放，这种经济改革将继续下去，还是将实施更多控制并回到“用要塞保卫俄罗斯”的状态？是民主政体将伴随着俄对西方的友好态度而更加牢固地确立，还是独裁统治会在俄罗斯民族主义的刺激下发展起来？

最简单的回答是有两种可能：或者经济政治自由，或者经济政治独裁。但其他国家的历史表明，混合体是可能的：像皮诺切特这样的政治独裁者可以做经济自由的保证人。因此我们在思考俄罗斯的未来时，必须从至少两个不同的方面入手：经济的与政治的。我们将首先着眼于经济前景，然后考虑政治前景。最后我们将综观可能出现的主要的几种局面，对每种局面的可能性做出判断。

经济前景

在经济领域，许多东西显而易见。

市场已经取代国家而占据主导地位。要俄罗斯退回到国家控制经济的时代，或者甚至只是朝这个方向些许倒退，都几乎是不可能的。选民不会投票赞成国家控制，尽管他们可能会投票赞成加强某些方面的控制以及国家增加补贴和社会开支。国家重新加强控制的努力大多不会取得成功，因为市场的力量过于强大而国家机器过于软弱。银行界、商人和所有新兴的工商利益集团会找到一条迂回的道路。并且全俄罗斯强烈反对来自中央的实际控制，所以任何重新加强控制的措施将主要是地方性的。

迄今为止私有制已经牢固地确立。城市经济的私有成分超过意大利。新的所有者将最大限度地反抗任何拿走他们财产的企图。前文我们已经提到俄罗斯经济存在着一些重要缺陷。财产权仍未明确区分，而且要取得对破坏合同的法律赔偿极端困难。逐渐地，股东们的权利会完善起来，民法制订工作将完成，律师和法官将受到训练，而工商活动将变得更“正常”。那些通过可疑的途径获得了财富的人，现在的最大利益是实现国家在正常状态下的发展，因为这样他们将更易于维护他们赢得的东西。

再经过一段时间才能实现土地的普遍私有化。在城市，地方当局将继续拖延土地的出售，但出售的步伐仍会加快。在农村，集体农庄的解散可能要经过几十年的时间。土地市场的这一弱点因此将成为工商业发展的一个主要障碍。另一个主要的障碍是黑手党。公众的反感可能最终削弱地方上的黑手党，但是在毒品、金融和国际贸易领域中强大的黑手党可能难以铲除。总之我们可以相信，俄罗斯国内经济将像西方经济那样不断增长。但俄罗斯对西方工商企业的态度如何呢？

大多数俄罗斯人希望俄罗斯经济是世界经济的组成部分。他们知道西方富裕，而且他们认为自己致富的途径就是加入这个俱乐部。当然在这一点上，存在着重大的矛盾分歧。人们不愿意被迫加入别人的俱乐部。不过当这个问题提出时，多数俄罗斯人宁愿选择一个为西方所欣赏而不是受到西方排斥的领导人。这一特点既适用于把大部分财产放在国外的特权阶层，也适用于社会经济地位低下的贫困阶层。

因此叶利钦几乎总是对西方的压力做出相应的反应。当西方在1992年12月为失去盖达尔而痛惜时，叶利钦任命了费奥多罗夫。当西方在1994年1月为失去费奥多罗夫和盖达尔而痛惜时，叶利钦向国际货币基金组织大献殷勤，并且切尔诺梅尔金带着国际货币基金组织的主席去参加一个周末狩猎活动。而当西方对进攻车臣感到愤怒时，叶利钦对国际货币基金组织和世界银行做出了重大让步，以求得它们对他的经济计划的支持。在俄政府中一直有一位强有力的改革部长，而且这种状况很可能会继续下去。但即使俄罗斯恢复官僚政府的统治，加入世界共同体的渴望将继续成为影响经济政策的强大力量。甚至官僚们也想要“合宜”的外国投资，而“用要塞保卫俄罗斯”的局面则不大可能出现。不应排除俄罗斯经济政策会在一段时间内倒退并受到西方严厉批评的可能性，就如同1992—1994年发生在乌克兰的情况那样。但这样的时期未必持续长久；政治程序将对它所导致的经济失败的结果采取相应的对策。

对西方的财产予以没收的简单做法不大可能发生。税收政策将继续是难以预料的，但将来税法未必像过去那样变更频繁。然而保护主义很可能更加严重，因此建议西方公司只要可能就最好在俄罗斯国内设立自己的基地。但是投资究竟有多大的价值呢？

与大多数国家相比，俄罗斯具有极佳的发展潜力。任何一个起步晚的国家都可能仅通过技术上急起直追实现比其他国家更为迅速的增长——只要其他条件相同。而俄罗斯的多数条件表明，对比收入水平与其相当的一般国家(如巴西)，它所达到的发展速度可能更快。

首先，共产主义体制对经济的扭曲程度，比其他正在崛起并已经是资本主义国家(如巴西)的经济政策失误所造成的危害要大得多。其次，像其他共产主义国家一样，俄罗斯有一支受教育程度高的劳动力队伍。第三，俄罗斯拥有独特的自然资源。第四，与其他国家相比，俄罗斯曾把更多的资源用于防务，这些资源(特别是那些有助于重建工作的知识技能)现在有助于建设资本主义。第五，俄罗斯过去一直远离世界繁荣中心，但现在不再如此。当俄罗斯第一次成为一个资本主义国家时，从伦敦乘火车到莫斯科要用3天的时间，现在乘飞机只用3小时。可见俄罗斯与西方的实际距离并不比与华沙、布达佩斯或赫尔辛基的距离更加遥远。

与此相对，俄罗斯也有明显的弱点。比起东欧40年的共产主义制度，俄罗斯75年的共产主义制度产生了更深的悲观怀疑情绪与对工作更加马虎不负责任的态度。尽管如此，前面提到的后三种因素极有可能使俄罗斯在今后15年比多数东欧国家发展得更迅速。发展究竟有多快取决于所执行的经济政策，而经济政策反过来又取决于政治。俄罗斯将继续走经济改革之路，还是因政治不稳定而不断颠簸起伏呢？

政治前景

俄罗斯的政治前途比经济前途具有更大的不确定性。经济前途很大程度上是由个人对财富的追求决定的，其结果是可预见的。而且，不同的政权在经济方面的政策将比政治自由或防务政策具有更多的相似性。不管多专制的政治家也不会试图建立对经济的极权主义的控制。市场原理将不断向人们证明自己的权威性。

可见在经济生活中具有一种内在的平衡力量，但在政治生活中就不见得如此。在此我们谈论的是一个强有力的个人与偶然事件能发挥巨大影响的国度，不管这些个人与事件所代表的基本力量如何。一些人确实将俄罗斯的政治看做一列沿着有多处道岔的铁轨行驶的火车，处理道岔时的微小差别会将列车引向截然不同的终点站。

这种描绘也许是夸张的，即使在政治生活中也有某些强大的平衡力量。

俄罗斯人对政治家们改善他们境遇的能力深感怀疑与失望。这是抵御极端主义的一个强大的缓冲器。

俄罗斯人也十分重视西方人的意见。其部分原因是他们想要西方的贸易与援助。但是他们也愿意看到他们的总统与西方关系融洽，并在首脑会议上被看做平等的一员。如果俄罗斯的领导人想要实行独裁，国际机构与工商界的反对将发挥重要的抵制作用。在现代通讯条件下，这种信息的反馈十分迅速。另一重要的抵制力量来自俄罗斯地方。

地方拥有最后的决定权。任何人想要统治全俄罗斯，最终都必须极端重视地方的意见与利益。与把不同民族拼凑在一起的苏联不同，俄罗斯的民族成分较一致，不会分裂。但是地方力量意味着，莫斯科的任何一个试图实行全面镇压的独裁者几乎肯定会遭到失败(镇压车臣这样的少数地区当然有可能成功)。地方自治使得全国性的重大政治倒退不大可能。但是同样，没有莫斯科的控制，一些极其恶劣的事件会在一些地区发生。

这些就是稳定力量。但还是有许多潜在的不稳定因素。

俄罗斯民主政体的缺陷。尽管俄罗斯现在有了一部与法国相似的宪法，但是它自1993年底才实施。如果宪法遭到破坏，几乎不存在能有效组织起来进行斗争的力量。政党陷于分裂，而且法律工作一片混乱。

俄罗斯民主政体的削弱更可能是一种逐渐的过程，而不是一次突然的政变。在某一时候，像列别德这样的一个强有力的统治者可能被选为总统，随后他夺得越来越大的权力来解决凸显的问题。最突出的问题是黑手党与腐败。为对付黑手党，叶利钦总统已经破坏了宪法，允许未经审判拘留犯人30天，而宪法只允许拘留48小时。这一做法几乎没有引起抗议。

人们会容易接受在加强政府效能的名义下对自由权利进行更加严重而广泛的侵犯。甚至可以设想在某些情况下，杜马本身就会对总统授予极端的权力。最典型的情况可能是针对“近邻外国”的某个问题。

“近邻国家”的麻烦。有2 500万俄罗斯人生活在其他邻近国家。他们像苏台德区的德国人一样，蕴涵着同样导致不稳定的潜能。最严重的问题在乌克兰。多数俄罗斯人认为克里米亚属于俄罗斯，而不是乌克兰的一部分。并且顿巴斯周围地区有数百万的俄罗斯人，他们面对着极易引发动乱的严重经济困难。尽管俄罗斯与克里米亚的关系迄今为止处理得很好，但问题随时可能出现，就仿佛北爱尔兰问题冷却多年后再次升温。不难预见俄罗斯的民族主义者会如何利用乌克兰的俄罗斯人问题。

北哈萨克斯坦和波罗的海国家也可能发生动乱。北哈萨克斯坦居民的大多数是俄罗斯人，而在波罗的海国家，例如在爱沙尼亚的第二大城市纳尔瓦，95%的居民是俄罗斯人。俄外长科济列夫声称，俄罗斯保留通过使用军队来保护在近邻国家的俄罗斯人的权利。他显然是在对国内的公众做姿态，但他的话引起西方的震动。

从西方的立场看，像科济列夫这样的人是西方所希望的最理想的俄罗斯外交部长。他自1991年以来的做法表明了一种与西方合作并共同建立世界新秩序的愿望，这种国家间的新秩序是通过相互合作以维护世界和平，而不是依靠恐怖维持均衡。但这样一种态度能否继续在俄外交部门占上风，将在很大程度上取决于西方对待新俄罗斯的技巧。

俄罗斯的民族主义。西方必须认识到俄罗斯理应像一个大国那样行事。俄国自18世纪以来一直是一个大国。1992年它脱离了原来的轨道。当时俄罗斯如此虚弱，以致它显出一副完全恭顺的样子。到1993年它开始再次像任何一个大国那样行事。这意味着它努力对邻近国家施加影响，就像美国在美洲国家(巴拿马、尼加拉瓜、格林纳达、海地)所做的那样。有时候，例如在格鲁吉亚，俄罗斯已经超出了干预的合理限度，但很少有这样一个大国以这样少的流血或野蛮就放弃了一个帝国。

最使西方警觉起来的事件当然是1994年底对俄罗斯的一个共和国车臣的粗暴入侵。这种暴力行为自然令人无法接受，它在西方唤起了对冷战的记忆。遗憾的是多数西方人没有注意到伴随而来的好消息：多数俄罗斯人强烈反对这场战争。

从西方的观点看，主要的问题是俄罗斯怎样对待西方。答案是它已寻求建立一种像法国与德国之间的那种大国合作的伙伴关系，而不是基于传统均势的关系。西方对此的反应一直是含糊的，这使人们有理由对未来感到担忧。

西方的反应。要使从前的敌人变成伙伴，需要采取一种重大的相互信任措施，就像1945年以后的法德关系。伙伴关系不会自动实现，而且西方已经在两个问题上，以一种可能是危险的方式冒犯了俄罗斯的自尊。

首先是北约的扩大，其次是巴尔干冲突。除非西方与俄罗斯能找到一致同意的解决办法，否则难以预料这些问题在俄罗斯将引起多么强烈的反响。

厌倦改革？另一个显然不确定的方面是俄罗斯是否将厌倦改革，以及如果这样其影响如何。

除捷克共和国之外的大部分东欧国家改革派政府迄今都已被由前共产党演变而来的左翼政党政府所取代。改革没有在任何地方发生逆转，但已放慢了速度。那么在俄罗斯会发生同样的或者更糟的事情吗？

确实已经出现了一种来势强劲的反对改革的逆转，以及甚至更激烈的反对政府内部腐败现象的呼声。在1995年12月的杜马选举中，共产党取得了最多的席位，它与其盟友控制着40%的杜马席位。与此同时，日里诺夫斯基领导下的民族主义政党得到的支持急剧下降，现在控制着11%的议席。共产党、农业党与民族主义政党所得选票的总量，在1993年与1995年的两次选举间并未增加。但是1995年的选举对叶利钦来说是一个重大的失败——尤其因为他把一个组织得更加完善的反对党(共产党)以及一个谋求总统位置的更加花言巧语的竞争对手(共产党领导人久加诺夫)带到了前台最重要的位置。

叶利钦的反应是撤掉了他的两个主要的改革派部长丘拜斯和科济列夫，并代之以更多的前苏联统治集团中的传统派人物。他也做出了最受欢迎的口头表示，宣称要增加社会开支和进一步密切与前苏联各共和国，尤其是与白俄罗斯的联系。但这些改变大多是服务于总统竞选的目的，政策的实质几乎没有改变。

在经济领域，俄罗斯继续坚持它与国际货币基金组织在1995年初达成的财政目标，并且1996年3月政府承诺要进一步实施一项三年计划，内容是反通货膨胀和进行激进的结构改革。作为回报，国际货币基金组织答应再提供一笔102亿美元的贷款——一张有力的信任票。国际货币基金组织信任俄罗斯的一个理由是俄罗斯中央银行十分得力，改革派人物谢·杜比宁已于1995年10月被任命为新的领导人，任期4年。

尽管对叶利钦来说，如果他的健康状况恶化或者车臣局势出现重大倒退，他的前途就会永远灰暗，但到1996年3月，情况表明，最有可能在6月份总统选举中领先的人物是叶利钦本人和共产党人久加诺夫。如果叶利钦获胜，可以预计现行政策将继续。如果共产党人获胜，情况则难以预计。久加诺夫一直在与多种声音对话，包括令西方人感到鼓舞的声音。但显然在俄共内部存在着像久加诺夫这样的温和派与强硬派的斗争。俄共的政策包括实行大规模的重新国有化(尤其对石油和天然气)、增加社会开支、控制物价以及在自愿的基础上恢复苏联。显然有些政策的实施会将反通货膨胀计划置于失败的危险境地，并不可避免地产生莫斯科与地方之间的紧张关系。最后这些政策十有八九会发生逆转。但与此同时，经济恢复工作可能遭受重大挫折。

预　测

对1996年初即将到来的局面就分析到这里。但是出于多种目的，更长远地看问题，预见今后10年的动向是重要的。主要的可能性是什么，以及每种可能性的概率是多少呢？

与现在基本相同。在今后10年中，最可能出现的主要局面是与现在“基本相同”。政府将具有一个领导核心，但仍保持一种基础广泛的联合，既包括一些改革派部长，也包括保守集团的代表人物。俄罗斯将继续前进，但仍会一如既往地采取进两步、退一步的方式。决策中心继续是不明确的，但法律制度将稳步改善，法规的整理编纂将加强，法院的作用将更有效地发挥。但是多方面的控制将继续存在，尤其是在地方层次，而且腐败现象与黑手党的活动仍将是普遍的。私有化将继续，但是会步履蹒跚，大部分农业用地在10年内仍将处于非私有化的状态。

在这种前景下，年通货膨胀的幅度将在30%—150%。投资将恢复正常，尤其是对自然资源产业的投资，而且市场力量将是强大的。这样平均每年至少5%的经济增长速度将是令人满意的。与西方的关系将是适度友好的。

如果目前在叶利钦和切尔诺梅尔金领导下的统治集团继续掌权的话，这就是将来可能出现的局面。不过其他结果也是可能的。

新共产主义。第二种很可能出现的结果是某种形式的左翼民族主义，它现在由共产党所代表。通货膨胀几乎难以避免地增加，因为高税收并不能轻而易举地弥补社会计划开支的增加和对军工综合企业的补贴。价格控制可能随即实施，但肯定会失败。换言之，我们将会看到庇隆曾在阿根廷孜孜以求的那种平民主义的中央集权制。

不会有进一步的私有化，而且一些私人的财富可能回到国家手中。政府各部的权力将扩大，而莫斯科与地方政府间的冲突将增加——在最坏的情况下会导致国家的某些部分试图分裂出去。

为实现其意愿，中央可能把地方共产党书记当做一种平行政府。电视和广播的自由会受到严格限制。黑手党的日子会更不好过。

同时将对前苏联的共和国施加更明显的压力，使它们成为被保护国。这可能包括对克里米亚独立运动的支持，以及更多地利用石油和天然气供应作为外交压力的手段。但是任何争取前苏联共和国自愿重新联合的努力，都将是代价高昂的(以财政资金转移的方式)，而且最终会遭到俄罗斯人民的反对。俄罗斯人民虽然希望俄罗斯是个大国，却不愿意把上亿元的钱财花在别人身上，尤其如果这些人是穆斯林的话。与此同时，俄罗斯与西方的关系也将恶化。

这种发展将得到老一代俄罗斯人的有力支持，但年轻人的支持要少得多。由于经济的失败和年轻一代将最终取而代之，所以它注定要失败。它不大可能持续 5 年以上的时间。

财政正统的恢复可能更早到来。经济恢复将趋缓，但可能达到年平均至少 4% 的增长率。

非共产主义的民族主义。未来10年内可能出现的第三种后果是专制统治。它不是来自政治上的左派，而是来自于中间派，甚至来自右派。它可能由一种朴素民族主义情绪的爆发，或是对腐败与违法现象的憎恶而产生。目前，其主要威协来自日里诺夫斯基。但新的威协可能在未来10年内产生。最危险的时刻不一定是在经济最萧条的阶段。随着人们的期望值开始上升，政治动乱的危险性也往往增加。在近邻国家的一系列糟糕行径会造成俄罗斯国内环境氛围恶化——难民涌入俄罗斯，同时俄罗斯的侵略行为遭到西方的谴责。民族主义和反犹主义从来没有消失在社会生活的深处，我们不能排除在一定时期内，法西斯主义的民粹主义者可能上台执政。总统可能攫取特别的权力，甚至可能通过杜马或公民投票来得到这些权力。尽管单纯的军事政变不大可能，新闻自由却可能被剥夺。

然而经济政策会如何呢？经济政策或者是温和的，或者像智利的皮诺切特那样极力维护工商利益。毕竟日里诺夫斯基已经宣称自己是工商界人士的朋友。工商业在这种环境下与在一个更加混乱的政府的统治下相比，会最终发展得更加顺利，不过西方的工商企业肯定会花费几年的时间恢复在民主政体失败后对俄罗斯的信心。

百分之百的改革。可能性最小的结果是经济改革背后的力量联合起来组成政府。俄罗斯还从未有过这样的政府，而且既得利益者的压力也使这不大可能。但是如果叶利钦赢得了议会选举，他的地位将极为巩固，因为俄罗斯总统相对于议会来说，其权力甚至比法国或美国总统都大(2001年的新总统和新议会有同样的机会)。在这种情况下，一定会出现一个外国投资的浪潮，投资可能增加到一年100亿美元以上，经济增长可望达到每年6%以上。

结论。因此很可能出现的结果是继续在政治方面“应付摸索”，在经济方面深化市场改革。尽管存在政治形势恶化的现实可能性，但俄罗斯多半会越来越融入国际体系，最终加入世界贸易组织并成为西方七国集团的正式成员。

俄罗斯将继续作为拥有庞大核武库的大国，但如果西方能使它成为伙伴，这将有利于建立一个更稳定的世界。在俄罗斯国内，政治生活与法律生活将逐渐变得更正常，尽管从根本上铲除腐败与黑手党还要花去若干年的时间。

与此同时，不管政治形势发生怎样的变故，俄罗斯经济将以私有企业为基础获得强劲的增长。俄罗斯现在的经济规模相当于加利福尼亚，但它在今后20年中将比经合组织的大部分成员国增长得更快，并可能超过多数正在崛起的市场(东亚除外)。俄罗斯仍会是一个不那么容易做生意的地方，但外国企业家将从对俄庞大的国内市场和惊人的自然资源的投资中，获得丰厚的回报。那些行动迅速的人将因最先抓住时机而赢得特殊的优势，并因目前对俄罗斯资产的过低估价而赢得优势。

当西方人访问俄罗斯时，他们不时地说："这就是我读到过的那个国家吗？"与西方新闻媒介中所描述的形象相比，俄罗斯是一个正常得多的国家。当西方人意识到这点时，他们会发大财。然而更重要的是，当我们意识到这一点，我们就将有一个更加安宁的世界和一个更加繁荣的俄罗斯。

附 录

大事年表

1917年10月	十月革命
1921年2月	国家计划委员会成立
1922年12月	苏维埃社会主义共和国联盟成立
1928年10月	第一个五年计划开始
1941年6月	德国入侵苏联
1953年3月	斯大林去世
1953年9月	赫鲁晓夫正式担任共产党第一书记
1964年10月	勃列日涅夫取代赫鲁晓夫
1979年12月	苏联军事干预阿富汗
1982年11月	勃列日涅夫去世。安德罗波夫任总书记
1984年2月	安德罗波夫去世。契尔年柯任总书记
1985年3月	契尔年柯去世。戈尔巴乔夫任总书记
1986年4月	切尔诺贝利核电站爆炸
1989年5—6月	人民代表（3 月选出）大会会议
7月	煤矿工人罢工
10月	柏林墙倒塌
1990年2月	共产党宣布放弃领导地位
3月	选举俄罗斯人民代表大会（1993年9月解散）代表
5月	大会选举叶利钦为最高苏维埃主席
6月	大会宣布俄罗斯为主权国家
1991年1月	苏联军队进入维尔纽斯和里加的公共建筑

6月12日	叶利钦在直接选举中当选俄罗斯总统
8月19—21日	流产政变
10月28日	叶利钦在向俄罗斯人民代表大会的演讲中宣布激进经济改革政策
11月1日	议会赋予叶利钦在激进经济改革阶段享有特殊权力。关于经济政策的总统令七日内如不被议会否决即生效
11月6—8日	组成改革政府。副总理为布尔布利斯（第一副总理）、盖达尔和绍欣
11月15日	取消工资限制；批准进出口自主权
12月5日	开始征收增值税、消费税和利润税
12月8日	俄罗斯、乌克兰和白俄罗斯领导人在明斯克附近会面并签订废除苏联、成立独联体的协议
12月25日	苏联总统戈尔巴乔夫宣布去职和苏联的解体
1992年1月2日	取消物价限制
1月28日	公布取消贸易限制总统令
2月27日	就1992年经济政策与国际货币基金组织达成协议
3月31日	（除车臣和鞑靼斯坦外）所有前俄罗斯的自治共和国签署联盟协议
4月1日	西方国家宣布为俄罗斯提供总值为240亿美元的援助，包括60亿美元的促进稳定基金
4月3日	布尔布利斯被免去第一副总理职务
4月6日	人民代表大会攻击政府
4月29日	盖达尔在美国参加西方七国财长会议
6月15日	叶利钦任命盖达尔为代总理
7月10日	俄罗斯与国际货币基金组织签订预备协议
7月17日	格拉先科任中央银行行长
8月15日	叶利钦宣布证券私有化
12月12日	叶利钦同意议会提出的全民公决
12月14日	切尔诺梅尔金取代盖达尔任总理
12月23日	费奥多罗夫任负责经济和金融的副总理
1993年3月11日	人民代表大会通过决议草案，限制总统和政府实施改革的权力

3月20日	叶利钦宣布“总统特别法规”
3月23日	议长哈斯布拉托夫提出弹劾叶利钦
3月28日	人代会未通过弹劾叶利钦的决定
4月3—4日	俄美首脑会议在加拿大温哥华举行
4月13—14日	西方七国外长会议在日本举行。俄罗斯财长费奥多罗夫和外长科济列夫与会。七国提出总额为280亿美元的援助。美国也提出40亿美元的促进稳定基金。
4月25日	全民公决表示信任总统，支持政府的社会经济改革政策和总统，不赞同提前进行总统选举，但赞同提前选举人代会
7月2日	国际货币基金组织批准总额为30亿美元的“系统转换设施”(STF)贷款中的第一部分(15亿美元)
7月24日	废除原苏联纸币
9月18日	盖达尔重入政府，任第一副总理
9月21日	叶利钦解散议会，要求12月11—12日选举新的立法机构
9月22日	俄罗斯议会针对叶利钦的做法任命鲁茨科伊为总统
10月3日	议会力量进攻电视台和莫斯科市长办公室
10月4日	政府力量攻占议会大厦
12月12日	议会选举，宪法全民公决
1994年1月16日	盖达尔辞去第一副总理
3月22日	国际货币基金组织执行总裁宣布发放STF贷款第二部分
6月24日	与欧盟的伙伴合作协定开始生效
10月12日	在10月11日卢布暴跌之后，叶利钦解除代理财长杜比宁的职务
10月18日	叶利钦总统任命帕拉莫诺娃取代格拉先科
11月4日	潘斯科夫成为财政部长。绍欣辞职
12月12日	俄罗斯军队开入车臣
1995年1月27日	议会通过俄罗斯中央银行法，禁止中央银行未经议会批准向政府贷款
1月28日	俄罗斯、白俄罗斯和哈萨克斯坦签订协议建立关税同盟

4月11日	国际货币基金组织批准68亿美元的预备贷款
4月25日	切尔诺梅尔金宣布成立自己的竞选集团
7月5日	中央银行宣布4300—4900卢布兑换1美元的汇率走廊
10月26日	叶利钦总统患第二次更为严重的心脏病
11月22日	杜马批准杜比宁为中央银行行长
11月28日	俄罗斯同意其在波黑的维和部队可以由美国将军指挥
11月30日	宣布1996年上半年卢布兑换美元的汇率走廊为4550—5150卢布
12月6日	杜马批准1996年预算
1996年1月5日	科济列夫辞去外长职务(不久由普里马科夫出任)
1月16日	丘拜斯辞去副总理一职(不久由卡达尼科夫出任)
2月15日	叶利钦和久加诺夫宣布为总统候选人
2月22日	俄罗斯与国际货币基金组织签署3年总值为101亿美元的扩展基金设施贷款初步协议(随后为俄罗斯政府和国际货币基金董事会批准)
3月15日	杜马投票重申苏联的合法性，谴责建立独联体的协定。投票表决不具宪法效力